JACKY COLLISS HARVEY

ZIEMLICH BESTE GEFÄHRTEN

Dieses Buch ist für meine Mutter,
die mir beibrachte, mit Katzen zu spielen.

JACKY COLLISS HARVEY

ZIEMLICH BESTE GEFÄHRTEN

VOM MENSCHEN UND SEINEN TIEREN

Aus dem Englischen übersetzt
von Cornelia Panzacchi

KNESEBECK *Stories*

INHALT

Titel der Originalausgabe: »Animal's Companion«
Erschienen bei Black Dog & Leventhal Publishers, Hachette Book Group,
New York 2019
Copyright © 2019

Deutsche Erstausgabe
Copyright © 2019 von dem Knesebeck GmbH & Co. Verlag KG, München
Ein Unternehmen der La Martinière Groupe

Bildnachweis:
Illustrationen im Innenteil: Tapete: 152959004 © shutterstock.com/
Reinhold Leitner; Tierspuren: 298407335 © Shutterstock.com/Fafarumba

Umschlagmotiv:
© Gavin Watson, Bridgman Images

Konzeptentwicklung knesebeck stories: Caroline Kaum, Knesebeck Verlag
Projektleitung: Dr. Thomas Hagen, Caroline Kaum, Knesebeck Verlag
Übersetzung: Dr. Cornelia Panzacchi, Göttingen
Lektorat: Alina Seitz-Götz, Bookwise GmbH, München
Labelentwicklung, Coverdesign & Layout: FAVORITBUERO, München
Umschlaggestaltung: FAVORITBUERO, München
Satz und Herstellung: Arnold & Domnick, Leipzig
Druck und Einband: Livonia Print, Riga
Printed in Latvia

ISBN 978-3-95728-347-4

www.knesebeck-verlag.de

FSC
www.fsc.org

MIX
Papier aus verantwor-
tungsvollen Quellen
FSC® C002795

Das Tier schaut uns an, und wir stehen nackt vor ihm.
Vielleicht fängt das Denken genau an dieser Stelle an.

Jacques Derrida

In evolutionärer Hinsicht stellt
der Besitz eines Haustiers ein
Problem dar …

John Archer,
Why Do People Love Their Pets, 1997

EINLEITUNG
BETRACHTUNG

Vor ein paar Jahren schrieb ich ein Buch mit dem Titel *Red: A History of the Redhead*. Im Rahmen meiner Recherchen für dieses Buch über rothaarige Menschen kam ich auch nach Breda in den Niederlanden, wo das weltweit größte Treffen der Rotschöpfe veranstaltet wurde. Dort traf ich Daniel und Joe, die nicht nur beide rothaarig, sondern auch gleich gekleidet waren: Um den Hals trugen sie die gleichen gelben Bandanas und auf der Nase die gleichen Sonnenbrillen. Wir kamen ins Gespräch, beziehungsweise stellte ich in meiner Eigenschaft als Autorin Fragen, und Daniel tat sein Bestes, um sie zu beantworten. »Tragt ihr immer Partnerlook?«, fragte ich. »Seit wann lebt ihr miteinander? Wie reagieren die Leute, wenn sie euch zusammen sehen? Und wie haben die Leute auf euch reagiert, als ihr noch kein Paar in den besten Jahren, sondern junge, alleinstehende Rotschöpfe wart?« Daraufhin beschrieb Daniel, wie er als Junge immer etwas diskriminiert und in der Schule ausgegrenzt worden war. Während er sprach, gähnte Joe herzhaft, legte den Kopf auf den Vorderpfoten ab und schlief ein. Lächelnd erklärte Daniel: »Er kennt die Geschichte schon« und tätschelte Joes Kopf. Ich begann beim Anblick der beiden darüber nachzugrübeln, warum es uns, der herrschenden Spezies auf diesem Planeten, seit Jahrtausenden so wichtig ist, Exemplare anderer Arten in unser Zuhause zu holen, sie zu lieben und für sie zu sorgen, als wären sie das, was sie genau nicht sind – nämlich so wie wir.

Derartige Grübeleien haben es in sich. Sie beginnen als bescheidene Fragezeichen und sind wie gemacht für das Posten in sozialen Netzwerken. »Warum haben wir die Haustiere, die wir haben?«, schrieb ich, und innerhalb weniger Stunden schickten mir meine Leser Bilder und Geschichten aller nur vorstellbaren Haustiere, angefangen bei rot getigerten Katzen über rotbraune Hunde und Pferde bis hin zu einem kleinen Rhodeländer-Küken und einer hennaroten Bartagame. Aus der Grübelei über Daniel und Joe wurde dieses Buch. Oder genauer: Daniel und all die anderen Daniels, die seit Anbeginn der Zeit existieren, wurden zum Inhalt des Buchs. Denn dieses Buch befasst sich nicht mit der Geschichte des Haustiers (in diesem Fall ein schöner roter Setter), sondern mit der des Haustierbesitzers.

Ich stamme aus einer Familie und aus einer Nation (zumindest heißt es so) von Tierliebhabern (auch wenn diese Beschreibung unsere Nachbarn auf dem Kontinent in früheren Jahrhunderten sehr verblüfft hätte). Als Kind war meine Lieblingsserie *Animal Magic*, in der ein Moderator einen nachlässig gekleideten Tierpfleger spielte, der die Gedanken der Tiere aussprach, um die er sich kümmerte. Zu meinen Lieblingslektüren zählten die Bücher des Tierarztes James Herriot oder des Naturforschers Gerald Durrell. Überhaupt interessierte mich jede Geschichte, in der Tiere vorkamen, wesentlich mehr als Geschichten ohne Tiere. Aber es musste die richtige Art von Geschichte sein, nämlich eine, in der es sowohl um Menschen als auch um Tiere ging und in der sie miteinander interagierten. Geschichten, in denen es um Tiere ging, die sich wie Menschen verhielten (wie etwa Babar, der Elefant) fand ich grässlich. Manche dieser Geschichten prägten sich mir ein, und manche schienen miteinander in Beziehung zu stehen.

Ich weiß, dass so etwas keine Grundlage für ein Buch darstellen kann, doch rückblickend erkannte ich, dass es den Anstoß dafür gab. Mir gefiel der Gedanke, dass Katherine C. Grier ihre Recherche für *Pets in America* begann, indem sie interessante Artikel fotokopierte und die Kopien in eine Schublade stopfte. Im Grunde habe ich für dieses Buch meine Schublade ausgeräumt, vielleicht war dies genau die richtige Herangehensweise an ein derart facettenreiches Thema.

Durch meine gesamte Kindheit und Jugend hindurch wurde ich von Tieren begleitet. Das erste Tier, das wirklich mir gehörte, war ebenfalls rothaarig: ein stolzer Kater namens Freddy, dessen Pfoten so groß wie meine Babyhände waren, dessen Schnurren den Boden zum Vibrieren brachte, dessen Fell so perfekt gemasert war wie roter Onyx und der auch heute noch, vier Jahrzehnte nach seinem Tod, für mich das Maß aller Katzen darstellt. Doch es gab auch Bantam-Hühner mit ihrer wie ein Galeonenbug geschwungenen Brust, die wie eine gefiederte Miniaturarmada über den Rasen segelten, quietschende Meerschweinchen sowie zwei Kaninchen: Das eine war ein Albino, das andere so elegant schwarz und weiß wie ein altmodischer Golfschuh. Ferner gab es Tiere, die nur kurzfristig Haustiere waren, wie die Jungvögel und Mäuse, die Katzen ins Haus schleppten; faszinierende Haustiere waren außerdem die vielen Seidenraupen, Gespenstschrecken und Goldfische am einen Ende der Skala sowie der Irische Wolfshund am anderen Ende. Meine Mutter erzählte mir Geschichten von den Tieren, die ihre Kindheit begleitet hatten, und während meiner Studentenzeit tauschte ich mich auf Zugfahrten quer durch Europa mit meinen Freundinnen über die Tiere aus, die sie als Kinder gehabt hatten.

Erst als ich an diesem Buch zu arbeiten begann und aufmerksamer zuhörte, wurde mir bewusst, wie oft wir Haustierbesitzer derartige Geschichten erzählen. Jemand fragt mich, woran ich gerade arbeite, und eine halbe Stunde später erzählt er mir immer noch Geschichten über sich und seine Tiere. Ich hatte zuvor auch noch nie darüber nachgedacht, wie sehr solche Geschichten uns Menschen miteinander verbinden, sogar über Generationen hinweg und mit Menschen, denen wir nie begegnet sind. Meine beiden Großväter starben lange Zeit vor meiner Geburt, doch mittlerweile weiß ich, dass sich der Vater meiner Mutter, ein blonder Riese, den Hühnern des Haushalts gegenüber sehr fürsorglich verhielt; und das, obwohl er so kaltblütig war, dass er sich, als er bei einer Feuerwache im Zweiten Weltkrieg durch ein Schrapnell verletzt wurde, die zerfetzten Sehnen selbst aus dem Arm zog. »Kommt, Ladys«, rief er, wenn er sie aus dem Garten zum Hühnerstall zurücktrieb. Tiere verbinden – uns mit sich und uns miteinander. Bei uns Haustierbesitzern ist dies auf jeden Fall wahr.

Tiere erziehen auch uns. Die Schriftstellerin Edith Wharton beschrieb, wie sie durch Foxy, ihren ersten eigenen Hund, zu einem »bewussten, empfindungsfähigen Menschen« wurde; mir erging es ebenso. Rückblickend muss ich mir eingestehen, dass ich das Wichtigste im Leben immer von Tieren lernte: die Unmittelbarkeit von Liebe und Verlust, die Endgültigkeit des Todes, der einen warmen, lebendigen Körper über Nacht in einen kalten, bewegungslosen Gegenstand verwandeln konnte, die Dringlichkeit des Geschlechtstriebs und die Dimensionen von Fürsorge und Verantwortung. Da meine Eltern wussten, dass ich diese grundlegenden Lektionen mühelos durch den Umgang mit Tieren lernen würde, war es ihnen wichtig, dass Kinder mit Haustieren aufwachsen. Die Tiere, mit denen ich täglich zu tun hatte, beflügelten meine Fantasie und stärkten meine Fähigkeit, Mitgefühl zu empfinden. Allerdings war die Lehre, die ich aus meinen Erlebnissen mit Tieren zog, nicht immer die, die meine Eltern erwartet hatten. Das Aufwachsen mit Tieren rundete meine Weltsicht ab. Ich besaß einen herrlich stolzen Hahn, der eines

Tages begann, Nester zu bauen, und ein schwarz-weißes Kaninchen, das herzkrank wurde. Deshalb bekam es jeden Morgen eine kleine blaue Digitalistablette, die wir ihm zerdrückt und in warmer Milch aufgelöst servierten. Das Medikament schien jedoch nicht nur sein Herz zu höherer Leistungsfähigkeit anzuregen, denn nach der Einnahme sprang das Kaninchen stets auf das Meerschweinböckchen auf, mit dem es sich den Käfig teilte. Gerade in puncto Geschlechtsleben sind Tiere bessere Lehrmeister als jedes Buch. Als Rothaarige aufzuwachsen, machte ein mutiges Mädchen aus mir, doch waren es die Tiere, die mich dazu erzogen, liberal zu sein. Außerdem machten sie mich zu einem Menschen, der viel nachdenkt und ständig Fragen stellt.

Die Tiere, mit denen ich aufwuchs, waren mir zugleich ähnlich und doch anders: Sie mussten nicht in die Schule gehen, Kleider tragen und bei Tisch gerade sitzen; aber wie ich nahmen sie Nahrung zu sich, schliefen, verbrachten den Tag im Garten (oft mit mir zusammen) und waren den Regeln der Erwachsenen ebenso unterworfen wie ich, das Kind. Sie waren nicht ich, doch sie regten mich dazu an, über mich selbst nachzudenken. Sie veranlassten mich dazu, mich selbst zu erforschen.

Besonders Menschen, die in der Kindheit Haustiere hatten, wollen im Erwachsenenalter zum Haustierbesitzer werden. Doch es gab in meinem Erwachsenenleben auch eine unruhige Zeit, in der ich sowohl emotional als auch physisch in gemieteten Räumen lebte und fand, dass es besser wäre, möglichst wenig Verantwortung tragen zu müssen. Als ich an *Red* (meinem Buch über Rothaarige) arbeitete, war ich zum ersten Mal in meinem Leben ohne Haustier. Während ich dies schreibe, muss ich an die Schriftstellerin Elizabeth von Arnim denken, die am Anfang ihrer Autobiografie *Alle meine Hunde* (1936) über ihren haustierlosen Zustand reflektiert: »Als ich begann, über meine Hunde nachzudenken, wunderte ich mich darüber, dass ich jahrelang keine gehabt hatte.« Inzwischen aber war diese Periode in meinem Leben vorbei, und ich hatte über meinem Kopf ein Dach, das mir gehörte. Doch unter diesem Dach fehlte etwas. Als ich mit dem Laptop auf dem Schoß auf dem Sofa saß, merkte ich, dass ich jetzt eigentlich gern bei der Arbeit unterbrochen worden wäre. Ich wünschte mir, ein Tier käme ins Zimmer und würde ein Geräusch von sich geben, das ich als Frage interpretieren könnte, was ich denn da mache. Ich wünschte mir, unter meine Hand, die neben der Armlehne herabhing, würde sich ein Kopf schieben. Ich wünschte mir ein Lebewesen, um das ich mich kümmern konnte. Ich beschloss, dass ich eine Katze brauchte – eine Feststellung, die schon so viele andere Schriftsteller vor mir getroffen hatten, angefangen von dem irischen Mönch, der im 9. Jahrhundert seine Katze Pangur Bán in einem Gedicht unsterblich gemacht hatte, über Joachim du Bellay (16. Jahrhundert), Christopher Smart (18. Jahrhundert), Alexandre Dumas (19. Jahrhundert) und Ernest Hemingway (20. Jahrhundert), um nur fünf zu nennen, die mir auf Anhieb dazu einfallen. Ich wollte eine vernünftige Katze mittleren Alters, die Verständnis dafür aufbrachte, dass ihre Mami oder Besitzerin oder gesetzlicher Vormund oder Frauchen oder wie auch immer man eine Frau, die mit einer Katze zusammenlebt, nennen will, regelmäßig zur Arbeit gehen muss. Außerdem sollte sie sich damit zufriedengeben, die Außenwelt durch eine Fensterscheibe hindurch zu betrachten. Womit ich dann aber schließlich aus dem Tierheim nach Hause kam, waren zwei halb verhungerte, halb kahle, winzige Kätzchen. Kaum hatte ich den Transportkorb geöffnet, da schoss schon eines heraus, kletterte geschickt wie Spider-Man die Küchenschränke hinauf und versteckte sich hinter der Mikrowelle. Das zweite galoppierte ebenso flink ins Bad und schlüpfte unter die WC-Schüssel.

Was ist ein Haustier? In meinem Wörterbuch steht darüber: »jedes Tier, das domestiziert oder gezähmt ist und mit Nachsicht sowie Zuneigung behandelt wird.« Die Tatsache, dass Tiere so viele Aspekte unserer eigenen Persönlichkeit widerspiegeln, sowohl universelle als auch individuelle, ist ein weiterer Bestandteil unserer gemeinsamen Geschichte.

Dies sollte die Unterscheidung zwischen Haustieren und Nicht-Haustieren beträchtlich erleichtern. Allerdings dürfen wir nicht vergessen, dass wir auch die Definitionen bestimmen. Die Ergründung der Tier-Mensch-Beziehungen ist ein so neuer und so rasch expandierender Forschungszweig, dass er sich im Grunde immer noch ständig neu definieren kann; warum also sollten die Erkenntnisse dieser Forschung in Stein gemeißelt sein?

Zusammenfassend können wir also Folgendes festhalten: Ein Haustier ist ein Tier, das wir uns ins Haus holen – oder aber nicht. Es ist ein Tier, das wir niemals essen würden – oder aber doch. Es ist ein Tier, dem wir einen eigenen Namen geben, der aber anders ist als Namen, die Menschen gewöhnlich haben – oder aber auch nicht. Seine Beziehung zu uns ist einzigartig, ebenso wie unsere Beziehungen zu bestimmten Menschen. Das Tier gehört einem: Ich sehe es als meine Katze, meinen Hund, meinen Papagei, mein Schwein an. Es kann ein Igel sein, oder ein Pferd. Es ist ein Lebewesen, dem wir Dinge schenken, die ihm nicht selbst gehören. Es ist ein Tiere-Tier, das sich von uns darin unterscheidet, dass wir Menschen-Tiere sind – wobei man nicht vergessen darf, dass im Laufe der Geschichte auch Menschen als »Haustiere« gehalten wurden, wie beispielsweise Zwerge an europäischen Königshöfen oder Albinos in Südamerika, die von den Azteken als Kuriositäten in Käfige gesperrt wurden, wie später die Azteken selbst von den spanischen Konquistadoren. Wenn es um Haustiere geht, verschwimmen die Grenzen zwischen Mensch und Tier, beziehungsweise sind wir es, die sie verschwimmen lassen. Wir füttern unsere Haustiere in der Küche, in der wir auch selbst essen. Wir lassen sie in unserem Bett schlafen und gewähren ihnen damit ein Privileg, das die Mehrheit der Menschen nur ausgewählten Artgenossen einräumt. Im Fall der Haustiere aber handelt es sich um eine Intimität, die wir zulassen, ohne darüber nachzudenken (und ohne darum gebeten zu werden). Alle, die wie ich ein Katzenklo ins Badezimmer gestellt haben, schaffen dadurch einen Ort gemeinsamer Defäkation, wie es auch Pferdeherden tun oder Hirsche, Waschbären, Dachse und Dinosaurier. Unsere Haustiere gehen mit uns von einem Zimmer ins andere, und oft begleiten sie uns auch nach draußen. Wir nehmen sie auf den Arm und tragen sie herum. Wir streicheln sie spontan. Wir reden mit ihnen in jener Sprache, in der Mütter mit ihren Kindern reden. Wir versuchen, ihr Geschlechtsleben zu kontrollieren, ähnlich wie es verantwortungsvolle Teenagereltern tun; allerdings sind wir dabei vermutlich erfolgreicher. Und wenn sie sterben, trauern wir und erinnern uns an sie, wie wir es bei Familienmitgliedern tun. In der Tat sind Haustiere für die meisten von uns Haustierbesitzer ja auch wirklich Familienmitglieder. Obgleich man sie auch als künstliche, von uns produzierte Mischwesen bezeichnen könnte, bestehen die besten, erfüllendsten Beziehungen zu Haustieren auch aus beiderseitigem Engagement, aus dem Willen und der Fähigkeit zur Zusammenarbeit und einem bewussten, gegenseitigen Verständnis.

Es ist allgemein bekannt: Ein Schaf, das unter Artgenossen auf der Weide sowie im Stall lebt und brav Jahr für Jahr Unmengen von Wolle produziert, wird nie denselben Status erreichen wie eines, das von klein auf an der Leine spazieren geführt wurde, von einem Menschen, dem etwas an ihm liegt.

Der Aspekt der Verbindung, ob durch eine reale oder nur gedachte Leine, ist von fundamentaler Bedeutung und ein ausgezeichneter

Indikator dafür, dass das Lebewesen am anderen Ende der Leine ein Haustier sein könnte. Bildnisse der heiligen Margareta von Antiochia zeigen sie mit einem furchterregenden Drachen an der Leine, aus dessen Bauch sie der Legende zufolge unverletzt zum Vorschein kam. Der italienische Maler Girolamo Savoldo baute diesen Gedanken 1525 weiter aus, indem er eine Matrone malte, die durch eine Leine mit einem mageren Windhund verbunden ist und aussieht, als würde sie ihn gleich spazieren führen. Erst wenn man sich den vermeintlichen Windhund und besonders seine eigenartig geformten Ohren näher anschaut, errät man, was für ein Wesen – und wer dessen »Frauchen« sein soll.

Ebenso wie wir spüren auch unsere Haustiere diese Art physischer Verbindung. Sie besteht natürlich nicht nur dann, wenn wir die Tiere an einer Leine herumführen, sondern auch wenn wir sie bürsten und kämmen, als wären wir ihre Tiereltern und nicht Menschen. Tausende von uns Haustierbesitzern putzen ihren Tieren auch die Zähne, als ob sie Menschen wären. Der Unterschied zwischen Haustier und Mensch verschwimmt mitunter, und beide Seiten tragen dazu bei. Verhalten überlappt, Erfahrungen werden gespiegelt, und das passiert wieder und wieder seit Tausenden von Jahren.

Wir suchen uns die Haustiere aus, aber auch umgekehrt scheint dies der Fall zu sein. Wir bringen Geräusche hervor, um mit ihnen zu kommunizieren, und sie erzeugen in Reaktion darauf ebenfalls Geräusche, obgleich beide Gesprächsteilnehmer nicht die leiseste Ahnung davon haben, was der andere eigentlich gesagt hat. Wir lieben sie, und sie reagieren darauf, indem sie sich uns gegenüber vertrauens- und liebevoll verhalten.

Diese Definitionen müssen jedoch nicht unbedingt auf jeden einzelnen Fall zutreffen. Als ich für dieses Buch recherchierte, wurde ich oft gefragt, ob auch Pferde und Ponys als Haustiere angesehen werden können. Zwar teilen wir uns mit ihnen nicht unser Zuhause, doch wir geben ihnen Namen, sorgen für sie, kommunizieren mit ihnen, und jeder, der jemals auf einem Pferd gesessen ist, weiß, wie intensiv der körperliche Kontakt zu Tieren werden kann. Die Empörung, die 2013 beim britischen Pferdefleischskandal hohe Wellen schlug, ließ keinerlei Zweifel daran, dass die öffentliche Meinung Pferde- und Ponyfleisch mit demselben Tabu belegt hat wie das von Katzen und Hunden, und dass dieser Tabubruch größtes Entsetzen hervorrief.

Möglicherweise ist die einzige wirklich zuverlässige Definition eines Haustiers die, dass der Besitzer ein Tier als Haustier ansehen muss. Die Briefe, die Lieutenant Temple Godman 1854 vom Krimkrieg nach Hause schrieb, zeigen, dass seine drei Pferde für ihn keine anonymen und ersetzbaren Nutztiere waren, sondern mit Namen bedachte und gewissenhaft gepflegte Individuen; wohl aus diesem Grund überlebten alle drei diesen schrecklichen Krieg. (Aus den Briefen geht allerdings auch hervor, wie sehr Godmans Überleben von diesen Pferden abhing.) In den Briefen historischer Tierbesitzer werden oft im Haus lebende, mit Namen versehene und geliebte Katzen sowie Hunde erwähnt. Zwar waren sie die Artgenossen der anonymen Mäusejäger, Hofhunde und Streuner, die sich in der Umgebung des Hauses aufhielten, doch die Tierbesitzer unterschieden ganz klar zwischen beiden Kategorien.

Ebenso wie man ein Tier in die Kategorie »Haustier« aufnehmen kann, kann man es auch wieder daraus entfernen. Wohl hätte keiner meiner beiden Großväter gezögert, die in ihrem Garten lebenden Kaninchen, Hühner und Enten zur weiteren Verwendung der Küche zu übergeben. In meiner Kindheit 70 Jahre später aber wäre es undenkbar gewesen, eines »meiner« Bantams in einen Sonntagsbraten zu verwandeln. Wenn diese Hühner starben, wurden sie mit allen ihnen gebührenden Ehren bestattet. Als die Großväter meiner Großväter Kinder waren, rang sich das britische Parlament die ersten Tierschutzgesetze ab, und noch einige Zeit lang danach waren Hahnenkämpfe und »Bullbaiting« (bei dem Kampfhunde auf Stiere und andere wehrhafte Tiere gehetzt wurden) legal. Unsere Einstellung gegenüber Haustieren ist auch heute noch steten Veränderungen unterworfen. Jene Konzeptionen davon, welche Tiere gegessen werden können und welche nicht, welche Tiere wichtig sind und welche verzichtbar, die so lange Zeit Geltung hatten (und für uns Menschen auch sehr bequem waren), werden heutzutage immer stärker hinterfragt. Und die Grenze, die uns und unsere Haustiere in moralischer und juristischer Hinsicht voneinander trennt, ist stärker als jemals zuvor im Wandel begriffen.

Tatsächlich wird unsere Beziehung zur gesamten nicht-menschlichen Welt derzeit genau unter die Lupe genommen. Ebenso wie viele andere Haustierhalter bin ich entsetzt darüber, dass Hunde in Korea (und nicht nur dort) wegen ihres Fleischs gezüchtet werden – in erster Linie, weil die Haltungsbedingungen grausam und alles andere als artgerecht sind, aber auch wegen des in Europa seit Jahrhunderten geltenden Tabus, Hundefleisch zu essen. Bei uns kommt so etwas einfach nicht vor, es sei denn, sämtliche soziale Normen haben, wie etwa während eines Kriegs oder einer Hungerkatastrophe, ihre Geltung verloren. Andererseits aber züchten wir hier in Großbritannien Schweine – gesellige und sehr intelligente Tiere – unter Bedingungen, die ebenso unmenschlich sind wie die, unter denen in Korea »Fleischhunde« gehalten werden. Gleiches gilt für Hühner, Enten, Kaninchen und Kälber in der Fleischtierzucht, und nicht nur in Großbritannien. In dem Film *Moana* (deutsch: *Vaiana*, 2016) gibt es einen kurzen seltsamen Moment, in dem die Heldin, die ein Huhn und ein Schwein als Haustiere hält, in Gegenwart ihres Schweins namens Pua den

Geschmack des Schweinefleischs lobt, das sie gerade verzehrt, und sich gleich darauf bei Pua entschuldigt. Da haben wir das Dilemma: Es hat einen Namen, es ist ein Haustier, und gleichzeitig ist es ein Nahrungsmittel. Die Frage nach den Kategorien, denen wir Tiere zuordnen, wird in diesem Disney-Trickfilm ebenso thematisiert wie in *Star Wars: Die letzten Jedi* (2017), in dem die papageitaucherähnlichen Porgs Chewbacca vor ein ebensolches moralisches Dilemma stellen. Unsere Epoche ist eine faszinierende und gleichzeitig anstrengende Zeit für Haustierbesitzer, und vielleicht fängt das Denken über die Tier-Mensch-Beziehung gerade jetzt erst richtig an. Meine Ur-ur-Großväter, die alle Farmer waren, hätten sich niemals einen Zusammenbruch der Natur vorstellen können. Wir heute wissen nicht nur, dass so etwas passieren könnte, sondern auch, dass es unseren Untergang bedeuten würde. Wie sehr sich unser Bewusstsein bereits gewandelt hat, erkennt man darin, dass Sentimentalität und ihr wissenschaftlicher Cousin, der Anthropomorphismus (Übertragung menschlicher Eigenschaften auf Nichtmenschliches), immer mehr an Boden gewinnen. Ich nutze beides und schäme mich dessen nicht.

Der englische Enzyklopädist Samuel Johnson definierte »tame« (zahm) als »nicht wild, domestiziert, unterworfen, deprimiert, mutlos, antriebslos, bedrückt«. Spinnt man den Gedanken weiter, gelangt man zu dem Schluss, dass sich sogar der liebevollste Tierbesitzer subtiler Grausamkeit schuldig macht. Es gibt Menschen, die eine Bezeichnung wie »Besitzer« als beleidigend empfinden, und ich bitte sie um Verzeihung, weil ich diesen Begriff hier sehr häufig verwende. Das hat den Grund, dass große Teile dieses Buchs Epochen behandeln, in denen es gar kein anderes Konzept gab, als »Besitzer« eines Tieres zu sein.

Falls Sie sich jemals dabei ertappt haben, dass Sie ein Tier gefragt haben, wo eines seiner Besitztümer wohl stecken mag; falls Sie sich jemals auf eigenartige Weise geschmeichelt fühlten, als ein Tier Sie

»pflegte« (indem es Sie zum Beispiel ableckte) oder wenn ein Tier Sie scheinbar wiedererkannte und sich darüber freute; falls Sie ein Foto Ihres Haustiers auf Ihrem Smartphone mit sich herumtragen; falls Sie jemals über etwas lachen mussten, das Sie zu einem Tier gesagt haben (und Ihnen dabei vielleicht auch noch so war, als hätte das Tier den Gag verstanden); falls Sie sich nachts sehr vorsichtig ins Bett schleichen und sich darüber freuen, dort mit Schwanzwedeln oder Schnurren begrüßt zu werden – dann ist dies genau das richtige Buch für Sie. Und wenn Sie es lesen, werden Sie merken, dass Sie sich in guter Gesellschaft befinden, denn in diesem Buch geht es um Erwachsene und Kinder, Boheme und Bürgertum, Künstler und Wissenschaftler, Geistliche und Adelige sowie Landeier und Städter aus aller Welt, die eine wichtige Gemeinsamkeit aufweisen: Sie alle waren Haustierbesitzer, genau wie Sie es sind.

Es waren Haustierbesitzer, die sich über die Zeiten hinweg auf ähnliche Weise in Lob und Klagen über ihre Tiere ergingen wie wir. Dies ist auch der Grund, warum dieses Buch nicht chronologisch angelegt ist, sondern thematisch. Wenn man sich die letzten 250 Jahre im Hinblick darauf anschaut, wie wir über Tiere (Haustiere ebenso wie die anderen) denken und wie wir sie behandeln, muss man zugeben, dass es enorme Veränderungen gegeben hat. Schauen wir uns jedoch den individuellen Tierbesitzer an (wie in diesem Buch), so fällt die Einheitlichkeit ins Auge. Sind Sie jemals wegen des Verschwindens eines Haustiers in Panik geraten? Samuel Pepys vermerkte am 8. April 1663 in seinem Tagebuch:

… nach dem Abendessen auf dem Wasser nach Woolwich, und unterwegs fiel mir ein, dass wir unseren armen kleinen Hund draußen gelassen hatten, und nur Gott wusste, ob er sich vielleicht verlaufen hatte. Dies rührte nicht nur meine

Frau zu Tränen, sondern, wie ich gestehen muss, auch mich selbst; und in noch stärkerem Maße, als mir zustand.

Haben Sie jemals die Pfote eines Haustiers angehoben, um so zu tun, als würde es einem Menschen zuwinken? Der milde dreinblickende dritte Herzog von Buccleuch tut es auf einem Gemälde von Thomas Gainsborough (um 1770) mit dem Hündchen, das er im Arm hält.

Mussten Sie sich jemals zwischen einem Haustier und einem Wohnort entscheiden, wie es dem *Ivanhoe*-Autor Sir Walter Scott passierte, der 1825 sein Anwesen Abbotsford verkaufen musste?

> … der Gedanke, mich von diesen seelenlosen Kreaturen trennen zu müssen, bewegte mich mehr als jegliche traurige Gedanken, die ich jemals zu Papier brachte. Die armen Wesen, ich muss freundliche Herrchen für sie finden … Ich muss damit aufhören, weil ich sonst nicht mehr die Selbstbeherrschung aufbringen kann, mit der ein Mann Widrigkeiten begegnen sollte.

Und wenn Sie jemals tränenüberströmt von der Tierarztpraxis zurück zum Auto gegangen sind, schockiert von dem Schrecklichen, das Sie gerade getan haben, und dabei ein Tier tragen, das nie wieder Freude darüber zeigen wird, von Ihnen getragen und umsorgt zu werden, dann können Sie sicherlich auch mit diesem Tierbesitzer mitfühlen – obgleich diese Zeilen ursprünglich auf Latein und vor über 2000 Jahren geschrieben wurden:

> Unter Tränen trage ich dich zu deinem letzten Ruheplatz und bin in demselben Maße betrübt, wie ich glücklich war, als

ich dich vor 15 Jahren mit meinen eigenen Händen in mein Haus trug.

Ein Verhaltensbiologe würde sagen: Je früher sich eine bestimmte mechanische Fertigkeit entwickelt, desto grundlegender ist ihre Bedeutung. Ferner könnten wir vermuten: Je gleichbleibender eine Reaktion ist, desto älter ist sie. Vor 2000, 5000 oder 10.000 Jahren gab es bereits Tierbesitzer, deren Beziehung zu ihren Tieren genauso war wie unsere, und vielleicht reicht dieses Phänomen auch noch weiter zurück. Bedeutsamer noch aber ist Folgendes: Wenn Sie als Besitzer jemals mit dem Kinn auf der Hand, Nase an Nase, Schnauze oder Schnabel mit Ihrem Tier gelegen sind, ihm in die Augen geschaut und sich dabei gefragt haben, warum Sie das jetzt eigentlich tun, dann befinden Sie sich in guter Gesellschaft mit Menschen aus allen Phasen der Menschheitsgeschichte, unter anderem mit Philosophen wie Michel de Montaigne aus dem 16. Jahrhundert (»Wenn ich mit meiner Katze spiele – woher weiß ich, dass sie nicht mit mir spielt?«) oder Jacques Derrida; und vielleicht kommen Sie der Antwort auf die Frage, warum wir Menschen so etwas tun, ungefähr so nahe wie sie. Es geht ja nicht nur um die niedlichen Tiere mit großen Augen und flauschigem Fell oder Gefieder; wir haben sogar Roboter zu Kuscheltieren gemacht. Wir haben aus Pixeln Tamagotchi-Haustiere gebastelt oder aus Steinen Tiere kreiert. Wir wurden dazu aufgefordert, uns das schwanzwedelnde Qoobo-Kissen zu kaufen.

Und genau darin besteht das evolutionäre Rätsel. Ganz allgemein und als Spezies sind wir eigentlich nicht auf Altruismus (Selbstlosigkeit) angelegt. Ebenso wie jede andere Tierart eigneten wir uns einen gewissen Grad an Toleranz und Teamfähigkeit an. Vielleicht ist dies unsere Version von Zahmheit und Domestikation, denn diese Eigenschaften kommen der größtmöglichen Anzahl an Menschen zugute und haben gleichzeitig die geringstmöglichen Auswirkungen auf das Individuum. Das kann man zum Beispiel beobachten, wenn man sich in eine Großstadt begibt und die Ströme von Menschen betrachtet, die zu Stoßzeiten durch U-Bahn-Stationen fließen. Ebenso wie jedes andere Tier und aus denselben Gründen behandeln wir unsere Artgenossen mit einer gewissen Rücksicht und schenken unseren Kindern besondere Beachtung. Wie aber passt die Erschaffung des Haustiers in eine Evolution, die Sinnvolles beibehielt und Überflüssiges aussortierte?

Die Erforschung der Tier-Mensch-Beziehung mag eine relativ junge Wissenschaft sein, ist aber dennoch ein weites Feld, das in die Psychologie, Biologie, Ethik, Anthropologie, Philosophie ebenso hineinreicht wie in Kunst und Film. Dieses Buch erkundet nur einen winzigen Aspekt davon, nämlich den Tierbesitzer und damit mich. Mitunter aber frage ich mich, ob ein Grund für das Halten von Haustieren einfach nur der ist, dass wir dieses Phänomen selbst zu verstehen versuchen.

Die Begriffe, mit denen wir diese für uns besonderen Tiere bezeichnen, tragen nur wenig zur Erhellung bei. Im Englischen spricht man von *companion animal*, was wörtlich »tierischer Gefährte« heißt. Das hört sich sehr nett an, aber was bedeutet es eigentlich? Es impliziert jedenfalls nicht die Verantwortung, die der Beziehung zugrunde liegt. Außerdem frage ich mich, ob dieses Wort dem Animalischen des Tieres Rechnung trägt oder es im Gegenteil verleugnet? Verhilft es dem Tier zu einem höheren Status? Einem menschlicheren? Wie dem auch sei: Diese Bezeichnung fand rasch Verbreitung. Manche Leute sprechen auch von ihren »Fell-Babys«, doch ich tue es nicht, denn meine Katzen sind nicht meine Säuglinge, und ich mag sie mir nicht derart vermenschlicht vorstellen. Für mich ist an Tieren faszinierend, dass sie in vielerlei Hinsicht anders sind als ich. Das im alten Griechenland seit dem Beginn schriftlicher Aufzeichnungen gebräuchlichste Wort für Haustier war *athurma*, ein Wort, das auch für Spielzeug steht, oder für etwas, das Freude und Entzücken hervorruft. Die alten Römer sprachen von *deliciae*; das ist etwas, das Glück und Freude bringen kann, oder auch etwas, das geliebt wird. Die 1653 geborene Lady Isabella Wentworth überstand eine vier Jahrzehnte lange Witwenschaft nicht zuletzt dank ihrer Hunde, ihres Papageis und ihres Affen. In ihrem Briefwechsel bezeichnete sie diese nicht-menschlichen Mitglieder ihres Haushalts als *dumbs*, was sich sowohl mit »Dumme« als auch mit »Stumme« übersetzen lässt. Ein Pariser Hundepfleger aus dem 18. Jahrhundert nannte seine Schützlinge *les chéris*, »die Lieblinge«. Edith Wharton sprach von ihren Hunden von »den kleinen Vierfüßern«, was sich reizend anhört, den Betroffenen jedoch auch einiges an Würde nimmt. In englischsprachigen Medien liest man dieser Tage oft vom *emotional support animal*, vom »Tier zur emotionalen Unterstützung«, ein meiner Ansicht nach nicht besonders glücklich gewählter Begriff. Japanische Haustiere sind *petto* oder *aigando butso*, das heißt »Tiere, die man liebt« beziehungsweise »mit denen man spielt« oder »an denen man Freude hat«. Wenn Sie also das nächste Mal Ihren Schnauzen- oder Schnabelträger »Baby« oder »Schätzchen« nennen, denken Sie mal darüber nach, dass Sie einer wichtigen historischen Strömung angehören, und wie viel Liebe und Wertschätzung in den Bezeichnungen steckt, die wir unseren Tieren geben. Gleichzeitig sollten wir aber auch an all jene Menschen denken, die von ihren Mitmenschen zu regelrechten »Haustieren« gemacht wurden, angefangen bei Hofnarren und Zwergen bis hin zu Sklaven. Selbst unter günstigsten Bedingungen macht Besitz den einen zum Herrn und den anderen zum Leibeigenen. Alexandre Dumas, der berühmte Autor von *Die drei Musketiere*, dessen Werk *Histoire de Mes Bêtes* (Geschichte meiner Tiere) zu den Quellen für dieses Buch zählt, rechnet zu »seinen Tieren« auch einen abessinischen Jungen, den er auf einer seiner Reisen aufgelesen hatte. Aus dem, was Dumas über den Jungen schreibt, spricht große Zuneigung, doch die empfand er in gleichem Maße für seine Hunde und Katzen, seinen Affen und seine Vögel. Das erscheint umso verblüffender, da Dumas' eigene Großmutter Marie-Césette eine im heutigen Haiti lebende afrikanische Sklavin war. Hier kommen grundlegende moralische Überlegungen ins Spiel, denn es ist etwas anderes, einem Tier ein Halsband anzulegen als einem Menschen. Dem Tier wird durch das Halsband ein erhöhter Status verliehen, der Mensch dagegen wird zum Sklaven gemacht und seiner Menschlichkeit beraubt.

Der römische Urheber eines Grabspruchs, der um 150 bis 200 n. Chr. in den Grabstein eines Tieres graviert wurde, bezeichnet die betrauerte Helena als »Ziehkind«, als etwas, das seins war, zu dem er aber nicht auf natürlichem Wege, sondern durch eine Entscheidung gekommen war. Ein jeder von uns Tierbesitzern scheint also irgendwann den einen Begriff zu finden, der zu seinem individuellen Fall am besten passt. Dies sagt wiederum aus, dass die Beziehungen zu den Tieren, mit denen wir unser Leben teilen, ebenso vielfältig sind wie unsere Beziehungen zu Mitmenschen. Wenn ich abends zur Tür hereinkomme, begrüße ich meine Katzen stets mit »Hallo, kleine Ladys«. Dies ist eines der vielen Rituale, die wir haben, aber warum ich gerade diese Anrede wähle, könnte ich nicht erklären. Sie sind beide weiblich und beide kleiner als ich, doch mehr wüsste ich darüber nicht zu sagen. Das Rätsel scheint unlösbar, und vielleicht geht es beim Besitzen eines Haustiers auch ausschließlich um die Erfahrung per se.

Sobald wir mit den Grenzen zwischen Tier und Kind herumspielen, begeben wir uns auf vermintes Gelände. Eine der frühesten bekannten Kritiken an Haustierbesitzern stammt aus Plutarchs *Leben des Perikles* (2. Jahrhundert n. Chr.); der Autor berichtet, wie sich der römische Kaiser Augustus über »reiche Ausländer« mokiert, die seiner Ansicht nach ihre Haustiere nur deshalb so verwöhnen, weil ihre Ehefrauen unfruchtbar sind. Dabei übersah der Kaiser geflissentlich all die Haustiere, die sich archäologischen Funden zufolge in seiner Residenz tummelten. Aber indem er anerkannte, dass wir Menschen Liebesobjekte brauchen, sprach der Kaiser eine wichtige Wahrheit aus.

Kritik an Haustierbesitzern schlägt stets in dieselbe Kerbe: Es wird von der Annahme ausgegangen, dass wir mit einem begrenzten Quantum an Liebe geboren werden, das wir im Laufe unseres Lebens verteilen können, und dass Menschen in unserer Umgebung zu kurz kommen, wenn wir etwas davon an Tiere abgeben. Dieses Argument ist unsinnig, aber dennoch nicht totzukriegen; 2017 wurde dies sogar zur Grundlage des Plots für den Trickfilm *The Boss Baby*, in dem der Bösewicht einen »ewigen Welpen« erschaffen will, der niemals erwachsen werden und die gesamte auf der Welt existierende Liebe aufsaugen soll. Dem möchte ich entgegenhalten, dass ich meine Katzen zwar sehr liebe, sie aber nicht als meine Kinder ansehe. Und sie maunzen mich zwar an, wissen aber sehr wohl, dass ich keine Katze bin. Ebenso wie ich wissen diese Katzen, dass wir uns voneinander unterscheiden – und trotzdem erfreuen wir uns aneinander.

Dass der Bund zwischen Tier und Mensch sehr mächtig sein kann, ist nicht zu leugnen; mitunter ist er so stark, dass der Tierbesitzer lieber sterben will, als ihn zu brechen. Als Kind war ich von der Geschichte von Ann Isham sehr beeindruckt. Sie war eine der nur vier weiblichen Erste-Klasse-Passagiere, die beim Untergang der *Titanic* ertranken, weil sie sich weigerte, ihre Deutsche Dogge ihrem Schicksal zu überlassen. (Möglicherweise ist Ann Isham kein Einzelfall. Eine Kollegin von mir, die mit ihren Hunden regelmäßig von England nach Irland übersetzt, erzählte mir, dass sie sich einen Notfallplan für den

Fall ausgedacht hat, dass die Fähre sinkt.) In der zweiten Hälfte der 1970er-Jahre diskutierte man in England beim Thorpe-Skandal darüber, ob der frühere Chef der Liberalen, Jeremy Thorpe, tatsächlich homosexuell und Mitwisser eines Mordkomplotts war, dessen Opfer sein Geliebter Norman Scott werden sollte. Auch Scott weigerte sich, von der Seite seiner sterbenden Deutschen Dogge zu weichen, die von dem für ihn gedachten Schuss getroffen worden war. Ich kann mich bis heute an das Zeitungsfoto erinnern, auf dem der Mann den toten Hund in seinen Armen hält. Wäre ich, so dachte ich als Kind, zusammen mit meinem Wolfshund Fergus an Bord der *Titanic* gewesen, so wäre ich ebenfalls bei ihm geblieben. Als der Hurrikan Katrina 2005 New Orleans heimsuchte, wollten viele Tierbesitzer ihre Lieblinge nicht im Stich lassen und starben zusammen mit ihnen. Nicht zuletzt deshalb empörte sich die Öffentlichkeit so darüber, dass die Behörden eine Anzahl geretteter Tiere töten ließen; die Protestler erreichten, dass in der Folge ein Gesetz erlassen wurde, das Haustiere zukünftig in Evakuierungspläne miteinschloss: der Pets Evacuation and Transportation Standards Act (PETS). Es ist erstaunlich, dass nach so vielen Jahrhunderten der Haustierhaltung erst ein Gesetz erlassen werden musste, um etwas so Selbstverständlichem offizielle Anerkennung zu garantieren. Denn auch im Katastrophenfall sind Tiere den Menschen wichtig, und es scheint, dass bei Menschen in Ausnahmesituationen das Tierwohl wie zum Ausgleich in den emotionalen Fokus rückt, ein Phänomen, das uns vielleicht sogar Antworten auf die Frage bietet, warum wir Menschen so reagieren.

Haustierhaltung ist keine westliche Besonderheit, sondern eine Neigung, die wir mit Menschen aus vielen anderen Kulturen teilen. Sie existierte in tribalen Gesellschaften Südamerikas wie Neuguineas und tut es dort, wo diese Kulturen überleben konnten, bis heute. Tiergräber, die von der emotionalen Beziehung zwischen Mensch und Tier künden, wurden an archäologischen Stätten der frühesten Hochkulturen des Mittleren Ostens gefunden. Kaiser Ashoka erließ im Indien der Eisenzeit zwischen 269 und 232 v. Chr. Gesetze, in denen es um die Rechte von Tieren ging; sie betrafen »alle vierfüßigen Tiere, die weder nützlich noch essbar sind« – eine sehr zweckmäßige Definition von Haustieren. Katzen wurden in Japan vom 10. Jahrhundert an hoch geschätzt, und die thailändischen Katzengedichte *Tamra Maew* stammen größtenteils aus dem 9. Jahrhundert; einzelne sind sogar älter. Tierbesitzer finden sich nicht nur in Adelskreisen und obersten Gesellschaftsschichten. Zwar gibt es für die Haustierhaltung bei einfachen Leuten weniger Belege, doch ist ein Mangel an Beweisen nicht mit der Nicht-Existenz eines Sachverhalts gleichzusetzen. Die bisherige Menschheitsgeschichte hindurch hinterließ der überwiegende Teil der Menschheit auf unserem Planeten keinerlei Spuren. Mit Bestimmtheit dagegen kann man sagen, dass aus der Zeit nach 1700 mehr schriftliche Belege unseres Tuns und Handelns als Tierbesitzer erhalten sind, als aus der Zeit davor. Diese Dokumente untermauern die These, dass Haustierhaltung in allen Schichten ebenso verbreitet war wie heute. Ein aus der Zeit von Elisabeth I. stammendes Register der Haushalte von New Romney in Kent etwa legt den Schluss nahe, dass es in jedem dieser Haushalte ungeachtet von Einkommen und sozialem Rang einen Hund gab. Als 1793 in England die Hundesteuer eingeführt wurde, hielt sich eine ungefähr 6,5 Millionen Köpfe starke Population eine Million Hunde. Es gab »kaum einen Dörfler, der nicht seinen Hund hatte«, und in seinem Buch *Die Pest zu London* schreibt Daniel Defoe, dass es 1665 in London pro Haushalt fünf bis sechs Katzen gab.

Wenn man sich anstatt der schriftlichen Quellen Kunstwerke anschaut, wird der relative Mangel an Belegen mehr als ausgeglichen. Das, was William Blake als »der Hund des Bettlers & die Katze der

Witwe« beschrieb, findet sich so gut wie überall. Hunde kuscheln sich mit in die Wiege oder warten geduldig unter Tischen; sie bewachen die abgelegte Kleidung von in der Sommerhitze erntenden Bauern oder stapfen im Winter hinter ihren Besitzern durch Matsch und Schnee. Katzen machen es sich an Herd und Kamin gemütlich, starren auf Mauselöcher, schlafen auf Dienstmädchenschößen und belauern Singvögel im Käfig. Eines der zeitlosesten Bilder dieser Art ist das der getigerten Katze auf der Februar-Illustration des Breviarium Grimani (um 1510). Zufrieden und vergnügt sitzt sie vor der Tür des Bauernhauses und schaut dem Schnee beim Fallen zu. Sie ist eindeutig ein Haustier und dazu da, zur Atmosphäre der Wärme und Geborgenheit im Inneren des Häuschens beizutragen.

Also spielt bei unserer Untersuchung zur Geschichte der Haustierbesitzer die Kunst eine ebenso wichtige Rolle wie die Äußerungen dieser Menschen. Letztere lassen Rückschlüsse auf die Psychologie des Tierbesitzens zu, sind aber gleichzeitig immer auch autobiografische Äußerungen. Ich werde im Folgenden aber auch fiktive Haustierbesitzer für Beispiele heranziehen. Menageriebesitzer dagegen schließe ich hier aus, es sei denn, sie hatten eine echte Einzelbeziehung zu einem individuellen Haustier. Aus diesem Grund werden wir uns zwar mit dem Renaissancemaler Giovanni Antonio Bazzi, bekannt als Il Sodoma, befassen, jedoch nicht mit den Päpsten, Kaisern und Königen der Renaissance, die Privatzoos unterhielten. In der Öffentlichkeit bekannte Haustiere nehme ich hier mit auf, von dem Elefanten Hanno, den Papst Leo X. 1514 als Geschenk erhielt, bis hin zu »Grumpy Cat«. Natürlich werden Filme berücksichtigt, von den frühesten Werken der Filmgeschichte bis hin zu *Das Fenster zum Hof* und *Jurassic World* (2015), in dem Raptor-Weibchen Blue so ziemlich alle Kriterien für ein Haustier erfüllt, denn es trägt ein Halsband (wenn auch eines mit Senderfunktion) und hat einen Besitzer (Owen

Grady); am Ende des Films verdient es sich durch seine Loyalität zu seinem Besitzer die Freiheit. Filme stellen kulturelle Prozesse verkürzt dar; wenn in einem Film ein bestimmtes Verhalten oder etwas Symbolisches vorkommt, kann man mit ziemlicher Sicherheit davon ausgehen, dass es bereits ins kollektive Bewusstsein eingedrungen ist.

Dieses Buch beginnt mit den Erkenntnissen über die frühesten Haustiere und untersucht die Anfänge der Rolle des Tierbesitzers. Es befasst sich mit der Auswahl eines Haustiers (ein Prozess, bei dem viele Tierbesitzer das Gefühl haben, dass nicht sie das Tier wählen, sondern das Tier sie), damit, wie wir Haustiere nach unseren Vorstellungen erziehen und was das über ihre Funktion bei der Entwicklung unseres Selbstbilds aussagt. Anschließend ist die »Namensgebung« an der Reihe, ein Akt von zentraler Bedeutung, da er sowohl den Empfänger des Namens als auch den Namensgeber verändert; denn sobald ein Lebewesen einen Namen hat, konstruieren wir für es eine Stimme und eine Geschichte. Deshalb ist es logisch, dass darauf das Kapitel über »Kommunikation« folgt. In »Beziehung« finden wir heraus, wie wir diese Geschichten einsetzen, um eine Beziehung zu unseren Tieren und zueinander herzustellen. »Fürsorge« analysiert die Art und Weise, in der wir uns um unsere Tiere kümmern und daraus wiederum auch selbst Nutzen ziehen. »Verlust« schließlich beschäftigt sich mit dem, was in der Beziehung zu einem Tier unvermeidlich ist und mit der Frage, warum er derartig wehtut. Das Buch endet mit dem Kapitel »Vorstellungskraft«, in dem es um die Rolle der Vorstellungskraft in unserem Umgang mit Tieren geht. Außerdem wird darüber nachgedacht, wie sich die Beziehung zwischen Mensch und Tier weiterentwickeln kann. Leider kann dieses Buch nicht bis in die Zeit der Dinosaurier zurückreichen. Hätten Menschen und Dinosaurier gleichzeitig auf der Erde gelebt, hätten wir sie sicherlich früher oder später ebenfalls zu unseren Haustieren gemacht.

Nichts fühlt sich besser an,
als von etwas auserwählt zu
werden, das im besten Fall
Angst vor einem hat und einen
im schlimmsten Fall gern
fressen würde.

David Sedaris, »Untamed:
On Making Friends with Animals«, in:
The New Yorker, 17. Dezember 2016

KAPITEL EINS

FINDEN

Vor 26.000 Jahren unternahmen ein Junge und ein Hund miteinander einen Spaziergang durch eine Höhle. Wie Hunde es eben so tun, sprang das Tier zwischendrin auf einen Felsblock, der aus dem Lehmboden der Höhle ragte. Dann sprang es wieder hinunter und die beiden setzten ihren Weg fort. Dabei hinterließen sie auf dem Boden ihre Spuren: Fußabdrücke und Pfotenabdrücke Seite an Seite. Ein Stückchen weiter vorn blieb der Junge, der eine brennende Fackel in der Hand hielt, stehen und wischte seine Fackel an der Höhlenwand ab. Vielleicht wollte er auf diese Weise die Flamme formen, vielleicht wollte er auch ein Zeichen hinterlassen, um auf dem Rückweg wieder hinauszufinden. Dank der Radiokarbonmethode konnten wir diese versteinerten, parallel verlaufenden Spuren, den frühesten bekannten Beweis unseres Daseins als Haustierhalter, datieren.

Die Höhle, die eigentlich ein Komplex aus einem halben Dutzend Höhlen ist, von denen einige noch nicht erforscht sind, wurde 1994 in einer Kalksteinwand in Südfrankreich am Fluss Ardèche wiedergefunden und nach einem ihrer Entdecker Chauvet-Höhle genannt. Sie ist nicht leicht zu erreichen, wie es wahrscheinlich auch damals der Fall war. Möglicherweise bestand seinerzeit auch die Gefahr, dort einem der Höhlenbären zu begegnen, denn diese Tiere hinterließen im Felsboden Kuhlen, in denen sie den Winterschlaf verbracht hatten. Außerdem fand man jede Menge fossiler Schädel und Knochen von ihnen. Es war also schwierig, in diese Höhle hineinzugelangen, sie war dunkel und gefährlich. Dennoch wurden ihre Wände vor 35.000 bis 30.000 Jahren mit Höhlenmalereien von seltener Schönheit geschmückt.

Darüber hinaus zählen diese Höhlenmalereien zu den ältesten bisher entdeckten. Wir besitzen keinerlei Anhaltspunkte dafür, wie die Künstler ihr Talent und ihre ganz eigene Ästhetik entwickeln konnten. Denn die Zeichnungen sind alles andere als plump: Schwarze Linien erscheinen, verwischen sich und verschwinden, das Durcheinander von Beinen und Schultern schafft die Illusion von Bewegung, mittendrin sieht man mit Schnurrhaaren ausgestattete Schnauzen und konzentriert dreinblickende Augen als kleine individualisierte Details. Das Besondere dieser Höhle ist nicht nur, dass die Darstellungen gleichzeitig sehr realistisch und auf hohem künstlerischen Niveau ausgeführt sind und dass dort die doppelte Fährte von Kind und Hund gefunden wurde, sondern auch, was diese Zeichnungen über unsere Faszination der Tierwelt aussagen.

In der Chauvet-Höhle wurden große Säugetiere dargestellt: Löwen, Pferde, Nashörner, Bären, die allesamt zu den beeindruckendsten Jagdtrophäen zählen. Südfrankreich war in jener Zeit eine von Schnee und Eis beherrschte Landschaft, in der Kaninchen und Wildvögel die häufigste Jagdbeute darstellten. Die Tiere auf den Höhlenmalereien jedoch hoben sich klar gegen den Schnee ab und widerstanden dank ihrer Größe und Kraft der schlimmsten Kälte. Die Art, wie sie durch weiche schwarze Linien in Bewegung dargestellt sind, und wie der ins Bild integrierte felsige Hintergrund die mächtige körperliche Präsenz dieser Wesen vermittelt, lässt selbst uns moderne Betrachter mit ihnen in einen Dialog treten: Was hat der Löwe gewittert? Warum wiehert das Pferd? Hat dieses Wollnashorn sein Horn gesenkt, um uns anzugreifen? Ihr unvollendeter Charakter scheint den Betrachter dazu verlocken zu wollen, das Bild vor seinem inneren Auge zu vervollständigen und die Geschichten zu erraten, für die diese Tiere stehen. Möglicherweise wurden sie ja als Illustrationen für Geschichten geschaffen, die vor ihrem Hintergrund erzählt werden sollten. Schönheit war schon immer ein Köder für menschliche Aufmerksamkeit und eine Inspiration für Geschichten. Vielleicht ging es den Künstlern darum zu vergegenwärtigen, dass jedes Tier ein wesentlich geschickterer Jäger als der Mensch ist und dass Menschen, wenn sie bei der Jagd nicht zur Beute werden wollten, all ihre Fähigkeiten daransetzen mussten, um die Tiere zu interpretieren. Die Menschen mussten lernen, wie Tiere zu denken, um die Frage beantworten zu können: Was würde ich tun, wenn ich es wäre? Und daraus ließe sich ableiten, dass die Fähigkeit, sich in das Bewusstsein eines anderen Geschöpfs hineinzudenken und der hohe Grad, mit dem wir dies gemeistert haben, auch eines der Motive für unsere Beziehung zu Tieren ist.

Eine Theorie, die ziemlich attraktiv erscheinen mag: Wir Besitzer projizieren uns in die Köpfe unserer Haustiere; wir verleihen ihnen Gedanken, einen Charakter, eine Stimme, die wir uns für sie ausdenken. Dies ist einer der Aspekte, die das Besitzen eines Tieres so eigenartig befriedigend machen. Sich dieses Unterschieds zwischen uns als Menschen-Tier und ihnen als etwas anderem bewusst zu bleiben hat meines Erachtens einen großen Anteil an der Begeisterung über unsere Rolle als Haustierbesitzer. Doch dabei gibt es einen Haken: Alle Tiere müssen jene Geschöpfe kennenlernen, die ihnen als Beute dienen. Der Fuchs muss im Voraus ahnen, in welche Richtung der Hase hüpfen wird. Der Gepard muss aus verschiedenen Anzeichen herauslesen, welche Antilope schwächer als die anderen in der Herde ist. Sogar eine Spitzmaus muss lernen, dass sie an dunklen feuchten Orten am ehesten saftige Käfer findet. Doch alle anderen Lebewesen (außer uns) schaffen sich keine Haustiere an, nicht einmal die intelligentesten und sozial kompetentesten von ihnen. Seit elf Millionen Jahren schwimmen Schwertwale durch die Weltmeere, doch noch nie adoptierte einer von ihnen ein Robbenbaby. Hier spielen andere Faktoren eine Rolle, die nur uns Menschen zu eigen sind.

Tausende von Jahren, nachdem der erste prähistorische Maler der Chauvet-Höhle seine Holzkohlenstücke ausgewählt hatte und den felsigen Hintergrund für seine Zeichnungen vorbereitet hatte, wanderten der Junge und der Hund durch die Höhle und hinterließen die parallelen Fährten ihrer Fuß- und Pfotenabdrücke.

Der wissenschaftlichen Korrektheit halber sollte erwähnt werden, dass dieser sehr frühe Hund eigentlich zu den »Kaniden« gehört und somit ein Tier zwischen Hund und Wolf ist. Immerhin waren seine beiden mittleren Zehen größer als die seitlichen, ein untrügliches Kennzeichen der Hunde, denn Wolfszehen sind alle gleich. Die trapezförmigen Fußabdrücke des Kindes legen aufgrund ihres Längen-Breiten-Verhältnisses den Schluss nahe, dass es sich um einen Jungen handelte, der etwa 1,37 Meter groß und acht bis zehn Jahre alt war. Die beiden Fährten kreuzen einander nicht, zumindest nicht auf dem 70,1 Meter langen bisher erforschten Abschnitt. Deshalb können wir nicht hundertprozentig sicher sein, dass die beiden tatsächlich Seite an Seite gingen, doch die jeweiligen Abstände der einzelnen Abdrücke lassen das vermuten. Wenn man von dieser Geschichte hört, stellt man sich automatisch diesen kleinen entweder verwegenen oder von Furcht erfüllten Menschen vor, der mit einer Fackel in der Hand durch die Höhle ging (war er hinaufgeklettert, um die Zeichnungen zu betrachten?), während er die andere Hand auf die Schulter seines Begleiters gelegt hatte. Denn so gehen Kinder meist, wenn sie mit einem großen Hund unterwegs sind, und es scheint, als würde die Hundeschulter die Hand eines Erwachsenen ersetzen. Sir Anthony van Dyck porträtierte auf diese Weise den siebenjährigen Karl II. von England in Gesellschaft von vier seiner Geschwister sowie einer Art Cockerspaniel und einem riesigen Mastiff, der ganz ruhig neben dem Jungen sitzt: Karls Hand und Unterarm ruhen auf dessen Kopf wie auf einem Sockel.

Auch wenn wir nur die Fußabdrücke des Jungen haben und er vor Tausenden von Jahren gelebt hat, können wir uns diesen doch sehr gut vorstellen. Erstens wissen wir, dass er beim Gehen körperlichen Kontakt zu dem Hund hatte. Zweitens – und das ist das Wichtigste dabei – war ihm der Hund (vielleicht sogar sein Hund) vertraut, und dieser vertraute ihm. Drittens können wir sagen, dass sich der Junge wahrscheinlich nur durch die Anwesenheit des Hundes in die dunkle Höhle hineinwagte. Denn Hunde verändern für uns die Welt, sie machen uns furchtlos. Für ein Kind wird der eigene Hund zum Leibwächter.

Für eine Frau ebenfalls. Das Gefühl, von einem gehorsam neben sich hergehenden Hund begleitet zu werden, ist berauschend. Man fühlt sich stärker und sicherer, gleichgültig, wie ängstlich man sein mag. Die Dichterin Emily Dickinson war den größten Teil ihres Erwachsenenlebens über eine sehr furchtsame Frau, doch mit ihrem Neufundländer Carlo, der 16 Jahre lang ihr »pelziger Verbündeter« war, streifte sie durch die Felder und Wälder von Amherst. Erst als er 1866 starb, zog sie sich vollends von der Welt zurück. Elizabeth von Arnim (wohl vor allem bekannt als die Autorin von *Verzauberter April*, 1922) schrieb über ihre Deutsche Dogge Ingraban: »Diese Ängste, die, wie ich annehme, die meisten Frauen an einsamen Orten verspüren, ließen von mir ab ... mit dem mächtigen Ingraban an meiner Seite konnte ich überallhin gehen.« Mir ging es genauso. Mein Wolfshund Fergus und ich zögerten nie, an Winterabenden zu langen Streifzügen über die Felder aufzubrechen. Als wir eines Abends über ein Stoppelfeld gingen, er nicht angeleint und ich mit einer Taschenlampe in der Hand, entdeckte Fergus etwas und begann zu knurren. Dieses Knurren war der tiefste und gleichzeitig unheimlichste Laut, den ich jemals von einem Tier zu hören bekommen habe. Augenblicklich bekam ich eine Gänsehaut und Adrenalin durchströmte meinen Körper.

Wolfshunde haben die maximale Größe eines Hundes. John Caius, ein Arzt aus der Tudorzeit, beschrieb 1570 in seinem Hundebuch *De Canibus Britannicis* Hunde, die »breit, hoch und eigensinnig« waren, einen »furchterregenden Anblick« boten, die »im Herzen des Menschen eiskalte Angst hervorriefen, doch keinen Menschen fürchteten«. Diese Beschreibung traf ziemlich genau auf meinen Fergus zu, doch das einzige Mal, dass ich diese Facette seiner Persönlichkeit erlebte, war bei dem oben beschriebenen Spaziergang. Ansonsten war es einfach nur sein Anblick, der Menschen auf Abstand hielt. Fergus war gestromt wie ein Timberwolf und hatte eine Schulterhöhe von gut 90 Zentimetern. Uns stellte sich niemand in den Weg. Andere Spaziergänger machten einen Bogen um uns oder ließen uns vorbei. Andere Hunde liefen mit angelegten Ohren und eingekniffenem Schwanz vor ihm weg.

Wir alle haben unsere Fantasien und auch Suffolk besitzt seine Fabelwesen und Ungeheuer. Das berühmteste von ihnen ist der Alte Shuck, ein Höllenhund mit flammenden Augen, dessen Anblick den

Tod binnen Jahresfrist ankündigen soll. Ich habe keine Ahnung, ob Fergus in jener Nacht am Feldrand den Alten Shuck erspürte oder was es sonst gewesen sein könnte, das seine Nase und Ohren wahrnahmen. Für mich blieb es unsichtbar, obwohl ich den Strahl meiner Taschenlampe mal hierhin und mal dorthin richtete. Es könnte ein Fuchs oder ein Reh gewesen sein; vielleicht war da auch gar nichts. Dennoch war diese Situation das tief greifendste Angsterlebnis, das ich jemals hatte, und ich weiß, dass ich damals ohne Fergus, der vor Aggressivität förmlich zitterte, niemals weitergegangen wäre. Der Junge, der die Chauvet-Höhle erkundete (in der bis zu drei Meter große und um die 500 Kilogramm schwere Höhlenbären hausten), hatte dieselbe Survival-Ausrüstung dabei wie ich: Licht und einen großen Hund. Vielleicht stimmt dieses Selbstbild, das wir haben, gar nicht, und wir sind nicht wirklich Besitzer von Tieren, denn dafür ist unsere Beziehung zu ihnen viel zu symbiotisch.

Die doppelte Fährte in der Chauvet-Höhle datiert die Domestikation des Hundes auf 26.000 Jahre zurück, doch viele Zooarchäologen sprechen sich für eine noch frühere Domestikation aus, denn der Verwandlungsprozess vom Wolf zum Hund muss bereits Tausende Jahre zuvor begonnen haben. Die Vorfahren unserer modernen Hunde waren jedenfalls schon sehr früh da, lungerten wahrscheinlich an den Rändern unserer Menschenwelt herum, beschnüffelten den Müll, beobachteten die Menschen bei ihren seltsamen Tätigkeiten und warnten gelegentlich (so nimmt man an), wenn sich irgendein Raubtier näherte, das für Hund und Mensch gleichermaßen gefährlich war. Tausende von Jahren hindurch war das Geräusch der Gefahr für unsere Vorfahren vermutlich das, was ich an jenem Abend auf meinem Spaziergang mit Fergus zu hören bekam: ein aus tiefster Kehle kommendes, grollendes Hundeknurren.

Möglicherweise fanden sie unser Handeln damals auch gar nicht so seltsam. Es ist durchaus vorstellbar, dass Hunde sozusagen zur Gründerart der Haustierzunft wurden, weil sie gar nicht so anders waren als wir: Sie lebten in Rudeln, genau wie wir. Sie jagten, genau wie wir, und die Jagd bot den beiden Arten eine weitere gute Gelegenheit sich zusammenzutun. Hunde hatten eine Rangordnung aus Herrschenden und Beherrschten sowie Reviere, genau wie wir. Außerdem hatten sie (und haben bis heute) eine sensible Prägephase in der Kindheit, in der sie sich auch an uns gewöhnen können. Darüber hinaus verfügen sie über eine riesige Bandbreite an Ausdrucksmöglichkeiten, die es ihnen ermöglicht, mit uns zu »sprechen«. Schließlich sind sie schlau, und dies scheint die wichtigste Eigenschaft erfolgreicher Haustierarten zu sein. Selbst in den Anfangszeiten konnten wir vermutlich bereits verstehen, was sie uns sagen wollten (vorgestreckte Vorderpfoten, aufrecht gestellter Schwanz = fröhliche Begrüßung; knurrend und mit gefletschten Zähnen zurückweichend = Abwehrverhalten). Und sie verstanden uns: den Klang der Stimme, die Körperhaltung, die erhobene, einen Stock oder Stein haltende Hand. Allmählich lernten sich Mensch und Hund gegenseitig kennen, und die frühen menschlichen Gemeinschaften waren buchstäblich von den ihrigen umgeben.

Selbstverständlich ist diese arkadische Erklärung für den Beginn der Tier-Mensch-Beziehung heiß umstritten, aber ganz aus der Luft gegriffen ist sie dennoch nicht. Vor 12.000 Jahren entstand in der Levante die Natufien genannte, möglicherweise erste sesshafte Kultur. Die Menschen, die ihr angehörten, legten kreisförmige Hüttensiedlungen an. Zwar lebten sie weiterhin vom Jagen und Sammeln, kehrten zum Schlafen jedoch in ihre Siedlungen zurück. Ihre Toten wurden mit angezogenen Beinen auf der Seite liegend begraben, die linke Hand wie ein Kissen unter den Kopf gelegt. In einer Grabstätte lag unter der linken Hand außerdem das Skelett eines im Alter von vier oder fünf Monaten verstorbenen Welpen. Dadurch wissen wir, dass es im Leben dieser Menschen Hunde gab. Der Welpenfund legt außerdem den Schluss nahe, dass die Tiere nicht nur als Nahrung oder als Wach- und Jagdhunde dienten, sondern dass es zumindest zwischen diesem Menschen und diesem Welpen eine enge emotionale Beziehung gegeben hatte, die im Jenseits weitergeführt werden sollte. Was machen wir denn heute, nachdem wir irgendwo Wurzeln geschlagen haben? Wir legen uns ein Tier zu, damit es mit uns zusammenlebt. Zwar können wir bisher nur raten und vermuten, doch vielleicht ist die Levante der Ort, an dem alles begann. Für die Domestikation braucht man ein *domus*, ein Haus. Man kann nicht ein Tier (wenn auch nur gedanklich) über eine Schwelle tragen, wenn es diese Schwelle gar nicht gibt.

Sobald es feste Siedlungen gab, waren auch feste Lebensmittellager und somit Mäuse und Ratten vorhanden. Die Katze – *Felis silvestris* – trat um 10.000 v. Chr. in unser Leben, um die Getreidespeicher des Fruchtbaren Halbmonds (Winterregengebiet am nördlichen Rand der Syrischen Wüste) von Mäusen zu befreien. Der erste physische Beleg für die Koexistenz von Katze und Mensch wurde in einem Grab auf Zypern aus der Zeit um 9500 v. Chr. gefunden. Es enthielt ein menschliches Skelett unbestimmbaren Geschlechts und, in nur 80 Zentimetern Entfernung davon, das einer ungefähr acht Monate alten Katze. Die beiden Lebewesen und damit die Skelette waren sorgfältig hingelegt und dabei so ausgerichtet, dass sie einander ansahen, so als sollten sie gemeinsam nach einem Leben nach dem Tod Ausschau halten. Es ist sehr aufschlussreich, dass der Hund in dem Natufien-Grab ein Welpe war. Ein wichtiger Punkt ist auch, dass Zypern eine Insel ist. Auf Zypern gab es nämlich keine heimischen Katzenarten, sodass diese Tiere dort von Menschen eingeführt worden sein müssen. Wir haben sie also dorthin getragen, und dieses Sich-tragen-Lassen vonseiten der Katzen kann als Beleg dafür gesehen werden, dass sie zu diesem Zeitpunkt bereits zahm und domestiziert waren. Zwar kann man Katzen auch gegen ihren Willen transportieren: Jeder Besitzer, der schon mal mit seiner Katze zum Tierarzt musste, weiß das. Und sicherlich waren die frühen Zyprioten genauso wie wir heute in der Lage, effiziente Katzentransportkörbe herzustellen. Dennoch steht eine Tatsache unumstößlich fest: Katzen kamen erst mit den frühen Siedlern nach Zypern, also mussten sie auf irgendeine Weise zuvor in das Leben der Menschen getreten sein. In anderen Teilen der Welt wurden Affen von Bäumen gelockt, Papageien mit Sitzstangen vertraut gemacht und viele andere Tiere, die klein und pelzig waren, an die Berührungen der menschlichen Hand gewöhnt. Oder es geschah zunächst einmal das, was William Service in seinen Memoiren *Owl* schildert: »Unser Retriever-Welpe entdeckte den großäugigen Flauschball mit dem kleinen Schnabel im Wald hinter dem Haus und bellte, bis die Kinder herbeigelaufen kamen.« Ebenso wie unsere Vorfahren nehmen wir Kontakt mit einer bestimmten Abfolge von Sinnen auf: Es beginnt mit dem Sehen, danach kommt die eigentliche Begegnung: die Berührung.

In der äthiopischen Stadt Harar leben Männer, die Hyänen füttern. Dabei halten sie das Fleisch mit den Zähnen fest und warten, bis eine Hyäne ganz nahe an sie herankommt und ihnen das Fleischstück aus dem Mund reißt. Hyänen sind seit ungefähr einem Jahrtausend fester Bestandteil des nächtlichen Lebens von Harar. Durch Löcher in der Stadtmauer dringen sie in die Stadt ein und durchsuchen den Abfall nach Fressbarem. Erst im 19. Jahrhundert begannen die Menschen, sie zu füttern, angeblich, damit die Hyänen aufhörten, die Herden zu plündern. Man muss sich das mal vorstellen: Es handelt sich um Tüpfelhyänen, deren Beißkraft stärker ist als die von Braunbären. Sie werden so groß, wie hundeartige Tiere nur werden können, nämlich so groß wie mein Fergus und über 60 Kilogramm schwer. Trotzdem werden sie in Harar auf diese besondere Weise gefüttert, und die Menschen sprechen mit ihnen und geben ihnen Namen. Sogar Folklore rund um die Hyäne entstand. Zu richtigen Haustieren sind sie zwar noch nicht geworden, doch beschrieb Youseff Mume Saleh, einer der »Hyänenmänner«, sie 2010 einem Journalisten gegenüber als »Verwandte«. In einem anderen Teil Afrikas machte der Fotograf Pieter Hugo Aufnahmen von Hyänen mit Maulkörben, die von muskulösen Männern durch die Straßen geführt werden. Wir begreifen, was hier geschieht, und können uns, wenn wir diese Bilder gesehen haben, gut vorstellen, was vor Tausenden von Jahren geschah. Denn wir machen es heute ja immer noch so. Man muss nur eine Haustierausstellung besuchen, um es mit eigenen Augen zu beobachten oder selbst zu erleben: Wenn wir einem Tier begegnen, gehen wir zunächst in die Hocke, um unsere Zweibeinerhöhe zu relativieren. Dann schürzen wir die Lippen und bringen das hervor, was vielleicht einer der ersten Rufnamen der Geschichte und gleichzeitig eines der ältesten Wörter war: einen vokalisierten Kuss. Der Plosiv (stimmloser Verschlusslaut) *p* mit weicherer Endung, aus dem sich möglicherweise auf Altenglisch, Deutsch und Niederländisch, aber auch auf Litauisch, Altnorwegisch und Irisch das Wort »Puss«, später »Pussy« entwickelte. Gleich darauf strecken wir eine Hand aus. Und in diese Hand wird nicht hineingebissen oder hineingepickt, sondern sie wird beschnüffelt. Der Kontakt zwischen Hand und Nasenlöchern kann mit unserem Händeschütteln verglichen werden.

Der Tastsinn wird als erster unserer Sinne einsatzbereit, sogar noch im Mutterleib. Deshalb scheint es signifikant zu sein, dass wir anscheinend einem Tier erst richtig »begegnet« sind, wenn es zwischen uns einen physischen Kontakt gegeben hat. Noch signifikanter ist, dass sich dieser Kontakt gut anfühlt, und zwar nicht nur, weil es angenehm ist, weiches Fell oder Gefieder zu berühren, sondern auch aufgrund der emotionalen Dimension. Dies könnte eine erste Antwort auf die Frage sein, warum wir Menschen uns Tiere in unser Leben holen.

Tiere sind uns ähnlich und gleichzeitig unähnlich; der Philosoph Jacques Derrida würde das als ihre »Alterität« bezeichnen. Ein Teil der Faszination, die wir für die Tiere empfinden, gründet auf genau diesem Anderssein. Ihre Reaktionen sind nicht vorhersehbar: Der Hund könnte einen auch anknurren, die Katze einen anfauchen, und der Vogel könnte in den Finger picken, der ihn streicheln will. Wenn sich uns ein Tier aber nähert oder auf irgendeine andere Weise zeigt, dass es uns akzeptiert, fühlen wir uns auserwählt und auf eine besondere Weise einzigartig. Es ist kein Zufall, dass wir Menschen die Fähigkeit, mit Tieren zu kommunizieren oder anderweitig zu interagieren, zu einem Kriterium der Heiligkeit machten und dass in einigen Religionen Tiere zu Göttern erhoben wurden, oder aber zu Opfergaben, über die Gläubige mit den Göttern in Verbindung treten. Aus dem Flug von Vögeln und aus den Innereien von Tieren wurde die Zukunft gedeutet. Wir schätzen die Tiere, und auch heute macht es einen Menschen zu jemandem Besonderen, wenn sich ein Vogel ausgerechnet auf seinen Finger setzt, ein Hund zu ihm und nicht zu einer anderen Person kommt oder die Katze gerade seinen Schoß aussucht. Das Tier wertet uns auf. Es geht nicht einfach nur darum, dass wir uns mental mit den Tieren verbinden, um sie jagen zu können, sondern es geht auch um ihre emotionale Reaktion. Warum besitzen wir Haustiere? Ein Grund dafür ist unser Ego. Paradoxerweise schmeichelt es unserem Selbstwertgefühl, wenn wir ein Tier haben, das mit uns interagiert. Es ist genau, wie David Sedaris sagt: Nichts fühlt sich besser an.

Warum es sich so anfühlt, hängt mit der Komplexität unserer Beziehung zur Natur zusammen, die ein Gegenstück zu der aus Hütten, Getreidespeichern und Städten geschaffenen Menschenwelt darstellt. Erstens behandeln wir die Natur mit Respekt, da wir von Naturgewalten oder Tieren getötet werden können; zweitens schätzen wir alles, was aus ihr kommt, weshalb wir uns mit den Fellen und Federn, Zähnen oder Krallen unserer Tiergötter schmücken, und mit unseren Tieren. Wenn eines davon unsere Gesellschaft sucht, denken wir, dass es in uns Gutes sieht. Dieser Glaube in die Intuition der Tiere ist tief in uns verwurzelt und macht unter anderem den Reiz von Büchern wie Stéphane Garniers *How to Live Like Your Cat* (2017) aus. Wir gehen davon aus, dass das Tier etwas weiß, was wir nicht wissen. Es weiß, wer ein guter Mensch ist und wer nicht.

Die Erfahrung, einem Tier zu begegnen, stellt außerdem einen ganz besonderen Augenblick dar. Wir leben in der Welt, die wir uns geschaffen haben und in der die Natur scheinbar weit weg ist. In der Begegnung mit einem Tier ist diese Entfernung einen Augenblick lang aufgehoben. Und das Tier beobachtet uns aus demselben Grund, aus dem wir es beobachten: weil wir Nicht-Artgenossen mit unvorhersehbarem Verhalten sind. Es konzentriert sich auf einen Menschen so, als wollte es lernen, ihn zu verstehen, und um sich zu vergewissern, dass ihm keine Gefahr droht. Wenn wir einander zum ersten Mal begegnen, tritt auf beiden Seiten derselbe Impuls ein. Dies ist ein weiteres Beispiel für die zwillingshafte Spiegelung, die es bei vielen Aspekten unserer Beziehung zu Tieren gibt. Wenn wir beispielsweise feststellen, im Mittelpunkt der Aufmerksamkeit eines anderen zu stehen, reagieren wir ähnlich wie Tiere. Auch viele unserer menschlichen Beziehungen entstehen auf genau diese Art: durch einen intensiven Blick, der erwidert wird.

Außerdem fühlen sich Tiere so gut an! Der Kontakt mit Fell oder Federn ist ein sinnliches Vergnügen, aber auch das Ertasten eines rauen, schuppigen Bauchs ist etwas Besonderes. Noch bedeutsamer ist das Gefühl, mit dem Geschöpf, das sich hinter Fell, Gefieder oder Schuppen verbirgt, in Verbindung getreten zu sein. Das Kraulen eines Tieres und allein schon der Rhythmus des Streichelns lösen spezielle physiologische Reaktionen aus, zu deren messbaren Auswirkungen das Verlangsamen des Herzschlags sowie das Sinken des Stressniveaus zählen, und zwar sowohl beim streichelnden Menschen als auch beim gestreichelten Tier. »Ich habe Euch ein Tier geschickt, ein Geschöpf Gottes, das einst wild war und jetzt zahm ist«, schrieb Dan Nicholas Clement, ein Mönch aus Canterbury, im April 1536 an Lady Honor Lisle, »um Euer Herz in Zeiten zu erquicken, in denen Ihr des Betens müde seid.« Zu diesem Zeitpunkt befand sich Lady Lisle in Calais, Englands äußerstem Stützpunkt auf dem Kontinent, wo ihr Gatte Lord Lisle Vertreter und Gouverneur von Heinrich VIII. war. Es wäre interessant zu wissen, um welches Tier es sich handelte, doch leider sind keinerlei Hinweise erhalten. Allerdings wissen wir, dass das Ehepaar Lisle seine Wohnräume mit Singvögeln, Falken, Hunden sowie den damals groß in Mode gekommenen Weißbüschelaffen und anderen Affen bevölkerte. Von Lady Lisle und ihren Haustieren wird in diesem Buch noch öfter die Rede sein. Allein schon die Gegenwart eines Tieres, das wir beobachten können, beruhigt uns, gleichgültig ob wir mit ihm körperlichen Kontakt haben oder nicht. Das erklärt auch, warum so viele Zahnärzte in ihren Wartezimmern ein Aquarium aufgestellt haben. Die bloße Anwesenheit einer Schildkröte auf einer Tuberkulosestation soll das Wohlbefinden der Patienten erhöht haben. Diese Wirkung hat etwas Magisches und muss wohl auch für die Haustiere selbst Vorteile bieten, denn wie sonst könnten sie ihr Haustierdasein ertragen: dieses ständige Hochgenommenwerden, dieses Zusammenleben mit Wesen, die so anders als sie selbst sind. Es dauerte ein Jahr, bis Bird, die größere, schlauere und stärker traumatisierte meiner beiden Katzen, auf meinen Schoß kam. Doch als sie es tat, konnte ich zu hoffen beginnen, dass nun irgendeine Form von Beziehung zwischen uns zwei Wesen entstand. Genau darum geht es einem Haustierbesitzer ja im Grunde genommen.

Wenn man sich mit Mensch-Tier-Beziehungen beschäftigt, liest man immer wieder folgende These: Die zunehmende Verbreitung der Haustierhaltung in den letzten 300 Jahren zumindest im Westen sei darauf zurückzuführen, dass sie eine Verbindung zur Natur ermöglicht, der wir uns als Städter zunehmend entfremdet haben. Ein Tier in unserem Haushalt zu haben, besagt diese Theorie, stellt eine Art ökologisch-mentales Gleichgewicht wieder her, das für uns deshalb wichtig ist, weil wir einst ebenfalls Wesen waren, die in der

Natur lebten. Diese Behauptung ist vermutlich eher in emotionaler als in wissenschaftlich-historischer Hinsicht wahr, wir werden uns später (in Kapitel 7) näher mit ihr befassen. Tausende von Tierarten folgten uns in die Städte: Eichhörnchen und Waschbären, die in die Speicher zogen, Vögel, denen es in unseren Gärten gefiel, sowie Mäuse und Ratten. Wenn ich aus dem Fenster der Küche meines Lebenspartners schaue, entdecke ich außer den Katzen auf Mauern und Zäunen braune und schwarze Eichhörnchen. Einmal habe ich eine Waschbärmutter mit ihren drei Jungen gesehen. Ich sah schon Blauhäher, Rote Kardinäle, Unmengen von Spatzen (mehr, als man heutzutage in London zu sehen bekommt), Tauben und einmal sogar einen Rotschwanzbussard. Die Küche, zu der dieses Fenster gehört, befindet sich in Brooklyn. In London kann ich beobachten, wie Wanderfalken von ihren Ansitzen gegenüber meinen Fenstern aus jagen, und immer wenn ich meine Kamera *nicht* dabeihabe, taucht draußen am Dock eine Robbe aus dem Wasser auf. Diese wilden Tiere sind in unseren Städten stärker verbreitet, als wir meinen. Ich wuchs in Suffolk (auf dem Land) auf und sah in meiner ganzen Kindheit nur ein einziges Mal einen Fuchs, und nicht einmal den ganzen Fuchs, sondern nur den buschigen Schwanz, der schnell in der Hecke am Feldrand verschwand. Als ich viele Jahre später mal in meinem westlichen Viertel von London in den Pub ging, flitzte ein stattlicher Fuchsrüde an mir vorbei den Bürgersteig entlang. Ja, ich hatte das Gefühl, auserwählt worden zu sein, und war von dem Erlebnis tief berührt.

Für viele Jäger-und-Sammler-Gesellschaften in aller Welt stellen kleine Säugetiere sowohl Nahrung als auch Haustiere dar. Ein Jäger, der eine säugende Tiermutter getötet hat, nimmt die Jungen mit ins Dorf, wo sie von seiner Frau aufgezogen und vielleicht sogar gestillt werden. Auf diese Weise beschwichtigt der Jäger die Waldgeister, das

Gleichgewicht wird wiederhergestellt, und der Jäger ist mit den Kräften, die über sein Überleben und das seiner Familie entscheiden, im Reinen. Der Verstoß gegen ein die Natur betreffendes Tabu ist für uns ein Thema, seit Eva jenen berühmten Apfel pflückte. Aber auch in anderen Teilen der Welt macht man sich seit jeher darüber Gedanken: Im buddhistischen Japan gilt das Freilassen eines Tieres als verdienstvoller Akt. So entstand eine ganze Industrie, die alle Leute, die auf diese Weise ihr Karma aufbessern wollten, mit eigens dafür gezüchteten Vögeln, Fischen und Schildkröten versorgt. Man könnte meinen, dass dies nicht ganz im Sinne des Religionsgründers war, aber offenbar kamen nie Beschwerden. Auch Leonardo da Vinci, der seinem Biografen Giorgio Vasari zufolge »sehr über Pferde und auch alle anderen Tiere entzückt war«, kaufte Vogelfängern gern Wildvögel ab, um sie an Ort und Stelle freizulassen. Somit hätten wir möglicherweise einen weiteren unbewussten Grund dafür gefunden, warum wir Haustiere halten: Auch fern der Wälder und der in ihnen wohnenden Geister sorgen unsere Tiere dafür, dass wir mit einer natürlichen Welt, die in unseren Köpfen weiterhin existiert, im Reinen bleiben.

Vielleicht stellen unsere Tiere für uns Haustierbesitzer aber auch ein Gegengewicht zu jener Welt dar, in der Tiere von uns Menschen misshandelt, ausgenutzt und verletzt werden. Wenn unsere Ausnutzung der Tiere die Beziehung zwischen uns und der Natur vergiftet, stellt das Halten und Umsorgen von Haustieren dann so etwas wie ein Gegengift dar? Falls wir wirklich die Spitze des Stammbaums der Arten darstellen, scheint die damit einhergehende Verantwortung oft zu schwer auf unseren Schultern zu lasten. Vielleicht sind uns die Tiere in unserem Leben auch deshalb so wichtig, weil wir durch sie wiedergutmachen wollen, dass wir so viele Tiere gar nicht schützen können. Hier kommt wieder das Einteilen von Lebewesen in Kategorien ins Spiel. Wir können *jene* Tiere nicht beschützen, *diese* aber schon.

Jedoch gibt es noch ein weiteres Erklärungsmodell: Der Umstand, dass wir einige Tiere von der Natur in unser Leben hineinholen können, verstärkt unser Gefühl, die Natur bezwungen zu haben. Wir scheinen in der Lage zu sein, an beide Konzepte zu glauben, und wenn es sein muss, sogar gleichzeitig.

Letztlich ist natürlich die Wildnis der Ort, von dem all unsere Haustiere stammen, aus dem sie im Laufe der Jahrhunderte herausgelockt und gefangen wurden. Die alten Römer hielten neben den bereits erwähnten Schoßhunden auch verschiedene Heuschreckenarten, Hasen, Delfine, Geparden, Schlangen sowie Steinbutte, Neunaugen und Muränen.

Die im Irland des 8. Jahrhunderts erlassenen *Bretha Comaithchesa* oder »Gesetze der Nachbarschaft« enthalten eine Liste der aus der freien Natur entnommenen Haustiere; darunter sind Hermeline, Otter, Kraniche, Raben, Krähen, Dohlen, rote Eichhörnchen und Dachse. All diese Tiere hatten Besitzer, die für eventuelles Fehlverhalten ihrer Schützlinge zur Kasse gebeten wurden. Medb (oder Maeve), die Kriegerin und Königin aus der irischen Mythologie, soll einen Baummarder besessen haben, der sich seinem Frauchen gern wie ein Kragen um den Hals legte – ein Verhalten, das von höchstem Vertrauen zwischen Besitzer und Haustier kündet. Weniger romantisch, dafür aber historisch wesentlich besser belegt, ist, dass Alfons X., von 1252 bis 1284 König von Kastilien, ein Wiesel hatte, das ihn

»mit seinen Hüpfern und Sprüngen« unterhielt und das er »in einem hübschen kleinen Holzkäfig hielt …, weil es sehr große Angst vor der Katze hatte«. Das war klug vom König, der dann jedoch versehentlich beinahe den Tod seines kleinen Freundes verschuldet hätte, wie Kathleen Walker-Meikle in *Medieval Pets* schreibt:

Er ritt eine Straße entlang, als er das Wiesel aus seinem Käfig holte, und weil es ein flinkes Tier war, [entwand es sich seinen Händen und] fiel unter die Hufe des Pferdes. Erschrocken rief der König: »Heilige Jungfrau Maria, rette mein kleines Wiesel und lasse nicht zu, dass der Tod es mir entreißt!« Alle Anwesenden waren bestürzt, denn das Pferd des Königs war sehr fest darauf getreten. Der König rief: »Oh Männer, könnt ihr es sehen?« …

Natürlich griff die heilige Jungfrau Maria ein, und als das Pferd den Huf hob, kam das Wiesel darunter unverletzt zum Vorschein. Aus dieser Episode wurde eines der 420 Dankeslieder an die Jungfrau Maria, die König Alfons im Laufe seiner Regierungszeit komponierte oder in Auftrag gab.

Wiesel sind winzig, doch das scheint ihnen noch niemand erzählt zu haben. Sie sind biegsam wie Schlangen, hyperaktiv wie Flummis und gegenüber der gesamten Schöpfung unglaublich aggressiv. Während meiner Kindheit sammelte ich auch einige Erfahrungen an unangenehmen Begegnungen mit Tieren. Einmal explodierte ein Nest voller verfaulter Bantam-Eier genau vor meinem Gesicht, einmal wurde ich von einem Hundertfüßer gebissen, im zarten Alter von vier Jahren trat ich auf eine Otter, am Ufer des Flusses Deben in Suffolk wurde ich von einem rachsüchtigen Wespenschwarm verfolgt, und eine Spitzmaus biss so tief in meinen Finger, dass ihre Zähnchen meinen Knochen berührten. Doch das eine Tier, das mich nicht nur in die Hand biss, sondern sich in ihr regelrecht verbiss und daran hängen blieb, als ich es vor einer Katze zu retten versuchte, war ein Wiesel. Ich glaube nicht, dass sich König Alfons wirklich hätte Sorgen machen müssen. Damals gab es Marienlieder, heute haben wir *Ozzy the Adorable Desk Weasel*, den YouTube-Star. Auch wenn es nur eine zigarrengroße Killermaschine ist – es findet sich immer jemand, der daraus ein Haustier macht.

Dachse sind höchst erfolgreiche Raubtiere, doch der Maler Giovanni Antonio Bazzi alias Il Sodoma porträtierte sich mit zwei Dachsen, die folgsam wie Hunde hinter ihm herliefen. Auf demselben Fresko von 1502 ist auch der bleiche Geist seines Lieblingsrabens zu sehen, ein Vogel, der dem Künstlerbiografen Vasari zufolge so abgerichtet war, dass er

> so gut sprach, dass er bei manchen Äußerungen die Stimme Giovanni Antonios genau nachahmte, insbesondere dann, wenn er jemandem antwortete, der an die Tür klopfte. Es klang so echt, als spräche Giovanni Antonio selbst, wie alle Leute in Siena wussten …

Dies muss den Maler außerordentlich beliebt gemacht haben bei all den Leuten, die zu ihm kamen, um sich wegen der Ruhestörungen durch seine »Dachse, Eichhörnchen, Affen, Weißbüschelaffen, Zwergesel … kleinen Pferde aus Elba, Häher, Zwerghühner, Turteltauben und vielerlei weiterer Tiere, so viele, wie er nur ergattern konnte« zu beschweren.

Vögel zählen zu denjenigen Tieren, die sich am einfachsten aus der freien Natur entnehmen lassen. Und so ziemlich jeder Tierbesitzer, mit dem wir uns in diesem Buch befassen, vor allem wenn er vor der Wende zum 20. Jahrhundert gelebt hat, scheint sich mindestens einen Vogel zugelegt zu haben, um, wie die Historikerin Ingrid Tague schreibt, »auf die Schönheit der Natur zu reagieren, indem man sie in Eigentum verwandelt«. Einen Eindruck von der nahezu grenzenlosen Auswahl an auf diese Weise adoptierten Vögeln vermittelt Giovanni Pietro Olinas Buch *Ucelliera* von 1622, das alles enthält, was zwitschert und tiriliert, angefangen von Wachteln bis hin zu Nachtigallen. Olina war einer der ersten europäischen Vogelkundler und sammelte wertvolle Informationen über Vogelverhalten und mit Vögeln verbundene Folklore. Er hatte aber keinerlei Skrupel, bei jeder Vogelart anzugeben, inwiefern sie für uns nützlich sein könnte – egal, ob als Unterhaltungskünstler im Wohnzimmer oder als Leckerbissen. »Dieser Vogel wird hauptsächlich wegen seiner Lieblichkeit geschätzt«, schreibt er über den Kiebitz und fährt dann fort: »Er eignet sich auch dazu, gegessen zu werden, da er recht gut schmeckt und nahrhaft ist.«

Vögel waren lange Zeit die am einfachsten zu erhaltenden Haustiere, doch sicherlich nicht die einzigen. Gilbert White (1720–1793), einer jener naturkundebegeisterten englischen Landpfarrer, denen die Biologie viel verdankt, und Erbe der vielleicht berühmtesten zahmen Schildkröte der Geschichte (das Vermächtnis einer Tante), hielt in seinem Pfarrhaus in Hampshire auch ein zahmes Rotkehlchen, eine zahme Schleiereule, einen zahmen Raben, eine zahme Schlange und eine zahme Fledermaus, »die mich sehr erfreute«. White war der Ansicht, dass »jede Art von Tier und Vogel, von Schlangen und allem, was im Meer lebt, gezähmt ist und von der Menschheit gezähmt wurde«. Wer will ihm da schon widersprechen? Der Dichter William Cowper, ein Zeitgenosse von White und ebenfalls Dorfpfarrer, hielt sich drei Feldhasen, die er innig liebte. Er nannte sie Tiney, Puss, Bess und fütterte sie mit Brot, Milch sowie Apfelschalen. Ein Jahrhundert später hielt sich die amerikanische Dichterin und Sklavereigegnerin Sarah Jane Lippincott, die unter dem Pseudonym Grace Greenwood *The History of My Pets* (1853; Nathaniel Hawthorne bezeichnete es als »eines der besten Kinderbücher, die ich je gesehen habe«) schrieb, ein zahmes Rotkehlchen, einen Habicht, den sie Toby nannte, und einen Waschbären.

Eine englische Zeitgenossin von Sarah Jane war Emma Davenport, eine Kinderbuchautorin und Urheberin eines Buchs mit dem bedenklich klingenden Titel *Live Toys* (Lebendiges Spielzeug, 1862). Zu ihren Haustieren zählten die Taube Puffer, der Igel Pricker, eine Dohle, ein Sperber und die Fledermaus Dr. Battius. Beide Frauen werden jedoch von Reverend John George Wood in den Schatten gestellt, einem unermüdlichen Fürsprecher der Natur und eine Persönlichkeit, die man in gewisser Weise mit dem Naturforscher Sir David Attenborough vergleichen könnte. Wood schrieb und lehrte in England sowie Amerika und wurde so bekannt, dass ihn sowohl Mark Twain als auch Arthur Conan Doyle in ihren Büchern erwähnten. Sein Sohn Theodore beschrieb ihn als »niemals glücklicher, als wenn er von Tieren umgeben war, mit denen ihn ein enges Verhältnis verband und die für ihn nicht einfach nur Gefährten, sondern wahre, echte Freunde waren«. Woods Werke bestätigen diesen Eindruck. Doch selbst Wood, der sich bitter über die Gemeinheit beklagte, Singvögel ihrer Freiheit zu berauben, und der über eine Lerche in Käfighaltung schrieb: »eine Gefangene in Einzelhaft …, die ihren Gefährten nicht mehr sehen und die Freuden des Nistens und der Jungenaufzucht nicht mehr erleben wird«, erzählte gut gelaunt, dass »ein zahmes Eichhörnchen zu besitzen häufig ein angemessenes Ziel knabenhaften Ehrgeizes ist«. Auch informierte er seine Leser, dass der Häher »ein seltener Vogel ist, dessen Bestände scheinbar von Jahr zu Jahr geringer werden«, ohne

auf die Idee zu kommen, dies könne mit den Tipps für das Nest-
plündern, Fallenstellen und Käfigbauen zusammenhängen, die er
selbst seinen Lesern gab.

Wood, der eine Zeit lang auch Herausgeber der Zeitschrift *Boy's
Own* war, hatte eine klare Vorstellung davon, wie sich ein englischer
Junge beschäftigen sollte: indem er wilde Tiere aus der Natur fing
(»ein Junge sollte sich schämen, wenn er nicht imstande ist, sich eine
junge Dohle zu fangen«) und Käfige baute, in die er sie anschließend
stecken konnte. Er selbst hatte, seinem Sohn Theodore zufolge, unter
anderem »Fledermäuse, Kröten, Eidechsen, Schlangen, Blindschlei-
chen, Igel, Molche und Bilche« gehalten. Wenn man Woods Werke
liest, der in vielerlei Hinsicht ein Tierfreund war, stellt man fest, dass
sich die Haltung gegenüber Natur und Haustierbesitz mittlerweile
stark verändert hat. Eulen, fand Wood, eigneten sich ziemlich gut
als Haustiere, sobald man ihnen erst einmal ihre »nächtlichen Angewohnheiten« abgewöhnt hatte. Man möchte sich lieber nicht vorstellen, wie das zuwege gebracht wurde.

Raben wie diejenigen, die Il Sodoma besaß, sind ebenso wie andere Rabenvögel (zum Beispiel Krähen und Dohlen) intelligent und
anpassungsfähig, sodass sie zumindest die Chance haben, ein Leben
in unserem Besitz genießen zu können. Im 19. Jahrhundert wurden
sie zu besonders beliebten Haustieren: Charles Dickens besaß drei
von ihnen, und Grip, der erste der drei, inspirierte Dickens zum Raben in *Barnaby Rudge* (1841) und über diesen Umweg auch Edgar
Allan Poe zu dessen Gedicht »Der Rabe« (1845). Gerade eben veranlasste mich ein unerwartet barsch, doch vertraut klingendes Kräch-
zen aus den Nachbargärten dazu, aus dem Küchenfenster der Wohnung in Brooklyn zu schauen. Auf den Stromleitungen, auf denen
auch Eichhörnchen und Tauben saßen, erblickte ich zwei Halsbandsittiche, die ersten, die ich hier zu sehen bekommen habe. Sittiche

sind fast überall dort (in Afrika, Asien und Südamerika) heimisch, wo es warm ist und es Bäume gibt. Die alten Griechen und Römer hielten sie gern als Haustiere, und man nimmt an, dass die Soldaten Alexanders des Großen die Ersten waren, die sie von Indien nach Europa gebracht haben. Seither streifen sie munter über den Planeten, von einem grünen Fleckchen zum nächsten. Seit den 1990er-Jahren leben sie in Schwärmen in den westlichen Vierteln von London, wo ihre exotische Präsenz Anlass zur Erfindung moderner Mythen über ihre Herkunft gab.

Dies ist eine weitere typische Eigenschaft von uns Menschen: Wir versuchen immer, Erklärungen zu finden. Ein solcher Mythos besagt, dass die ersten Londoner Halsbandsittiche Wildfänge waren, die bei den Dreharbeiten zu *African Queen* (1951) in den Isleworth Studios bei London gebraucht wurden und sich dann selbstständig gemacht hatten. Es könnte aber auch sein, dass Jimi Hendrix sein Halsbandsittich-Pärchen in den 1960er-Jahren in der Carnaby Street freiließ. Dieser Mythos schafft eine Verbindung zwischen zwei neuen exotischen Arten: dem trendigen Mann der 1960er-Jahre und dem psychedelischen Vogel. (Etwas Ähnliches geschah im London der 1760er-Jahre, als eine bis dahin dort unbekannte Affenart eingeführt wurde und stark in Mode kam. In der populären Vorstellung wurde sie mit den jungen Dandys in Verbindung gebracht, die gerade frisch von ihrer Grand Tour durch Europa zurückgekehrt waren.) Weitere Schwärme von Halsbandsittichen leben in Brüssel, Köln, Rom, Chicago und seit Neuestem offenbar auch in Tokio. Sie stammen aus der Wildnis und kehrten dorthin zurück – insofern unsere Großstädte überhaupt »Wildnis« zu bieten haben. Eine wilde Erfolgsgeschichte also. Ebenso wie Krähenvögel sind diese Sittiche schlau und können sich ebenfalls gut an unsere menschliche Welt anpassen. Es ist absehbar, was als Nächstes passieren wird: In Freiheit geschlüpfte

Jungsittiche werden adoptiert, von Hand gefüttert und als Haustiere aufgezogen, sodass der Kreislauf von Neuem beginnt.

Waschbären waren im Mexiko des 16. Jahrhunderts beliebte Haustiere und gehen auch heute noch in nordamerikanischen Haushalten fröhlich aus und ein. Im New Yorker Central Park geriet ich einmal auf einem abendlichen Spaziergang in unmittelbare Nähe eines Waschbärs, und dies schien ihn ebenso wenig zu stören wie die Freizeitaktivitäten anderer New Yorker, die sich rings um ihn herum abspielten. Sein Bäuchlein verriet, dass er sich ein optimales Revier ausgesucht hatte (es war um Halloween, und das Tier war dick wie ein Kürbis). In Australien sind es die Dingos, die nach Lust und Laune in menschliche Sphären hinein- und wieder aus ihnen herauswandern. Aborigines-Gruppen nehmen verwaiste Welpen auf (mitunter, nachdem sie die Mutter getötet haben), lassen sie bei sich schlafen und nutzen sie als Wächter und Begleiter. Wenn die Dingos die Geschlechtsreife erreicht haben, werden sie in die Wildnis entlassen, sodass sie wieder kleine Welpen hervorbringen können und der Kreis geschlossen wird. Inwiefern sich ein Dingo (beziehungsweise ein Waschbär) als Haustier eignet und wie wünschenswert es eigentlich ist, »zahme« Dingos zu schaffen, wird viel diskutiert, auch unter Wissenschaftlern. In einigen australischen Bundesstaaten ist es verboten, sie zu besitzen, während der Hundezüchterverband Australian National Kennel Council Zuchtstandards für Dingos veröffentlichte. Werden Waschbären und Dingos die Nächsten sein, welche die Grenze zwischen Natur und Haushalt überschreiten? Wird es in Zukunft neben wilden und domestizierten Halsbandsittichen auch wilde und domestizierte Waschbären und Dingos geben? So wie es heute wilde (grüne und gelbe) und domestizierte (grüne, gelbe, türkise, blaue, graue, violette, weiße und sogar mit einem Kamm ausgestattete) Wellensittiche gibt, oder wilde (rundes Gesicht, runde Augen, kleine Ohren) und domestizierte (dreieckiges Gesicht, mandelförmige Augen, große Ohren) Siamkatzen? Und worin wird sich ein Waschbär-Typ vom anderen unterscheiden? In der Färbung wie bei den Wellensittichen? Oder in den Körperformen wie bei den Siamkatzen?

Der Zeitpunkt, zu dem man das Tier aus der Wildnis holt, ist entscheidend. Wenn das Tier jung genug ist – wie zum Beispiel You-Tube-Wiesel Ozzy –, können wir ein Haustier daraus machen, wie wir es schon seit Jahrtausenden tun. In dem Dokumentarfilm *The Eagle Huntress – Das Mädchen aus der Mongolei* (2016) muss die 13-jährige Aisholpan ein Adlerjunges finden, das schon stark genug ist, um die Entführung aus dem Nest zu überleben, aber immer noch so jung, dass es sich einem Leben in Gefangenschaft anpassen kann. Bekommt das aus der Natur geholte Tier Junge, muss man bei deren Domestikation wieder ganz von vorn anfangen. Gezähmt werden ist nicht dasselbe wie zahm sein; wild bleibt wild. Meine Mutter liebt ein Foto von meinem Bruder, auf dem er ein Löwenjunges im Arm hält. Mein Bruder war damals sechs Jahre alt. Sie waren nach London gefahren und besuchten bei dieser Gelegenheit auch das berühmte Kaufhaus Harrods. Natürlich war allein schon das Kaufhaus mit seinen riesigen Rolltreppen und all dem Marmor, Gold und Onyx eine Sensation. Den absoluten Höhepunkt aber bildete die Haustierabteilung Pet Kingdom, wo man bis zum Erlass des Artenschutzgesetzes Endangered Species Act (1976) nicht nur edle Rassekatzen und -hunde, sondern auch Löwen und Tiger kaufen konnte. Noël Coward erwarb hier 1951 einen Babyalligator und Ronald Regan 1967 einen Babyelefanten. Als meine Mutter zusammen mit meinem Bruder diese Abteilung betrat, entdeckten sie dort auch einen Mann mit einem Löwenjungen sowie einen Fotografen, und meine Mutter erhielt gegen Bezahlung das Foto ihres Sohnes, der einen jungen Löwen herzte, als wäre dieser ein Teddybär.

Diese Zeiten sind vorbei. Pet Kingdom wurde aufgelöst (allerdings erst 2014), und eine Begegnung wie die zwischen meinem Bruder und dem Löwen wird sich niemals wiederholen, was vielleicht für beide Seiten auch besser ist. Selbst wenn auf dem Foto zu erkennen ist, dass mein Bruder in diesem Augenblick wunschlos glücklich war. Und noch etwas fällt mir auf, wenn ich heute das Bild betrachte: Mein Bruder und das Löwenbaby sehen einander verblüffend ähnlich beziehungsweise verfügen über dieselben Merkmale: eine hohe gewölbte Stirn, übergroße Augen, einen großen Kopf auf einem kleinen Körper. Als wir begannen, aus jenen Wildfängen, die wir Menschen adoptiert hatten, bestimmte Tiere auszuwählen, um sie für immer als Gefährten zu behalten, wurde dieses Aussehen, dieses Babygesicht Teil von etwas, das wir ebenfalls beibehielten.

Nahezu jedes Tier kann,
sofern genügend Kontakt
zum Menschen besteht,
gezähmt werden, doch nur
ein domestiziertes Tier
bleibt von Generation zu
Generation zahm.

David Grimm,
Citizen Canine (2014)

KAPITEL ZWEI
WÄHLEN

Eines der ersten Bücher, die ich als Herausgeberin zusammenstellte, war ein Loblied auf überlebende traditionelle Nutztierrassen. Darin ging es nicht um die schwarz-weißen Holstein-Rinder, sondern um die kirschroten Lincoln- sowie die Longhorn-Rinder mit den Respekt einflößenden Hörnern; um die gescheckte Schweinerasse Gloucester Old Spot, die in Obstgärten gehalten wird, sich von Fallobst ernährt und deren Fleisch genauso gut schmeckt, wie man es unter diesen Umständen erwarten darf. Das Fleisch wird auch so gewonnen, wie es eigentlich sein sollte: von ausgewachsenen Tieren, die auf dem heimatlichen Hof schnell und schmerzfrei getötet werden, und ohne dass ihre Artgenossen es mitbekommen. Der Fotograf dieses Buchs, seine zwei Assistenten und ich verbrachten ein Wochenende auf der alljährlich stattfindenden Ausstellung der Organisation Rare Breeds Survival Trust in den Midlands. Meine Aufgabe bestand darin, zwischen den provisorisch angelegten Koppeln herumzulaufen und die Eigentümer der prämierten Tiere davon zu überzeugen, dass sie ihren Sieg nicht mit einem Bierchen feiern sollten, sondern mit einem Foto in unserem rasch zusammengebastelten Atelier. Es bestand aus einer großen, über eine Mauer gehängten Leinwand sowie zwei riesigen knisternden und zischenden Scheinwerfern rechts und links davon.

Ich kam mir vor wie beim Casting für Noahs Arche. Gegen elf Uhr vormittags hatten wir eine Schlange von seltenen Rassetieren und ihren Besitzern zustande gebracht, die allesamt brav auf ihren großen Moment warteten. Es gab ein Kaltblutpferd der Rasse Clydesdale, das geduldig hinter einem Schwein der Rasse Tamworth stand (wie eine rötlich gestreifte Robbe, aber mit Schweinerüssel). Vor dem Schwein stand ein rundlicher Scots-Dumpy-Hahn und vor ihm ein Leicester-Longwool-Schaf mit langen Rastalocken und einem extrem entspannten Gesichtsausdruck. Ich begeisterte mich für sie alle, ebenso wie für die Middle-White-Schweine, deren kinnlose Gesichter und Stups-Rüssel fast schon menschliche Züge hatten. Auf dieser Ausstellung entdeckte ich außerdem, dass ein Schwein das Schwänzchen entrollt und damit entzückt wie ein Hund wedelt, wenn man es an der richtigen Stelle am Rücken krault. Und ich hatte viel Zeit zum Kraulen, denn ein kleines Soay-Schaf weigerte sich nach der Fotoaufnahme, das Studio wieder zu verlassen.

Soay-Schafe zählen nicht zu meinen Lieblingstieren. Sie sind zwar klein, doch ihr Selbstbewusstsein verhält sich umgekehrt proportional zu ihrer Körpergröße. Es heißt, sie seien einst von gekenterten Schiffen der spanischen Armada an Land geschwommen; somit ist es eine Untertreibung, sie als »zäh« zu bezeichnen. Genetisch sind sie mit den im Mittelmeerraum heimischen Mufflons verwandt, aber sie haben so lange halbwild auf den Äußeren Hebriden gelebt, dass sie zu irgendetwas anderem geworden sind. Dieses andere besitzt einen bemerkenswert robusten Schädel und dämonisch gelbe Augen mit horizontalen schwarzen Pupillen, die wie die waagerechten Schießscharten in einem Bunker aussehen. Es gibt Arten, bei denen aus den Pupillen Weisheit spricht, doch bei den Soay-Schafen spricht aus ihnen nur schiere Bosheit in Kniehöhe. Für dieses Charaktermerkmal wurden sie von der Natur nicht nur mit besagtem harten Schädel, sondern auch noch mit einem Paar spitzer kleiner Hörner ausgestattet. Ich versuchte, dieses Schaf aus dem Scheinwerferlicht zu locken, und es griff mich mit gesenktem Kopf an. Ich schnalzte mit der Zunge, hockte mich auf den Boden, streckte ihm eine Hand entgegen – es griff an. Ich drehte ihm den Rücken zu – es griff an und kehrte anschließend sofort an seinen früheren Platz vor der Kamera zurück. Wir hatten vorgehabt, an diesem Vormittag ein Dutzend Tierporträts zu machen, und der Fotograf wurde langsam sauer. Seine Assistenten wurden langsam sauer. Das Clydesdale-Kaltblut wurde langsam sauer und das Leicester-Longwool-Schaf sah aus, als wüsste es gern, woher all die negativen Schwingungen kamen. Ganz abgesehen davon war es im Scheinwerferlicht unerträglich heiß. Ich wandte mich der Besitzerin des Schafs zu, einer jungen Frau mit einem Teint, den man nur haben kann, wenn man mindestens 40 Seemeilen entfernt von sämtlichen Quellen der Umweltverschmutzung lebt. »Hat es denn einen Namen?«, erkundigte ich mich in der Hoffnung, dass es käme, wenn ich es rief.

»Nööö, hat es nicht«, war die herablassend klingende Antwort. »Das sind doch keine *Haustiere*.«

Nein, natürlich nicht. Der eigentliche Wert dieser seltenen Rassen – und aus genetischer Sicht ist er enorm – gründet darauf, dass sie extrem genügsam sind, extrem widerstandsfähig gegen arttypische Krankheiten, dass sie ihre Jungen problemlos ohne fremde Hilfe zur Welt bringen und wahre Chromosomen-Schatzkästchen sind. Richtig zahm und streichelfreundlich aber sind sie nicht. Wenn man ein Tier zu seinem Haustier machen will, sollte man sich lieber anderswo umschauen.

Ein Buch zu schreiben macht einen zu einem Einsiedler, zu einem Eremiten. Somit ist es kein Wunder, dass der heilige Hieronymus (auch er ein Haustierbesitzer) in seinem Arbeitszimmer einen Löwen hielt. Möglicherweise hatte der Heilige sonst niemanden, mit dem er sich unterhalten konnte. Damit ich während des Schreibens nicht ganz vergesse, dass die Außenwelt noch existiert, gehe ich laufen. Auf einer meiner Londoner Strecken kam ich eines Tages an ein Geländer, das den Pfad vom Wasser trennte und dessen oberster Holm von einem gemischten Grüppchen Möwen als Sitzstange genutzt wurde. Als ich auf die Möwen zulief, flogen sie natürlich kreischend davon, aber nicht alle. Diejenigen, die sitzen blieben, gehörten verschiedenen Arten an; gemeinsam aber war ihnen, dass sie sich durch meine Nähe nicht bedroht fühlten. Mein Anblick bewirkte keinen Fluchtreflex, ihr Körper schüttete also kein Cortison aus.

Cortison ist die Batteriesäure der Hormone. Es wird in Reaktion auf Stress von der Nebenniere ausgeschüttet, zum Beispiel wenn ein Abgabetermin naht, wenn man von einem fremden Hund angeknurrt wird, wenn man von einem hungrigen Löwen verfolgt wird oder aber wenn der Höhlennachbar steinaxtschwingend auf einen zukommt. Es löst Herzklopfen aus und lässt den Blutdruck steigen. Sein Gegenspieler ist Oxytocin, das zum Beispiel beim Stillen ausgeschüttet wird. Es hilft uns, Beziehungen aufzubauen, einander zu vertrauen, und es ist eines der Glückshormone, die Mensch und Tier durchfluten, wenn der Mensch ein Tier streichelt. Bei jeder Spezies gibt es Individuen, deren Drüsen eher dazu neigen, dieses Hormon auszuschütten. Das sind dann immer die cooleren Typen – wie es offenbar bei den beschriebenen Möwen der Fall war. Puss, einer der drei Hasen des Dichters William Cowper, gefiel das Leben in Gefangenschaft ganz gut, während »Old Tiney« ein »wilder Hasenkerl« blieb, wie man in seinem *Epitaph on a Hare* lesen kann:

> *Zwar nahm er brav aus meiner Hand*
> *Das angebot'ne Essen,*
> *Doch schaut' er dabei böse drein,*
> *Als möchte er mich fressen.*

In den 1950er-Jahren sponn der russische Wissenschaftler Dmitri Beljajew diesen Gedanken weiter und begann, mit Silberfüchsen zu experimentieren. Mittlerweile sind er und seine Arbeit sehr bekannt, dennoch gibt es hier für alle Fälle eine kurze Zusammenfassung: Beljajew nahm an, dass die Entwicklung vom wilden Wolf zum zahmen Hund durch eine auf Zahmheit abzielende Zucht zustande gekommen sein könnte. Als »Zahmheit« bezeichnen wir hier Charaktereigenschaften, die bewirken, dass ein Tier den Menschen weder angreift noch vor ihm flieht, im schlimmsten Fall seine Nähe toleriert und im besten Fall über seine Nähe erfreut ist. Es ist nur logisch, dass diejenigen Tiere, die diese Eigenschaften von Natur aus aufwiesen, auch diejenigen waren, die unsere Vorfahren am häufigsten in ihrer nächsten Umgebung zu sehen bekamen und mit denen sie am meisten Kontakt hatten. Interessant in diesem Zusammenhang ist, was Marion Schwartz in ihrem Buch *A History of Dogs in the Early Americas* schrieb: Die im Grenzgebiet von Ecuador und Peru lebenden Achuar benutzen für »Zahmheit« das Wort *tanku*, das gleichzeitig auch »die Fähigkeit zu besitzen, mit Menschen zu leben« bedeutet. Aber zurück zu Beljajew, der begann, Silberfüchse zu züchten, wobei er als Elterntiere diejenigen Füchse wählte, die sich anscheinend in Menschennähe am wohlsten fühlten.

Es stellte sich heraus, dass Zahmheit einer jener Daseinszustände ist, die sich von allein verstärken. Vor Beljajews Experiment ging man davon aus, dass die Entwicklung vom Tolerieren menschlicher Nähe bis zur vollständigen Zahmheit eine jahrtausendelange Verkettung glücklicher Zufälle voraussetzte. Doch Beljajew und seine Assistentin Lyudmila Trut konnten eine Verhaltensänderung innerhalb von nur vier Generationen feststellen. In den zeitlichen Dimensionen der Evolution ist das weniger als ein Wimpernschlag. Innerhalb von 40 Fuchsgenerationen beziehungsweise nach ungefähr 25 Jahren war eine Population entstanden, die sämtliche bei domestizierten Hunden bekannten Verhaltensänderungen aufwies: Schwanzwedeln, selbst gewählter physischer Kontakt zu Menschen (also das, was Welpen eben so tun: fröhlich auf den Menschen zuspringen und ihm das Gesicht ablecken), Fiepen und Wimmern, um Aufmerksamkeit auf sich zu ziehen, Reaktion auf den Klang des eigenen Namens und Kommen auf Zuruf. Und der Cortisonspiegel entsprach der Hälfte des bei wilden Füchsen zu erwartenden Werts.

An sich sind dies schon sensationelle Ergebnisse, doch das ist noch nicht alles. Denn im Laufe der Generationen wurden die gezüchteten Füchse nicht nur zahmer und schütteten weniger Cortison aus, sondern sie veränderten auch ihr Äußeres. Sie bekamen Schlappohren, und ihr Schwanz kringelte sich. Manche kamen mit geschecktem Fell zur Welt, mit weißen Flecken oder hellbraun-dunkelgrauem Fell. Ihre Schnauze wurde kürzer, die Stirn höher. Auch verloren sie den typischen, an Bärlauch erinnernden Fuchsgeruch.

Diese Veränderungen in Aussehen und Verhalten – insbesondere die höhere Stirn sowie die Wimmer- und Fieplaute – sind typisch für wilde Jungtiere, doch bei diesen Zuchtfüchsen wie auch bei den Haustierarten blieben sie ein Leben lang erhalten und wurden an die Nachkommen weitergegeben. Weil diese Eigenschaften mit Freundlichkeit, Zahmheit und der Bereitschaft zu Zusammenarbeit einhergehen und weil wir sie an Haustieren schätzen, stellen sie weiterhin wichtige Zuchtkriterien dar. Uns gefallen auch heute noch Tiere mit kurzer Schnauze und hoher Stirn, weil wir diese Merkmale mit dem Aussehen von Jungtieren und kleinen Kindern assoziieren und weil ihr Anblick bei uns positive Gefühle und Oxytocin-Ausschüttungen auslöst. Diese Reaktion auf bestimmte Merkmale beeinflusst uns sogar bei der Auswahl von Spielzeug für unsere Kinder. So wurde die Zeichentrickfigur Micky Maus, die in ihren Anfangszeiten eher wie eine Ratte aussah, im Laufe der Jahre immer niedlicher. Und die frühen Stoffbären, die ihren natürlichen Vorbildern stark ähnelten und mitunter sogar noch mit Maulkorb verkauft wurden, sahen ganz anders aus als unsere kuschligen kurzschnäuzigen Teddybären. Bei Haustieren finden wir auch eine geringe Körpergröße sehr ansprechend: Zum einen empfinden wir kleinen Tieren gegenüber erhöhte Fürsorge, zum anderen sind sie handlicher – wenn es sich nicht gerade um Soay-Schafe handelt. Es gibt Hinweise darauf, dass bereits die Menschen von Natufien kleinwüchsigere Hunde züchteten.

Außerdem mögen wir helle, blasse Fellfarben, weil wir sie eher mit Zahmheit assoziieren als dunkle. Die im 9. Jahrhundert von einem Mönch in seinem Gedicht unsterblich gemachte Katze Pangur Bán war vermutlich nach ihrem weißen Fell benannt, da *pangur* für Bleicherde steht, eine helle Tonsorte mit seifenähnlichen Eigenschaften, mit der man Wolle zu bleichen pflegte (und die witzigerweise heute in Katzenstreu enthalten ist). Pangur Bán wird nicht die einzige Katze in mittelalterlichen Skriptorien (Schreibstuben) gewesen sein, denn das teure Pergament und der aus Tierknochen hergestellte Leim zogen die Mäuse in Scharen an. Allerdings brachte der Einsatz von Katzen auch gewisse Gefahren mit sich: Auf einem aus Dubrovnik stammenden Manuskript aus dem 15. Jahrhundert sind deutlich die Tintenabdrücke von Katzenpfoten zu erkennen. Die Katze muss damals über das Schriftstück gelaufen sein. Eine weiße Katze findet man auch auf der Monatsillustration für Februar im Stundenbuch des Herzogs von Berry (um 1410). Dieses Buch war eindeutig eine Inspirationsquelle für das Breviarium Grimani, und in beiden Büchern kann man das liebenswerte Detail der Vögel bewundern, die über den Schnee verstreute Getreidekörner aufpicken. Im Stundenbuch wurden sie von einem Bauern ausgeworfen, der im Bild außer den Körnern nur seine Fußabdrücke hinterließ – ein kleiner, 600 Jahre alter Beleg für unsere Fürsorglichkeit gegenüber Tieren.

Die Farbe Weiß als Zeichen der Zahmheit und damit einer inneren Evolution veränderte unsere Einstellung selbst gegenüber Wesen, deren natürliche Form gefürchtet und gehasst wird, nämlich gegenüber Ratten. Jack Black, der sich um die Mitte des 19. Jahrhunderts herum stolz »Rattenfänger der Königin« nennen durfte, kreuzte Ratten mit zufälligen Farbabweichungen und verkaufte deren Nachwuchs »an vornehme junge Damen, die sie in Eichhörnchenkäfigen hielten«. Black war eine der Persönlichkeiten, die Henry Mayhew in seinem Buch *London Labour and the London Poor* (1851) beschrieb. Beinahe hätte Jack Black ein Vorgänger von Beljajew sein können. Als Mayhew den Rattenzüchter in dessen Wohnzimmer im Londoner Viertel Battersea interviewte, waren außer den beiden Männern auch noch ein Graupapagei, ein weißes Frettchen, Hänflinge (Vogelart) – allesamt Haustiere – sowie ein kleiner Schwarm eingefangener Spatzen in einem Käfig anwesend. Black erzählte zwar von seinen Rattenzüchtungen in »hellbraun und weiß, schwarz und weiß, braun und weiß, rot und weiß, schwarzblau und weiß, schwarz-weiß und rot« und betonte: »Sie werden sehr zahm, man kann mit ihnen einfach alles machen«, doch er zog nicht die richtigen Schlüsse. Es war so, als befänden sich die Zahmheit und die von uns geschätzten Eigenschaften, also das Verhalten, die Fellfärbung, das kindliche Gesicht, alle zusammen hinter einer geschlossenen Tür. Aber wenn man sich vergegenwärtigt, welche Wirkung das Öffnen dieser Tür hatte, wird alles noch komplizierter.

Solange wir und die Tiere mit gleicher Wahrscheinlichkeit Jäger und Gejagte sein konnten, solange ein Hund oder auch ein Junge als Mahlzeit eines Höhlenbären enden konnte, bestand zwischen uns so etwas wie Gleichheit. Wenn wir versuchten herauszufinden, was in den Köpfen der Tiere vorging, betrachteten wir sie als uns ebenbürtig: zwar anders, doch nicht unterlegen. Die Domestikation veränderte alles: Einerseits führte sie zu »sozialen« Beziehungen und ermöglichte ein »beständiges Band häuslicher Partnerschaft« zwischen uns und jenen Tieren, die wir in unser Leben holten, andererseits schuf sie eine Hierarchie. Sie trennte den Menschen vom Tier und übertrug dem Menschen die Verantwortung. Jene Hunde, die dieselben Beutetiere jagten wie wir und die zu unseren Jagdwaffen wurden, wären für uns kaum von Nutzen gewesen, wenn sie die Beute nach dem Fangen in Stücke gerissen und verschlungen hätten. Aus diesem Grund hat mich die Theorie, dass Hunde anfangs, als unsere gemeinsame Beziehung begann, einfach an unserer Seite jagten, nie überzeugt. Man muss den Hunden beibringen, dass sie warten, bis sie gefüttert werden, und sie müssen das Vertrauen haben, dass sie ihren Anteil erhalten. Man muss sie also zähmen, bevor man sie ausbilden kann. Und dadurch kommen in die Beziehung eine Abhängigkeit und eine Autorität hinein, die zuvor nicht vorhanden waren. J. G. Wood benutzte die Metapher der Vormundschaft, die auch heute noch viel Anklang findet:

Wir ermahnen einen jeden, der ein Haustier zu sich nehmen
will, es sich gut zu überlegen, bevor er die Vormundschaft
für ein Lebewesen auf sich nimmt ... [Es] sollte in jedem
fühlenden Herzen ein starkes Mitgefühl für seine Hilflosigkeit hervorrufen und den unerschütterlichen Entschluss, es
so glücklich wie möglich zu machen ...

Und dann wäre da noch die Verantwortung. In Antoine de Saint-Exu-
pérys *Der kleine Prinz* erklärt der Fuchs dem Prinzen: »Für das, was
man gezähmt hat, ist man für immer verantwortlich.« (Zit. nach
dt. Übers. von Susan Niessen) Wahrscheinlich achtete Antoine de
Saint-Exupéry als Kind im Garten seiner Großmutter darauf, nicht
auf Raupen zu treten, was reizend ist; als Erwachsener aber bettelte
er seine Verlobte an: »Willst du mich nicht zähmen?« (Paul Webster,
Antoine de Saint-Exupéry), und das ist weniger reizend. Zumindest
war auf diese Weise klar, wer die Verantwortung für die Gestaltung
der Beziehung ablehnte und wem sie aufgeladen werden sollte.

In seinem Essay *Dominance and Affection*, das in jedem Buch
über die Geschichte der Haustiere zitiert wird, behauptet der Philosoph Yi-Fu Tuan, dass das Zusammenspiel von Dominanz und Zuneigung ein Haustier erschafft. Andererseits würde eine Dominanz
ohne das Gefühl der Verantwortung für den anderen nur Sklaven
schaffen. Es gibt ein sehr trauriges Gemälde von Velázquez (um
1645), das einen Zwerg vom Hof Philips IV. von Spanien neben einem Jagdhund des Königs zeigt und das uns dazu anregt, über die
Gemeinsamkeiten der beiden nachzudenken und darüber, wer von
ihnen mehr Kontrolle über sein Leben hat. Ist es nicht erstaunlich, in
welchen Dschungel der Gedanken und Gefühle einen der Umstand,
ein Tierbesitzer zu sein, führen kann; und wie viel das wiederum über
die wichtige Rolle der Tiere in unserer Gesellschaft aussagt?

Es gibt ganz eindeutig eine Verbindung zwischen dem Verstehen eines Tieres, um es erfolgreich jagen zu können, und dem Hineindenken in ein Tier, um das entstehen zu lassen, was Jessica Pierce, die Autorin von *Run, Spot, Run*, als »bedeutungsvolle Freundschaft« bezeichnet. Das wäre der Idealfall. Wenn ein Tier jedoch zu einem signifikanten anderen des Besitzers wird, muss man sich fragen, für wen diese Andersartigkeit signifikanter ist. Auf der einen Seite der Beziehung sind Kontrolle, Auswahlmöglichkeit und Entscheidung, auf der anderen nicht. Stattdessen befindet sich dort ein gezähmtes Lebewesen mit all dem, wofür es steht, und mit einem Babygesicht.

Wir mögen Tiere, in deren Gesichter, die uns so ausdrucksvoll vorkommen wie die unserer Artgenossen, wir lesen können. Die speziellen Proportionen des Babygesichts sind unsere eigenen. Wir mögen zum Beispiel Delfine nicht nur deshalb, weil sie gleichwarme Säugetiere sind wie wir, sondern auch, weil sie diesen hochgewölbten Kopf haben, der auf ein großes Gehirn schließen lässt, und weil sie zu lächeln scheinen. Je größer das Gehirn, so glauben wir, desto intelligenter das Tier, und halten es aus diesem Grund für »uns ähnlich« – ein, wenn man ein bisschen darüber nachdenkt, sehr eigenartiges Kriterium für die Beurteilung von Tieren. Am allermeisten mögen wir jene Tiere, die sich anscheinend auf Anhieb mit uns verstehen, die so wirken, als würde ihr Gesicht oder Verhalten menschliche Aspekte widerspiegeln, und in die wir Besitzer Gefühle hineininterpretieren können, die wir vermeintlich mit ihnen teilen. Nicht-menschlichen Wesen menschliche Werte zuzuschreiben ist ein Merkmal, das uns als Menschen kennzeichnet. Schließlich kann sich jeder einem Tier nähern, dazu muss man es nicht einmal mögen. Ihre positive Reaktion auf uns nehmen wir wahr und ist uns wichtig. Wir wollen, dass sie unsere Gefühle erwidern, und das ist genau das, was wir auch in unseren Beziehungen zu Menschen erwarten. In diesem Zusammenhang ist interessant, dass das eine Tier, das in der Chauvet-Höhle nicht dargestellt wurde, das »menschliche Tier« ist. Wir wissen alles über uns. Was uns fasziniert, sind die Tiere. Sie sind es, die wir unbedingt verstehen wollen, die uns entzücken, wenn wir glauben, ihre Mimik, Gedanken oder Handlungen hätten etwas mit uns gemeinsam.

Eines dieser Tiere war Purkoy, ein kleiner, knuffiger weißer Hund (beachten Sie bitte Größe und Fellfarbe!), der ursprünglich Lady Honor Lisle gehört hatte, später aber Anne Boleyn geschenkt wurde. Purkoy erhielt seinen Namen aufgrund seines Gesichtsausdrucks, den die Menschen als fragend deuteten, und aufgrund seiner Angewohnheit, den Kopf schief zu legen. »Purkoy« war eine Verballhornung des französischen Frageworts *pourquoi* (warum). Und der vermutlich sehr pfiffige Purkoy ist nur einer von vielen kleinen, knuffigen weißen Hunden, die uns Menschen durch unsere Geschichte begleiteten. Einer ihrer frühesten Vertreter war Issa, die kleine weiße Hündin des Publius, Gouverneur von Malta im 1. Jahrhundert n. Chr., die von dem Dichter Martial mit den Worten gepriesen wurde: »Wenn sie jammert, meint man, sie spricht!« Einer der späteren war Nero, der Schoßhund lebte mit Jane Carlyle, der Gattin des Historikers Thomas Carlyle, um 1850 in London in einer innigen Beziehung.

Sowohl Issa als auch Purkoy könnten frühe Vertreter der Rasse Malteser gewesen sein; Purkoy könnte wegen seines fragenden Gesichtsausdrucks vielleicht aber auch ein Havaneser von der damals relativ frisch entdeckten Isla Juana, dem heutigen Kuba, gewesen sein. Im 19. Jahrhundert wurde Sir Walter Scotts Schottischer Windhund Maida wegen seines »menschlichen« Gesichtsausdrucks so berühmt, dass Charles Darwin die Hündin in seinem Buch *Der Ausdruck der Gemütsbewegungen bei dem Menschen und den Tieren* (1872) beschrieb. Wir Menschen des 21. Jahrhunderts hatten »Grumpy Cat« (sie starb im Mai 2019 und hatte zuletzt 8,5 Millionen Follower auf

Facebook, 21 Millionen YouTube-Besuche, 1,5 Millionen Follower auf Twitter). Eines meiner Bantams, ein Huhn namens Cookie, wird mir für immer im Gedächtnis bleiben, weil es wie eine besorgte alte Dame an die Küchentür klopfte, wenn es gefüttert werden wollte. Wenn das nichts half, spazierte es in die Küche hinein und damit in die menschliche Sphäre.

Wenn man sich manche Tiere und deren Besitzer so anschaut, fragt man sich unwillkürlich, ob ihre einzigartig enge Beziehung nicht vielleicht doch in der Ähnlichkeit wurzelt, die zwischen den beiden besteht. Sollte dies tatsächlich stimmen, könnten wir daraus schließen, dass wir uns unsere tierischen Gefährten nach denselben Kriterien aussuchen wie unsere menschlichen und dass wir Haustiere mögen, die von Natur aus so sind wie wir. Jeder von uns hat andere Vorstellungen davon, was er als attraktiv empfindet. Immer wenn ich über derartige Zusammenhänge nachdenke, fällt mir ein Foto der Romanautorin Barbara Cartland ein. Es zeigt eine Frau mit flauschiger blonder Dauerwelle und schwarzem Lidstrich, die auf dem Schoß einen flauschigen blonden Pekinesen mit schwarzen Knopfaugen sitzen hat. Sicherlich ist sie in der langen Reihe der Haustierbesitzer nicht die Einzige, die diesen Verdacht zu erhärten scheint. Der für seine bissigen Artikel bekannte Londoner Autor Horace Walpole (18. Jahrhundert) hielt sich in seinen späten Jahren überwiegend »kleine, leicht reizbare und chronisch kranke Hunde«. Der Maler William Hogarth hatte mit seinem Mops nicht nur die Gesichtszüge, sondern auch Charaktereigenschaften gemeinsam. Der rundlich gebaute Maler Dante Gabriel Rossetti entwickelte eine besondere Zuneigung ausgerechnet zu Wombats und besaß zwei dieser kurzlebigen, kugeligen Tiere, die er durch Tuschzeichnungen und Trauergedichte unsterblich machte. Die Ähnlichkeit zwischen der englischen Dichterin Elizabeth Barrett Browning und ihrem Spaniel Flush war unverkennbar, zumal ihre langen Locken ihr Gesicht so flauschig einrahmten wie die langen, von seidigem Fell bedeckten Ohren das Gesicht des Spaniels. In der Royal Photograph Collection findet sich ein Schnappschuss von Georg V. mit einem Mops im Arm, über dessen Kopf er ein schützendes Taschentuch breitet. Jeder, der den Hund mit seinen Hängebacken und vorstehenden Augen sieht, denkt unwillkürlich an jenes Porträt der betagten Königin Victoria, auf dem sie eine Spitzenhaube trägt.

Vielleicht wählen wir also nicht nur jenes Tier aus, das uns ähnlich sieht, sondern auch das mit einem möglichst attraktiven Babygesicht, ausgewogenen Proportionen und einer Intelligenz, die es dem Tier ermöglicht, unser Gesicht so zu lesen wie wir seines. Gerade Hunde sind sehr gut darin, menschliche Gesichtsausdrücke zu unterscheiden, und deuten selbst kleinste und unwillkürliche Veränderungen von Mimik und Körpersprache.

Je weniger man ein Gesicht deuten kann, desto weniger Zugang meint man zu ihm zu finden. Als Besitzerin einer schwarzen Katze, nämlich Bird, frage ich mich, ob deshalb ausgerechnet schwarze Katzen so häufig ausgesetzt und so selten aus dem Tierheim geholt werden. Liegt es vielleicht an den mit ihrer Fellfarbe verbundenen negativen Assoziationen (Hexenkatze, Unglücksbringer, Todesbote), oder einfach daran, dass sich die Mimik ihres schwarzen Gesichts schwieriger erkennen lässt? Außerdem frage ich mich, ob Birds großes, aus unterschiedlichen Lauten zusammengesetztes Vokabular vielleicht die Folge davon ist, dass ich ihre Wünsche so schlecht von ihrem Gesicht ablesen kann?

Dann gibt es da noch jene Tiere, gegen die die meisten von uns anscheinend eine instinktive Abneigung verspüren. Man denke nur an Haie oder an die große Zahl wechselwarmer Arten, die unter

Menschen nur wenig Freunde haben. Bei einer Haustierausstellung 2017 beobachtete ich, wie ein nur wenige Monate altes Baby die vermutlich erste Schlange seines Lebens sah, eine drei Meter lange Albino-Tigerpython, ein herrliches, wie von Gaudí entworfenes Wesen. Als der Vater das Baby vor das Terrarium hielt, legte das Kind seine Hand an das Glas. Die Python öffnete ein rubinrotes Auge und rückte ihren in zahlreichen Schlingen abgelegten Körper zurecht – daraufhin zuckte das Baby zusammen und fing an zu weinen.

Die Gesamtheit der von uns gezähmten Arten stellt im Tierreich nur eine kleine Minderheit dar. Es gibt fünf Wildkatzenarten, wir zähmten nur eine davon: *Felis silvestris lybica*. Wir zähmten Pferde, Ponys und Wildesel, bei Zebras aber versagten wir größtenteils. Königin Charlotte wurde 1762 ein Zebra geschenkt, das fortan auf einer Koppel bei Buckingham House lebte. Es war das erste Zebra, das die Londoner zu sehen bekamen, und wurde zu einem Liebling der Öffentlichkeit, es war jedoch auch wegen seines miesen Charakters berühmt. Der Asiatische Wasserbüffel wurde vor ungefähr 5000 Jahren domestiziert, dahingegen wurde der Afrikanische Büffel nicht nur kein Haustier, sondern gilt auch als eines der gefährlichsten Tiere Afrikas. Möglicherweise kann die Mehrheit der Tierarten gar nicht gezähmt werden; vielleicht sind die grundlegenden Voraussetzungen dafür, nämlich die Fähigkeit, weniger Cortison auszuschütten, und all die anderen körperlichen Veränderungen, die damit einhergehen, im Tierreich seltener, als wir glauben.

Was die Soay-Schafe angeht, so besteht der Trick sie anzutreiben darin, sie mit einer Hand bei den Hörnern zu packen und ihnen mit der anderen Hand einen Klaps aufs Hinterteil zu geben. Auf diese Weise ließ sich jedenfalls unser dickköpfiger kleiner Fotostar von seiner Besitzerin dazu bewegen, das improvisierte Atelier zu verlassen.

Natürlich geht es nicht nur darum, dass *wir* sie aussuchen. In ihrem treffend betitelten Buch *If You Tame Me (Wenn du mich zähmst)* erwähnt Leslie Irvine eine 2003 durchgeführte Studie, in der man zu dem Ergebnis kam, dass »der häufigste Grund, aus dem Menschen eine Katze adoptierten, der Glaube war, die Katze hätte sie ausgesucht«. Kulturbedingt räumen wir der »Liebe auf den ersten Blick« einen hohen Stellenwert ein, und das schon seit langer Zeit. Samuel Pepys war zunächst nicht besonders begeistert darüber, dass sein Schwager seiner Frau einen kleinen schwarzen Hund namens Fancy schenkte. Doch bereits im August 1661 machte es ihm Spaß, sich in Hatfield im Norden Londons mit »einem hübschen Hund, der mir folgte«, zu zeigen. John Hogg, dessen Buch *The Parlour Menagerie* (Die Wohnzimmer-Menagerie) zu einem Bestseller der 1890er-Jahre avancierte, verliebte sich bei einem Besuch in einer Tierhandlung augenblicklich in eine Nachtigall. »Etwas am Auge, an der Haltung dieses Vogels nahm mich sofort für ihn ein«, schreibt er. Als Elizabeth von Arnim im Haus ihres frisch angetrauten Gatten zum ersten Mal die Dackeldame Cordelia erblickte, erkannte sie, dass »wir uns sofort liebten. Vom ersten Augenblick an liebten wir uns.« Der englische Literat J. R. Ackerley, der in den 1950er-Jahren eine Biografie verfasste, in der die Beziehung zu seiner Deutschen Schäferhündin Queenie thematisiert wird, schreibt:

> Ich betrat die Welt der Haustiere erst in späten Jahren und hatte gar nicht vorgehabt, sie zu betreten. Doch zufällig erwies ich Queenie, als sie noch sehr jung und hilfsbedürftig war, einen Gefallen, und von diesem Moment an sah sie mich als jemanden an, der zu ihr gehörte.

Tatsächlich war er von ihrer Schönheit so bezaubert, dass er sie von den Eltern ihres jungen Besitzers übernahm, der eine Haftstrafe absitzen musste.

Selbst die Wissenschaftler unter uns sind gegen die Vorstellung, von einem Tier auserwählt zu werden, nicht immun. Alexandra Horowitz, die Autorin von *Inside of a Dog (Was denkt der Hund? Wie er die Welt wahrnimmt – und uns)* fand den Nachfolger ihres betrauerten Hundes Pump, als sich ein anonymer Tierheimwelpe an ihr Bein schmiegte. Die Wissenschaftlerin Irene Pepperberg, die eines der bedeutendsten Experimente auf dem Gebiet der Tier-Mensch-Kommunikation leitete und von der man in ihrem Verhältnis zu Tieren eigentlich höchste Objektivität erwarten würde, schmolz dahin, als ein Papageienbaby auf ihren Fuß zumarschierte: »Der siebeneinhalb Wochen alte Kleine hatte mich auserwählt. Ich konnte einfach nicht widerstehen.«

Falls derartige Entscheidungen tatsächlich von den Tieren getroffen werden, muss man allerdings auch damit rechnen, dass sie negativ ausfallen. Von einem Tier gezeigt zu bekommen, dass man als Besitzer nicht infrage kommt, kann sehr deprimierend sein, vor allem dann, wenn man sich der eigenen Mängel gar nicht bewusst ist. John Caius berichtet, dass ein Windhund seinen Besitzer König Richard II. verließ, noch bevor dieser 1399 abgesetzt wurde, und ab diesem Zeitpunkt dem Thronräuber Henry Bolingbroke treu blieb. Charles Dickens benutzte ein vergleichbares Sprachbild, als er in *Oliver Twist* (1839) die allmählich eintretende soziale Isolierung des Verbrechers Bill Sikes dadurch unterstreicht, dass sogar dessen Hund ihn verlässt. Emma Davenport zählte zu ihren *Live Toys* auch zwei Kätzchen, von denen eines namens Blacky »feststellte, dass es meine Schwester wesentlich lieber mochte als mich«. Dash, der geliebte Hund der jungen Königin Victoria, war ursprünglich der Hund von Victorias Mutter gewesen. 1835 hielt Victoria in ihrem Tagebuch fest, dass ihre Mutter, die Herzogin von Kent, einen neuen Papagei habe, »auf den Dash sehr eifersüchtig ist«; gegen Ende des Jahres war Dash endgültig zu Victorias Hund geworden.

Mitunter scheint ein Tier regelrecht nach einem bestimmten Menschen zu suchen. Alexandre Dumas kam zu seiner späteren Lieblingskatze Mysouff dadurch, dass die Katze aus eigenem Antrieb in sein Haus zog. Genauso erging es dem Kunsthistoriker Sir Roy Strong. »Ein neuer schwarzer Kater hat uns adoptiert«, schreibt er in seinen *Diaries*. »Er ist groß und pelzig und anhänglich ... Wir nennen ihn Muff.« Der Künstler Louis Wain besaß ein schwarz-weißes Katerchen namens Peter, »eine Serie unregelmäßiger Kreise, wie sie ein Geometer zur Zerstreuung hingekritzelt haben könnte: zwei runde Augen, ein runder Kopf und ein runder Körper«. Peter war entweder ein Hochzeitsgeschenk gewesen, oder er wurde entdeckt, als er während eines Hagels in Wains Garten um Hilfe maunzte. So oder so wurde er für Wains todkranke Frau Charlotte zu einer Quelle des Trostes und gleichzeitig zur künstlerischen Muse Wains, der gemeinsam mit dem Journalisten Charles Morley 1892 die heute zu Unrecht vergessenen Katermemoiren *Peter: A Cat O'One Tail* verfasste.

Katzen scheinen ein besonderes Talent dafür zu besitzen, in unser Leben einzudringen. Zweifellos hängt das mit ihrem einzelgängerischen Wesen zusammen. Ich glaube, im Leben meiner Mutter gab es keinen einzigen Monat, in dem sie nicht irgendeinen Streuner durchfütterte. Im Scherz sagte ich einmal zu ihr, dass sie wohl ein Zeichen am Türrahmen haben musste, das den Katzen verriet, dass sie bei ihr immer mit einer Untertasse voller Futter rechnen konnten. Bob, der Streuner, suchte sich James Bowen aus, anstatt von Bowen ausgesucht zu werden. Allerdings ist Bob einer jener extrem coolen Kater, die Menschen im Allgemeinen und ihrem Menschen im

Besonderen gegenüber sehr positiv eingestellt sind. Dies äußert sich im Fall von Bob auch darin, dass er sich gern quer über die Schultern seines Menschen legt und auf diese Weise herumtragen lässt.

Seinem Sohn Theodore zufolge lag J. G. Woods Katze während der Mahlzeiten ebenfalls auf dessen Schultern. Auch die britische Schriftstellerin Elinor Glyn erregte im Londoner Savoy Hotel Aufsehen, als sie bei einem Literaturempfang ihre Perserkatze Candide wie eine Stola quer über den Schultern liegend trug. Ich habe dieses Kunststück mit meinen beiden Katzen ausprobiert, aber sie waren beide nicht begeistert.

Auch bei der Wahl des Haustiers ist es oft die Berührung, die das Abkommen besiegelt. Dumas kehrte von einem Ausflug nach Le Havre mit einem neuen Äffchen sowie einem Ara zurück und war in beiden Fällen davon überzeugt, dass die Tiere *ihn* ausgewählt hatten – der Ara durch seinen Blick und der kleine Affe, indem er ihm eine Hand entgegenstreckte.

Ich bin für freundliche Gesten sehr empfänglich und jene Freunde, die mich am besten kennen, sagen, dass es für meinen guten Ruf und auch für meine Familie ein Glück ist, dass ich nicht als Frau auf die Welt gekommen bin.

Dumas, dessen joviale, überschwängliche Art deutlich aus seinen Werken spricht, scheint jene These zu beweisen, die James Serpell 2000 vorlegte: »Studien [über Tierbesitzer] scheinen auf eine genetische Veranlagung hinzuweisen, die emotional stärker auf die sichtbaren Gefühle anderer eingeht«, sowie auch die Annahme von Margo DeMello, die 2012 schreibt: »Einige Vorstudien legen den Schluss nahe, dass es eine Verbindung zwischen positiven Einstellungen gegenüber Tieren und einer einfühlsameren Haltung gegenüber

Menschen gibt.« Leider handelt es sich tatsächlich nur um Vorstudien, und es fehlen immer noch Beweise dafür, dass wir Haustierbesitzer uns in irgendeiner signifikanten Weise von unseren Artgenossen unterscheiden – außer darin, dass wir glauben, wirklich anders als sie zu sein.

Ein anderer Fall ist es, wenn ein Tier für jemanden ausgewählt wird. Im Haushalt der Familie Pepys hing Anfang 1660 der Haussegen gewaltig schief, und es fielen »harte Worte« zwischen Mann und Frau, »als ich ihr sagte, dass ich den Hund, den sie von ihrem Bruder erhalten hatte, aus dem Fenster werfen würde, wenn er noch einmal das Haus verunreinigte«. Hundefreund Horace Walpole hatte zwei seiner Lieblingsvierbeiner geerbt. Patapan, der ähnlich wie Purkoy ausgesehen haben könnte, kam von einer in Florenz lebenden Freundin namens Elisabetta Grifoni, und seinen letzten Favoriten Tonton erhielt Walpole im Oktober 1780 von einer anderen Freundin, der Madame du Deffand. Zu diesem Zeitpunkt war Walpole 63 Jahre alt, und Tonton war ein verwöhntes kleines Biest; dennoch wurde die Beziehung zu dem Hündchen für die folgenden neun Jahre zu einem Ruhepol in Walpoles Leben.

Die berühmteste Schildkröte in der Geschichte der Schildkröten war ebenfalls ein Erbstück. Gilbert White wurde sie von seiner Tante Rebecca Snooke hinterlassen. Als der Erbfall eintrat, war Timothy (in Wirklichkeit ein Weibchen) bereits etwas über 30; Whites Onkel hatte sie 1740 in Chichester einem Seemann abgekauft. In Whites berühmter *Natural History of Selborne* wird sie konsequent als »es« bezeichnet. Sie scheint ihr ganzes Leben im Freien verbracht zu haben, dennoch achtete White sehr genau darauf, dass sie ihr Lieblingsfutter erhielt (»milchige Pflanzen wie Kopfsalat und Löwenzahn«). Es amüsierte ihn zu sehen, wie die Schildkröte seine Tante erkannte und dass das Tier Regen hasste:

Kein anderer Aspekt seines Verhaltens beeindruckte mich mehr als seine heftige Abneigung gegen Regen; denn obgleich es einen Panzer besitzt, der es sogar vor den Rädern eines schwer beladenen Karrens schützen würde, verhält es sich bei Regen nicht anders als eine Dame in ihren besten Kleidern und schlurft schon bei den ersten Tröpfchen so eilig davon, dass es sich den Kopf unweigerlich an der nächsten Ecke anstößt.

Es fällt schwer, dies nicht als die typische Neigung des Tierbesitzers zum Beobachten und Hineininterpretieren anzusehen. Dabei scheint es keine Rolle zu spielen, auf welche Weise Mensch und Schildkröte zusammenkamen. Eine der liebenswertesten und lustigsten Katzen, um die ich mich jemals kümmern durfte, war Miss Puss. Sie war in einem Zoogeschäft gekauft worden, jedoch nicht von mir, und anfangs musste ich in die Beziehung zu ihr wesentlich mehr investieren als jemals bei einem anderen Tier zuvor. Dann aber erkrankten wir beide an einem hartnäckigen Ekzem und fanden als Leidensgenossinnen zusammen.

Die Zoohandlung, die heutzutage häufig eine wichtige Rolle bei der ersten Begegnung von Haustier und Besitzer spielt, ist eine relativ junge Institution. Früher besorgte man sich seine Haustiere auf den Feldern, in den Wäldern der näheren Umgebung oder aber bei Nachbarn, und wer dort nicht fündig wurde, kaufte eines beim fliegenden Händler an der Haustür.

George Morlands Ölgemälde *Selling Guinea Pigs* (Meerschweinchenverkauf; 1789) stellt eine derartige Transaktion dar und zeigt uns darüber hinaus, dass Kinder auch damals schon wussten, wie sie ihre Eltern dazu bringen konnten, ihnen etwas Kleines und Pelziges zu kaufen. Ich suchte in Mrs Beetons *Book of Household Management*

(1861) nach Erwähnungen von nicht-menschlichen Haushaltsmitgliedern, fand darüber jedoch enttäuschend wenig. Meerschweinchen bezeichnet Mrs Beeton verächtlich als »Ratten ohne Schwanz«. Morland hingegen scheint sie gemocht und mindestens zweimal gemalt zu haben.

Erst im 19. Jahrhundert begannen Menschen, Haustiere in Zoohandlungen zu erwerben, doch blieb der Gang in diese Art von Geschäft lange Zeit eher unüblich. Noch 1877 schrieb die schottische Schriftstellerin Henrietta Keddie (Pseudonym: Sarah Tyler), dass von all ihren Hunden nur ein einziger, nämlich Rona, gekauft war. Sogar noch in den 1950er-Jahren galt es als ungewöhnlich, Haustiere zu kaufen. Die Horrorgeschichtenautorin Shirley Jackson schrieb auch lustige Bücher über ihr Familienleben, in deren Mittelpunkt ihre Katzen standen. Jackson interessierte sich sehr für Hexerei, und wohl deshalb waren ihre Katzen (mit einer Ausnahme) schwarz; alle waren Geschenke von Freunden, oder sie waren zugelaufen. In *Raising Demons* (1957) berichtet sie von ihrem einzigen Katzenkauf. Sie legte sich Ninki, eine »elegante, graue, goldäugige Katze« zu, weil diese angeblich eine ausgezeichnete Mäusejägerin sein sollte. Doch leider erklärte Ninki sofort nach ihrem Einzug sämtlichen Haushaltsmitgliedern den Krieg und fing kein einziges Nagetier. Jacksons Tochter meinte, sie hätten stattdessen einfach die Mäuse zu Haustieren erklären sollen.

Der heute sehr (wenn auch nicht genug) verbreitete Erwerb eines Tierheimtiers stellt ein relativ junges Phänomen dar. Prinzessin Alice von Albany, deren Jack Russell Terrier Skippy in den 1880er-Jahren aus dem Tierheim Battersea Dogs Home geholt wurde, war eine Trendsetterin. Heutzutage ist die Adoption eines Tieres aus dem Tierheim, zumindest meiner Erfahrung nach, extrem reglementiert. Es ist so etwas wie ein Mix eines Besuchs bei einer Heiratsagentur, einem Blind Date und dem Verhör adoptionswilliger Eltern durch Beamte des Jugendamts. »Wir müssen *Sie* auf Herz und Nieren prüfen«, erklärte mir der Tierheimleiter mit ernster Miene. Es wurde alles andere als eine kurze oder einfache Prozedur und hatte zur Folge, dass ich wochenlang beim Tierheim aus- und einging. Und die ganze Zeit über hatte ich keine Ahnung, welche Katze sie mir geben würden.

Der Weg, der Bird und ihre Schwester Daisy in mein Heim geführt hatte, war wesentlich geradliniger. Nachdem ein freiwilliger Tierschützer die beiden aus dem Schrank gerettet hatte, in den ihr damaliger Besitzer sie immer gesperrt hatte, wenn er aus dem Haus gehen wollte, wurde mein Name auf ihrer Akte vermerkt, sobald diese angelegt worden war. Von uns dreien war *ich* diejenige, die auf Eignung geprüft wurde. *Ich* wurde für sie ausgesucht. Das ist wohl genauso, wie es sein sollte. Und ja, der Vermittler machte seine Arbeit gut. Und ja, meinem Empfinden nach suchten die beiden Kätzchen mich aus, und abermals ja: Es war eine Berührung, die den Bund besiegelte. Durch sie wusste ich, dass ich die kleine, dürre, genervt aussehende getigerte Katze und ihre spindeldürre Schwester mit nach Hause nehmen würde, obwohl die beiden so ziemlich genau das waren, was ich nicht gesucht hatte. Der Schlüsselmoment trat ein, als das erschöpfte getigerte Kätzchen seinen Kopf auf den Finger aufstützte, den ich ihm unter das Kinn gelegt hatte, und die Augen schloss.

Nach diesem Erlebnis überraschte mich die Entdeckung, dass es auch Partnervermittlungs-Sites für angehende Haustierbesitzer gab, nicht mehr sehr. Die Sites Date My Pet, PetPeopleMeet, Doggone Singles und Leashes and Lovers erfreuen sich großen Zuspruchs. Twindog, also Tinder »für Hunde und ihre Menschen«, vermittelt Dates für Menschen *oder* für Hunde. Denn wir wollen immer die richtigen Kontakte knüpfen. Die Haustiere, die wir für uns auswählen, sagen viel über uns aus.

Ihr geschmacklosen Menschenkinder, ist die Natur denn solch ein ungeschickter Schöpfer, dass all ihre Werke von euch verbessert werden müssen?

Memoirs of Dick the Little Poney,
vermutlich von ihm selbst geschrieben
(1799)

KAPITEL DREI

GESTALTEN

1529 machte Federico II. Gonzaga, Herzog von Mantua, eifrig Marghareta von Montferrat, einer Tochter des Markgrafen Wilhelm XI., den Hof und ließ sich zu diesem Zweck von keinem Geringeren als Tizian porträtieren. Die Gonzaga waren sowohl in dynastischer Hinsicht als auch aufgrund der Ausmaße ihrer Besitztümer in der Renaissance eine der bedeutendsten Familien Italiens. Dennoch ließ sich Federico auf seinem Porträt nicht in einem glanzvoll eingerichteten Raum oder mit prestigeträchtigen Jagdhunden verewigen, sondern vor einer schlichten dunklen Wand. Neben ihm war nur ein Tisch, auf dem ein putziger kleiner Schoßhund stand.

Federico war der Sohn von Isabella d'Este, und diese pflegte eine leidenschaftliche Begeisterung für Haustiere, die sie neben vielen anderen Dingen sammelte. Ihr Betreten eines Raumes wurde stets vom Kläffen eines Rudels Schoßhündchen angekündigt, das ihr nicht von der Seite wich. Deshalb können wir davon ausgehen, dass Federico mit Haustieren aufwuchs, was gewöhnlich zur Folge hat, dass man als Erwachsener selbst Haustiere hält. Und doch ist der putzige kleine Hund nicht deshalb auf dem Gemälde, weil er Federicos Lieblingstier war, sondern um Federico in einem besseren Licht dastehen zu lassen. Marghareta zögerte noch, denn die Gonzaga-Männer galten als schlechte Ehemänner. Der kleine Hund sollte bedeuten, dass Marghareta nichts zu befürchten hatte und dass Federico ihr ein treuer und fürsorglicher Gatte sein wollte. Mit anderen Worten sollte der Hund das Bild bekräftigen, das Federico von sich zu vermitteln wünschte.

Ob wir es wollen oder nicht: Die Tiere, die wir in unser Leben hineinlassen, sagen ebenso viel über uns aus wie die von uns gewählten Wohnorte und die Kleidung, die wir tragen. Jene Eigenschaften, die wir Tieren zuschreiben, spiegeln sich an uns wider. Man könnte sagen, dass am einen Ende dieser Skala jene muskulösen, von Pieter Hugo fotografierten Hyänenmänner stehen, die wie eine Verkörperung des Machismo schlechthin wirken; oder aber der gut aussehende, erfolgreiche, mittlerweile in Vergessenheit geratene präraffaelitische Maler Herbert Gustave Schmalz, der seinen riesigen Mastiff Sultan gern vor der Londoner Grosvenor Gallery Platz machen ließ, damit die Passanten sehen konnten, dass dessen maskuliner Besitzer in der Galerie war. Am anderen Ende dieser Skala befindet sich Federico Gonzaga, der mittels des putzigen, eine bittende Pfote erhebenden Hündchens anzeigen wollte, dass er gutmütig und vertrauenswürdig sei; leider stimmte beides nicht.

Wie man sich denken kann, investiert die Futtermittelindustrie viel Geld in die Erforschung des Tierbesitzers. Von besonderem Interesse ist für sie, was die Tiere, die wir besitzen, über uns als Menschen aussagen. Zusammengefasst fanden sie Folgendes heraus: Frauen, die Katzen besitzen, gelten als unterwürfig und sanft (ich bin mir nicht sicher, ob das *wirklich* der Fall ist), während Vogelbesitzer schlicht und gesellig sein sollen. Männer, die Pferde besitzen, gelten als dominant und aggressiv, Männer mit großen, respekteinflößenden Hunden kompensieren angeblich die geringe Größe eines sehr intimen Körperteils. Und so geht es weiter: Schlangenbesitzer sind angeblich unkonventionell, »eklige« Haustiere wie Kakerlaken und Spinnen sind das Wahrzeichen der Unorthodoxen (unter anderem Punks, Freigeister, Goths).

Wer sein Leben mit einer Schildkröte teilt, soll fleißig und zuverlässig sein. Diese Einschätzung würde wohl die Flaneure entsetzt haben, jene wohlhabenden jungen Pariser, die im 19. Jahrhundert ihre Schildkröten in den Einkaufspassagen spazieren führten, um ihren Müßiggang auf vornehme Weise zur Schau zu stellen. Die Besitzer von Frettchen gelten als sorglos, die von Igeln als eigenbrötlerisch und nachlässig.

In jedem Fall gilt das Haustier als kennzeichnend für seinen Besitzer, und auf diese Weise wird etwas sehr Privates zu etwas Öffentlichem. Es ist, als wollte die Gesellschaft als Ganzes ein Urteil darüber fällen, mit wem man sein Sofa teilt. James Serpell formuliert es so: »In unseren Beziehungen zu Tieren ... sind emotionale und materialistische Überlegungen nicht nur wichtig, sondern stehen oft auch miteinander in Konflikt.« Das stimmt umso mehr, wenn es sich um die Beziehung zu einem seltenen oder ungewöhnlichen Tier handelt.

John Caius, der Hundeexperte des Elisabethanischen Englands beschrieb die Engländer 1570 als »auf wundersame Weise unersättliche Verschlinger von Neuheiten, als gierige Geier von Dingen, die seltsam, rar und schwer zu beschaffen sind«, doch unser Appetit auf das Seltsame, Rare und Eigenartige ist wesentlich älter. Archäologen fanden am nordirischen Fundort Navan Fort, einer von der Bronzezeit bis ins 1. Jahrhundert n. Chr. genutzten Festungsanlage, die Knochen eines Berberaffen. Er muss der ganze Stolz seines hochrangigen Besitzers gewesen sein, denn Berberaffen sind in den trockenen, hoch gelegenen Teilen Marokkos sowie im Atlasgebirge heimisch, und man fragt sich, ob sich dieses Exemplar an das feucht-milde irische Klima anpassen konnte. Man kann daraus aber auch schließen, dass exotische Haustiere begehrt und bewundert werden, seit es Menschen gibt, die sie begehren und bewundern konnten. Dies führt uns zurück zu Isabella d'Este, der Mutter von Federico Gonzaga, und ihrer Suche nach einem »syrischen Kätzchen«.

Isabella war eine der hartnäckigsten Sammlerinnen in der Geschichte Europas. Sammelwut verfügt über einen eigenen Feedback-Mechanismus: Jede neue Errungenschaft beweist dem Sammler, dass er sie sich verdient hat. Doch um sich sein Selbstwertgefühl zu erhalten, müssen weitere Erwerbungen hinzukommen. Mit anderen Worten: Je mehr man gesammelt hat, desto mehr begehrt man. Diesem Rausch verfallen am unteren Ende der sozialen Leiter jene armen Seelen, die Dutzende von Tieren unter erbärmlichen Bedingungen halten. Isabella jedoch verfügte über ein üppiges Einkommen sowie über ein europaweites Netz von Agenten, die ihr gern ihre Kaufwünsche erfüllten. Als Isabella also 1496 beschloss, diese ganz besondere Katze haben zu wollen, brach rege Geschäftigkeit aus. Aber was ist ein »syrisches Kätzchen« überhaupt und was macht es so begehrenswert?

Um das herauszufinden, bedarf es einiger Detektivarbeit. Es existiert eine zeitgenössische Beschreibung der gewöhnlichen englischen Katze. Sie war »weiß mit einigen grauen Flecken ...« (Oliver Lawson Dick (Hrsg.), *Aubrey's Brief Lives*), und ein Beispiel für diesen Katzentyp findet sich auf einem Gemälde von Gillis d'Hondecoeter (um 1575–1638) mit dem Titel *Orpheus bezaubert die Tiere*. Die Katze befindet sich links von Orpheus und sieht nicht so aus, als wäre sie von seiner Musik sonderlich beeindruckt. Das von Isabella begehrte »syrische Kätzchen« muss also vollkommen anders ausgesehen haben als die gewöhnlichen grau-weißen europäischen Katzen. Sie wurden auch ganz anders bewertet. Der Altertumsforscher John Aubrey, dem wir die obige Beschreibung verdanken, berichtet, dass William Laud,

Erzbischof von Canterbury und großer Katzenliebhaber, bereit war, für eine solche Katze fünf Pfund zu bezahlen. Nach heutiger Währung wären das ungefähr 8800 Britische Pfund oder 11.000 Dollar. Aufgrund des hohen Preises und der Erwähnung des Nahen Ostens könnte man annehmen, dass es sich um eine Perserkatze gehandelt hat, die heutzutage zu den teuersten exotischen Rassen zählt. Tatsächlich aber waren Perserkatzen in Europa bis in die 1630er-Jahre hinein unbekannt. Syrien war damals bekannt als Herkunftsland von Moiré, eines Seidenstoffs, dessen an Wasserwellen erinnernde Maserung sichtbar wird, wenn man den Stoff bewegt. In England nannte man diesen besonderen Stoff nach dem Bagdader Viertel Attabiya, in dem er möglicherweise ursprünglich hergestellt wurde, »Tabby-Seide«. Gentests an Katzen ergaben, dass irgendwann im Mittelalter irgendwo im Mittleren Osten damit begonnen wurde, Katzen zu züchten – man könnte aber auch sagen: »zu gestalten«. Deren Fell hatte ein der Holzmaserung ähnliches Muster aus Streifen und Flecken. Isabellas exotisches »syrisches Kätzchen« war also nichts anderes als eine für uns heute ganz gewöhnliche Tabby- oder getigerte Katze.

Eine erste Anlaufstelle für Isabellas Agenten war Venedig, der wichtigste Handelsposten für alles, was luxuriös, orientalisch und hochmodern war. Das Tempo, mit dem die Nachfrage das Angebot anheizte, war erstaunlich: Nur zwei Jahre, nachdem Kolumbus in der Karibik an Land gegangen war, wurde im Hafen von Cádiz bereits mit Papageien gehandelt. In jenen fernen Zeiten, in denen man noch nichts googeln konnte und es auch noch keine Zoohandlungen gab, saß in so ziemlich jeder Hafenstadt ein Kaufmann, der sich auf den Handel mit exotischen Tieren spezialisiert hatte. Emma Davenport erinnert sich, in ihrer Kindheit an Kais entlanggegangen zu sein, an denen zahlreiche Schiffe anlegten, »die aus den verschiedenen Teilen der Welt kamen, und ich nehme an, dass die Seeleute die unterschiedlichsten Tiere mitbrachten, denn fast alle Häuser an den Kais waren Geschäfte, die Vögel und Affen verkauften«. Dumas' Affenweibchen Mademoiselle Desgarcins, in das sich der Schriftsteller verliebte, als es ihm ein Händchen entgegenstreckte, wurde ebenso wie der Papagei im Hafen von Le Havre bei einem »Tierhändler« erworben. (Die echte Mademoiselle Desgarcins ware eine berühmte Pariser Schauspielerin, die 1797 in geistiger Umnachtung starb. Vielleicht fiel Dumas der Name aufgrund der pathetischen Situation ein, in der sich die kleine Affendame bei ihrem ersten Treffen befand.)

Oder man beschaffte sich die Tiere, indem man einen zur See fahrenden Freund bat, sie mitzubringen. So ein Graupapagei mit weißem Clownsgesicht, dunklem Schnabel und leuchtend rotem Schwanz konnte so viel wie sechs Monatsheuern eines Matrosen wert sein. Also lohnte sich die Mühe, einen zu organisieren, sehr wohl. Die für ihre Schönheit berühmte Frances Stewart, Herzogin von Richmond (1647–1702), das Modell für die Britannia auf den britischen Münzen und eine der wenigen Frauen, die es gewagt hatten, Karl II. abzuweisen, war vermutlich die erste englische Besitzerin eines solchen Vogels. Dieser starb kurz nach ihr, wurde ausgestopft und neben ihrem Wachsbildnis in Westminster Abbey ausgestellt; das verdeutlicht, welchen großen Anteil der Vogel am öffentlichen Image seiner Besitzerin hatte.

Ein paar Jahrzehnte später bekam man solche Exoten bereits in Londoner Kaffeehäusern zu sehen. Nicht nur Papageien, sondern auch die unterschiedlichsten anderen Vögel, Krokodile, Opossums sowie Klapperschlangen dienten in den 1730er- und 1740er-Jahren der Unterhaltung. Waren diese Etablissements die Vorläufer heutiger

Katzencafés? Jedenfalls durfte man damals sogar Tiere, die einem beim Kaffeetrinken zusahen, kaufen und mit nach Hause nehmen. Viele dieser Tiere erreichten London wahrscheinlich an Bord der Sklavenschiffe, die auch an den Docks anlegten, auf die ich durch die Fenster meiner Wohnung hinunterschauen kann. Oft stehe ich morgens da und halte meine getigerte Tierheimkatze im Arm, meine Vertreterin dieser einst so begehrten und dann als gewöhnlich abgetanen Variante, um ein Tier zu erwerben. Dies zeigt auch, wie schmal der Grat zwischen einem Lebewesen und einem entsorgbaren Besitztum sein kann.

Wir gestalten Tiere durch Zucht um, verwenden sie, um uns selbst zu stylen, und fahren dann mit dem Stylen fort, indem wir sie nach dem neuesten Schrei ausstatten. Auch Haustiere haben Besitztümer. Schon die Gäste jener Kaffeehäuser des 18. Jahrhunderts fanden in den Zeitungen, die sie dort lasen, Anzeigen für Tieraccessoires. So wurde etwa ein Affe zusammen mit einem Satz Kleidung »und einem netten Haus« (Ingrid H. Tague, *Animal Companions*) angeboten. Die innerhalb der vier Wände ihrer Besitzer lebenden Schoßhündchen bekamen kleine Häuser. Marie Antoinettes teilweise vergoldete Hundehütte aus blassblauem Samt, ihre *niche de chien*, ist so kunstvoll gearbeitet, dass sie im Metropolitan Museum of Art ausgestellt wird. 1768 malte Jean-Jacques Bachelier einen kleinen Hund, der ein Havaneser gewesen sein könnte, vor einer derartigen *niche de chien* und etwas, das verdächtig nach einem durchgekauten Herrchen-Hausschuh aussieht. Das Gemälde legt den Schluss nahe, dass Hautiere allem, was wir jemals für sie kauften, stets das vorzogen, was eigentlich uns gehört.

Der Havaneser auf dem Bild ist getrimmt. Scheren und Trimmen sind weitere Möglichkeiten, um durch das Gestalten des Haustiers das Prestige des Besitzers in der Öffentlichkeit zu erhöhen. Die ersten »Hundebarbiere« traten im Paris des 18. Jahrhunderts auf, und natürlich machten sich die Briten über diese neue französische Mode lustig. Dabei vergaßen sie, dass das Hundetrimmen ursprünglich von Jägern erfunden worden war: Pudel wurden anfangs für die Jagd gezüchtet und sollten geschossene Vögel aus dem Wasser holen. Damit sich ihr dichtes Fell dabei nicht vollsaugte und sie behinderte, wurden sie geschoren. J. G. Wood verurteilte diese neue Mode aufs Schärfste. Er kämpfte jedoch auf verlorenem Posten, denn als er noch dagegen wetterte, bot Browns in der Londoner Regent Street diese Dienstleistung bereits an. In Paris entwickelte man unterschiedliche Sommer- und Winterfrisuren für Hunde (eine davon war der heute immer noch an Hunden und Katzen praktizierte Löwenschnitt), und an den Ufern der Seine wurden Hundebäder angeboten, welche die Tiere von Ungeziefer und strengem Geruch befreien sollten. Ein kleiner und zweifellos wohlriechender Hund sitzt im Vordergrund von Édouard Manets Gemälde *Musik im Tuileriengarten* (1862) zwischen einer älteren und einer jüngeren Frau. Er darf einen eigenen Stuhl beanspruchen und trägt ein farblich zu den Hutbändern der beiden Frauen passendes Seidenband, mit dem seine langen Stirnfransen hochgebunden sind. Bedeutet dies, dass das Tier von seiner Besitzerin, einer der beiden Frauen, als modisches Accessoire angesehen wurde, als Konsumgut? Oder aber, dass sie ihm den Rang eines kleinen Menschen zugestand? Auch der Havaneser auf Bacheliers Gemälde trägt ein Seidenband, in diesem Fall ein rosafarbenes. Man könnte annehmen, dass auch diese Mode ursprünglich aus dem Jagdsport stammt und dazu diente, den Hund zu kennzeichnen.

Ein Haarband ist eine Sache, aber was hätte J. G. Wood wohl vom Färben des Haarkleids gehalten? Cora Pearl, die berühmteste Kurtisane von Paris, die in den 1860er-Jahren den Höhepunkt ihrer

Laufbahn erlebte, ließ ihren Hund blau färben, damit er zu ihrem Kleid passte. Die Farbe war allerdings giftig, und der Hund starb daran. In den 1920er-Jahren spazierte die Marchesa Luisa Casati exzentrisch gekleidet durch Venedig, begleitet von ihren Geparden und ihren blau gefärbten Windhunden. Zum Glück haben wir uns inzwischen ein bisschen weiterentwickelt. Als das Pariser Model Lia Catreux 2015 ein Foto von sich und ihrem fuchsienfarbig gefärbten Zwergspitz auf Instagram postete, erntete sie scharfe Kritik. »Unsere Haustiere sind Lebewesen«, lautete ein Statement der britischen Tierschutzorganisation Royal Society for the Prevention of Cruelty to Animals (RSPCA), »und sie auf diese Weise zu färben könnte auf besorgniserregende Weise dazu anregen, sie als Modeaccessoires anstatt als intelligente fühlende Tiere anzusehen«. Auch PETA äußerte sich dazu: »PETA ruft dringend dazu auf, Hunde Hunde sein zu lassen. Lieben Sie sie für ihre naturgegebene Schönheit und ersparen Sie ihnen unsere verwirrenden menschlichen Modelaunen.« Wo sie recht haben, haben sie recht.

Die meisten Schriftsteller erziehen sich selbst zur Genügsamkeit. Wir haben eine ziemlich paranoide Einstellung zu unserem Einkommen, denn unsere Konten werden nicht allmonatlich gefüttert, sondern nehmen laufend ab, und auf ein fettes Jahr folgen sieben magere. Doch während ich stets gründlich überlege, ob ich mir selbst etwas kaufen soll oder nicht, spendiere ich meinen Katzen großzügig Spielsachen und Leckerbissen. Zum Teil wohl deshalb, weil dies Ausdruck der Zuneigung ist, die ich für die beiden empfinde, zum Teil aber auch, weil es mir Spaß macht, ihnen beim Spielen zuzusehen. Mich wundert es, wie selten dieser letzte Aspekt in Studien über unsere Beziehung zu Haustieren erwähnt wird. Die Tiere bringen uns zum Lachen, und eigentlich ist dies ein wichtiger Grund dafür, sie zu halten. Wenn ich zuschaue, wie sich Bird und Daisy die mit Katzenminze gefüllten Spielzeugmäuse gegen die Nase drücken und damit auf dem Rücken herumrollen, finde ich, dass mir diese geringfügige Investition einen hohen Unterhaltungswert beschert. Der Markt für diese »Extras« puscht den Haustierhandel zusätzlich und kann auf eine lange Tradition zurückblicken. Zwar gab es in den von Louis Wain 1892 beschriebenen Tierhandlungen keine mit Swarovski-Kristallen besetzten Katzenklappen (1644 US-Dollar oder 1250 Britische Pfund) oder Diademe für Hunde (4,2 Millionen US-Dollar oder 3,1 Millionen Britische Pfund) zu kaufen. Stattdessen entdeckte er in einer Gasse im Londoner East End

… Läden, in denen Hunde, Katzen, Tauben, Vögel, Meerschweinchen, Mäuse, Ratten, Ziegen, Kaninchen und Fische zu den denkbar niedrigsten Marktpreisen verkauft wurden. Noch bemerkenswerter als die Anzahl und Qualität dieser Tiere war die Menge an Artikeln, die ihnen, insbesondere den Vögeln, einen bequemen Alltag ermöglichen sollte. Vogelkäfige, Vogelbäder, Musikinstrumente für Vögel, Pasten für Vögel, Netze für Vögel, Fallen für Vögel, das Sortiment ist unendlich groß …

Viele der Vögel, die 1892 an einer solchen Straße verkauft wurden, waren vermutlich Kanarienvögel. Man könnte meinen, dass sich über Kanarienvögel als Modehaustiere nicht viel sagen ließe, doch das ist falsch, denn der gezüchtete Kanarienvogel stellt geradezu ein Paradebeispiel für umgestaltete Exoten dar. Kanarienvögel waren einst grünlich gefärbte, etwa sperlingsgroße Wildvögel, deren einzig hervorstechendes Merkmal ihr Stimmvolumen war. Ludwig XI. von Frankreich erwarb 1478 Kanarienvögel als Singvögel, und nichts fördert das Prestige eines Tieres so effektiv wie ein Besitzer von königlichem

Geblüt. Außerdem weisen Kanarienvögel eine natürliche Anlage zu Farbvariationen des Gefieders auf, die wir Menschen uns bald zunutze machten. 1657 gab es bereits vollständig gelbe Kanarienvögel, die als Raritäten galten und sehr gefragt waren. Der modebewusste Samuel Pepys erhielt von dem mit ihm befreundeten Seemann Captain Rooth im Januar 1661 zwei davon geschenkt. Nur ein paar Jahrzehnte später waren gelbe Kanarienvögel keine Rarität mehr, die nur von Schiffskapitänen verschenkt werden konnte. Um 1680 wurden sie bereits in England gezüchtet und waren so preiswert, dass man sie ebenso wie Morlands Meerschweinchen von fliegenden Händlern an der Haustür kaufte.

Die wichtigsten Kanarienvogelzüchter aber waren jahrhundertelang die Bergarbeiter im Harz. Sie nutzten sie sozusagen als »Wachvögel«: Kanarienvögel reagieren auf giftige Gase extrem empfindlich und kippen schon bei niedrigstem Methan- oder Rauchgasgehalt der Luft von der Stange. Wenn sie dies in einem Stollen taten, wussten die Bergleute, dass sie sich sofort in Sicherheit bringen mussten. Aus diesem Zusammenhang heraus entstand bald der Volksglaube, Kanarienvögel könnten menschliche Krankheiten aufsaugen wie Löschpapier. Die Bergleute züchteten die Vögel jedoch auch zur Unterhaltung und trainierten deren Gesangskünste so, wie es die nach Norwich in England geflüchteten französischen Hugenotten-Weber taten. In seinem Buch *The Red Canary* äußert Tim Birkhead die Vermutung, dass für Heimarbeiter wie diese Weber das Gezwitscher der Kanarienvögel jene Art von Unterhaltung darstellte, wie sie heute ein im Hintergrund vor sich hin dudelndes Radio bietet; und eine bemerkenswerte Unterhaltung noch dazu: Ein Spitzenexemplar der Rasse Harzer Roller verfügt über ein unglaublich großes Repertoire an Tönen sowie Rufen und kann sich wie ein ganzer Regenwald voller Vögel anhören. Außerdem beherrscht er kunstvolle Triller und bringt ein Piepsen hervor, das so klingt, wie wenn man auf ein Quietscheentchen tritt. Flämische Malinois-Kanarien (sogenannte Belgische Wasserschläger) erzeugen »Klokkende« genannte Klänge, die sich wie tropfendes Wasser anhören und die »Fluitenrolle«, die wie ein lang gezogener Flötenton klingt. Bei all diesen Lauten kann man sich, wenn man es nicht weiß, kaum vorstellen, dass sie wirklich aus einem so winzigen Vogel kommen. Im 18. und 19. Jahrhundert war Gesangslehrer für Kanarienvögel ein einträglicher Beruf: Reiche Kanarienvogelbesitzer engagierten diese Spezialisten, damit sie ihren Vögeln mit Flöten und Wasserpfeifen neue Töne beibrachten. Somit war im Laufe der Jahrhunderte nicht nur die Farbe des Vogels verändert worden, sondern auch seine Stimme, sodass er im kulturellen Unterbewusstsein jener Zeit deutlich gegen die ursprüngliche Wildform abgegrenzt war. Darüber hinaus war seine Präsenz als Käfigvogel im Wohnzimmer so selbstverständlich geworden, dass man ihn sich gar nicht mehr ohne Käfig vorstellen konnte. »Der Käfig ist sein natürliches Element«, schreibt J. G. Wood, sowie Folgendes:

Selbst der einfache britische Soldat ist, sobald er der normalen militärischen Routine beraubt wird, mindestens ebenso hilflos wie ein Kanarienvogel, der freigelassen und gezwungen wird, allein in die Welt hinauszufliegen.

Die Vorläufer der heutigen Zoohandlung waren möglicherweise die Pariser Tierhändler des 12. Jahrhunderts, die ihre Geschäfte nahe des Tors der Kirche St. Geneviève la Petite oder aber auf der Pont au Change abwickelten. Die Vorläufer der großen Tierhandelsketten waren die Brüder Charles und Henry Reiche, die mithilfe des Kanarienvogelimports aus Deutschland sowie mithilfe des Vertriebs der Vögel quer durch die USA mittels der neuen transkontinentalen

Eisenbahnlinie ein Handelsimperium aufbauten. Allein in den ersten vier Jahrzehnten des 20. Jahrhunderts wurden zehn Millionen Kanarienvögel in die USA eingeführt – möglicherweise der Höhepunkt in der Geschichte des zahmen Kanarienvogels. Robert Stroud, der »Vogelmann von Alcatraz«, der zusammen mit 300 dieser Vögel in dem berühmten Gefängnis einsaß, veröffentlichte 1933 seinen Bestseller *Diseases of Canaries* (Krankheiten der Kanarienvögel). Er könnte der untypischste aller Kanarienvogelbesitzer gewesen sein und zählt mit Sicherheit als inhaftierter zweifacher Mörder auch zu den ungewöhnlichsten Bestsellerautoren. Jedenfalls aber war man mit dem Kanarienvogel sozusagen immer noch nicht fertig, sondern veränderte noch mal seine Farbe. Züchter in Norwich entdeckten, dass sich Kanarienvögel orange verfärben, wenn man sie mit rotem Pfeffer füttert. Kreuzt man sie mit Kapuzenzeisigen – eine Praxis, die zu einem besorgniserregenden Schwund der Kapuzenzeisig-Populationen führte –, erhält man Rotfaktorige Kanarienvögel, die aussehen, als hätte man sie in Himbeersirup getaucht. Doch was die Natur mit der einen Hand verschenkt, sammelt sie mit der anderen wieder ein: Denn diese roten Kanarienvögel zwitschern und trillern zwar sehr nett, mit einem Harzer Roller aber können sie sich keinesfalls messen.

Für uns ist alles um so vieles leichter. Wenn man heute wissen möchte, was es Neues gibt, geht man einfach in eine Haustierausstellung.

Die erste offizielle Hundeausstellung fand 1859 in Newcastle in Nordengland statt, die erste Katzenausstellung 1871 in London. Eine interessante historische Verbindung: Der Mann, der diese allererste

Katzenausstellung organisierte, war Harrison William Weir, ein in seiner Epoche bekannter Künstler, der unter anderem die beliebte *Illustrated Natural History* von J. G. Woods illustriert hatte. Derartige Ausstellungen waren klein und regional, aber trotzdem so erfolgreich, dass sie schnell immer größer und internationaler wurden. Durch Ausstellungen lernte die breite Öffentlichkeit zahlreiche bis dahin unbekannte Rassen kennen, wie zum Beispiel Chihuahuas, Pekinesen und auch Perserkatzen, die erstmals bei jener Londoner Ausstellung von 1871 gezeigt wurden. Als Kind besuchte ich kleine regionale Landwirtschaftsausstellungen und verbrachte Stunden damit, in den aufgestellten Zelthallen Kaninchen und Meerschweinchen zu betrachten. Oder aber ich drückte meine Nase an einer Glasscheibe platt, durch die ich in das Innere eines Bienenstocks schauen konnte, und suchte die Königin. Diese Ausstellungen waren auf sympathische Weise amateurhaft organisiert, ständig gab es Lautsprecherdurchsagen. Viele der Männer, die ihre preisverdächtigen Schafe, Schweine, Stiere oder dicken selbst gezogenen Ponys präsentierten, trugen ihre Hochzeitsanzüge, viele der ehrgeizigen Marmeladenköchinnen ihren besten und zugleich einzigen Sonntagshut. Als ich als Erwachsene die Ausstellung Rare Breeds besuchte, fühlte ich mich sofort wie zu Hause.

Heutige Haustierausstellungen sind ein ganz anderes Kaliber. Sie sind perfekt durchorganisiert, man kommt sich auf ihnen vor wie in einem großen Kaufhaus, hinterher schwirrt einem der Kopf und man fühlt sich, als wäre man selbst auch zu einem Produkt geworden. Genau wie in einem Kaufhaus wird man zunächst an Ständen vorbeigelotst, die Kleinigkeiten verkaufen: Impulsartikel wie Spielzeug, Katzenkörbchen, Federn, Gitter, Streu und Miniaturhühnerställe für den Balkon.

Die ersten Lebewesen, an denen man anschließend vorbeikommt, sind gewöhnlich Fische. Ich glaube, dass ihre Funktion darin besteht, die Männer abzulenken, die hinter ihren kleintierbesessenen Frauen herschlendern. Fische brauchen keine niedlichen Mäntelchen, sondern »männliche« Dinge wie Pumpen, Filter und eine LED-Beleuchtung. Sie brauchen Dinge, an denen man im Hobbykeller herumbasteln kann wie zum Beispiel Miniaturlandschaften, die eine fatale Ähnlichkeit mit jenen Landschaften haben, die man(n) gern für seine Modelleisenbahn baut. Meine Freundin Eve meint, Fische seien als Dekoration gedacht. Aber wenn das so ist, stellen sie nicht nur eine sehr schöne Dekoration dar, sondern können auch mit einer außergewöhnlich einfallsreichen Ausstattung beglückt werden. Auf einer Ausstellung faszinierte mich ein Aquarium, in dem man ein Unwetter simulierte, um den tropischen Fischen etwas Abwechslung zu bieten. Aber ob die winzigen, gummibärchenbunten Fischchen, die darin herumschwammen, wohl jemals ein Unwetter in freier Natur erlebt hatten? »Nein, in freier Natur nicht«, gab ihr Züchter zu. Also würde man für sie die künstliche Version eines natürlichen Phänomens erzeugen, das sie noch nie zuvor erlebt hatten? »Ja, das trifft es ungefähr«, meinte der Mann.

Nach den Fischen kommen meist die Vögel. Falls es wirklich auf allen Haustierausstellungen so ist wie auf denen, die ich bisher besucht habe, merkt man das Nahen dieser Abteilung daran, dass die bunten, krächzenden, zwitschernden Geschöpfe ihre Besitzer anscheinend dazu inspirieren, sich ihnen durch Frisur und Kleidung anzugleichen. »Viele schräge Haarfarben bei den Papageileuten«, notierte ich mir einmal bei einem Ausstellungsbesuch. Auf jeden Fall finde ich es besser, wenn sich der Besitzer durch Färbemittel seinem Tier anpasst, als wenn umgekehrt das Tier an seinen Besitzer oder dessen Garderobe angepasst wird. Einen Gang weiter gelangte ich bei diesem Besuch in das Reich der Kulissenschöpfer von *Indiana Jones und der Tempel des Todes*, denn hier begegnete ich einer Totenkopfschabe, einer Kraushaar-Vogelspinne, einem Afrikanischen Riesentausendfüßer namens Mollie (eine Namensgebung, die ich einfach abartig fand), einer Roten Chile-Vogelspinne, die wie eine kleine rosafarbene Seeanemone mit eingerollten Tentakeln aussah, Kuba-Laubfröschen und einem Roten Teju (eine ziegelrote Eidechsenart, die so groß wie ein großer Hund oder ein kleines Kind wird und dicke Hängebacken hat). Der Rote Teju wurde von einem Fan bewundert, einem riesigen Mann voller Piercings, Nieten und Ketten. »Was für ein schöner Kerl«, sagte er, als ich gerade vorbeikam. »Ich muss so einen haben.« Damit fasste er die gesamte Problematik, warum wir überhaupt Haustiere halten, in zwei kurzen Sätzen zusammen. In dieser Abteilung waren tatsächlich Unmengen von Punks und Goths versammelt, die mit glänzenden Augen und begehrlichen Blicken die Schaben und Riesenspinnen betrachteten.

Man muss in solch einer Ausstellung nur den lang gezogenen Maunzlauten und dem gelegentlichen Bellen folgen, um jene Tiere zu finden, an welche die meisten von uns denken, wenn sie von Haustieren sprechen. Vielleicht bildete ich mir das nur ein, aber ich fand, dass alle Besucher der Abteilung »Katzenwelt« zufrieden lächelten. Alle außer einem, nämlich dem Mann, der mit einer Frau vor mir herging. »Anna«, verkündete er, während er sich bereits von ihr entfernte, »ich bin dann bei den Fischen.« Aber auch etwas anderes fällt mir bei diesen Ausstellungen immer auf: wie klein die Rassekatzen verglichen mit meinen beiden Stubentigern sind. Einmal skizzierte ich eine Cornish Rex, deren Ohren so ziemlich das Größte an ihrem Körper waren. Ich frage mich immer wieder, ob Ausstellungskatzen vielleicht ebenso wie Supermodels unbedingt klapperdürr sein müssen?

Eine weitere Auffälligkeit: Die vielen Leute, die sich hinknien, um mit den ausgestellten Tieren auf Augenhöhe zu sein. In ihrem

Buch *Pets in America* schreibt Katherine Grier, dass ein Porträt von einem Besitzer mit einem Tier auf dem Schoß etwas völlig anderes über die Beziehung der beiden aussagt, als wenn die Augen von Besitzer und Tier auf gleicher Höhe sind. Bei diesen Ausstellungen wollen wir nicht auf die Tiere herabsehen wie auf Warenproben in Käfigen, sondern wir wollen eine Verbindung zu ihnen als Individuen herstellen. Bemerkenswert ist auch, dass Kinder immer spontan nach vorn gelassen werden. In seinem Gedicht *Jubilate Agno* beschreibt Christopher Smart seinen Kater Jeoffrey als »ein Instrument, durch das Kinder Fürsorglichkeit erlernen«, und das ist ein Lerninhalt, der uns immer noch wichtig ist. Auf besagter Ausstellung sah ich ein kleines Mädchen, das ganz offensichtlich gerade dabei war, sich in eine Somali-Katze zu verlieben. Außer Somali-Katzen waren auch Siam-Katzen, Thai-Katzen, Ragdoll-, Maine-Coon- und Burma-Katzen ausgestellt. In einem Buggy schlummerte eine Sphynx-Katze. »Die haben wir aus dem Tierheim«, sagte ihr Besitzer. Wie in aller Welt kann man eine vollkommen haarlose Katze nur ins Tierheim geben? Eigentlich ist dies genau die Sorte Tier, bei dem man sorgfältig überlegen sollte, bevor man sich so ein Exemplar ins Haus holt.

Vom kostbaren Exoten zur Tierheimkatze – erinnerte mich das nicht an irgendetwas? Vorsichtig berührte ich die rosafarbene Flanke der Katze und stellte fest, dass sie sich genauso trocken und angenehm anfühlte wie ein Rosenblütenblatt. Als ich in die nächste Abteilung gehen wollte, bemerkte ich, dass das kleine Mädchen immer noch sozusagen Nase an Nase die Somali-Katze bestaunte. Ihre Eltern standen hinter ihr: Der Vater schaute gespielt resigniert drein. Die Mutter hatte ihre Hand auf seinen Arm gelegt, und als ich genauer hinschaute, sah ich, dass sie ihn *streichelte*.

Zeit, zu den Hunden zu gehen.

Hunde mussten so ungefähr das Zehnfache von dem erdulden, was wir den Kanarienvögeln angetan haben. Wir züchteten sie groß und klein, breit und schmal, veränderten ihr Fell und ihre Fellfarbe. Und notfalls griffen wir auch noch mechanisch ein, wenn das die einzige Möglichkeit darstellte, den Hund so hinzubekommen, wie wir ihn haben wollten. Wir schnitten ihre Ohren in die Formen, die uns gerade gefielen, und kupierten ihre Schwänze. Wir ließen in leere Hodensäcke kleine Kugeln hineinoperieren, damit kastrierte Rüden aussahen, als verfügten sie weiterhin über ihre Männlichkeit, obwohl ihre Artgenossen, die dem Geruch nach gehen, natürlich sofort wissen, wen oder was sie da vor sich haben. Und wenn wir ihre Krallen lästig finden, kommen die auch weg. Als Kind kaute ich Fingernägel, und das Entkrallen ist ungefähr so, als würde man Kindern die obersten Fingerglieder amputieren lassen, um ihnen diese lästige Angewohnheit abzugewöhnen. Wenn einem Besitzer seine Möbel wichtiger sind als der Zustand der Pfoten seines Hundes, sollte er sich vielleicht besser Stofftiere halten, finde ich.

Zu Beginn des 19. Jahrhunderts gab es nur ungefähr 19 klar definierte Hunderassen. Am heutigen Tag, an dem ich diese Zeilen schreibe, sind es an die 340. Rassen, die zu Lebzeiten von Charles Darwin beliebt waren, wie zum Beispiel der Dandie Dinmont Terrier, der damals durch Sir Walter Scotts Roman *Guy Mannering* (1815) in ähnlicher Weise beliebt wurde wie in unseren Tagen Dalmatiner durch *101 Dalmatiner* oder Clownfische durch *Findet Nemo*, haben heute Seltenheitswert. Das ist ebenso besorgniserregend wie das Tempo, in dem ständig neue Rassen entstehen. Mittlerweile gibt es sogar »Wolfshunde«; sie stellen den Versuch dar, den evolutionären Kreis zu schließen. Zuchtergebnis ist jedenfalls ein graugelbes Tier, das an einen Deutschen Schäferhund erinnert, von uns Menschen aber dennoch instinktiv als Wolf erkannt wird. Ich habe einmal zwei

Tschechische Wolfshunde auf einer Ausstellung gesehen, die von einer großen Menschenmenge umringt waren. Allein schon das Wort »Wolf« zieht Bewunderer an. Der Spitz dagegen, früher ein stattlicher Hund, wurde im Laufe des 19. Jahrhunderts immer kleiner gezüchtet, bis daraus der uns heute vertraute Zwergspitz wurde. Königin Victoria war ein großer Fan von Zwergspitzen und trug wesentlich dazu bei, die kleinsten Versionen dieser Rasse beliebt zu machen. Sie und ihr deutscher Gemahl, Prinz Albert, machten außerdem den Dackel gesellschaftsfähig und bevorzugten auch bei dieser Rasse immer kleinere Varianten. Es gibt kaum eine bessere Werbung als das königliche Siegel. Doch dann kam der Erste Weltkrieg, und sämtliche »deutschen« Rassen fielen in Großbritannien in Ungnade. Die armen Hunde: Wir machten sie sogar zu Opfern unserer Politik. Wie krank ist das denn?

Natürlich kann man einwenden, dass Besitzer stets mit ihren Lieblingstieren gezüchtet haben. Nachdem sich Samuel Pepys mit der Rolle des Besitzers abgefunden hatte, träumte er sich in die Rolle eines Züchters hinein und organisierte in seinem Arbeitszimmer die Begegnung zwischen Fancy und einem Hund, der einer »Mrs Buggins« gehörte: »Indem sie unten blieb, half ihm die Hündin, sie zu besteigen, was er sehr energisch tat, und ich hoffe sehr, dass sie aufnimmt, denn er ist der hübscheste Hund, den ich jemals gesehen habe.« Nicht jedes Zuchtergebnis stellt jedermann zufrieden. Durch die Zucht, schreibt Yi-Fu Tuan in seinem berühmten Essay, wurde der Chow-Chow zu »einem trübseligen Teddybären«; ich glaube jedoch nicht, dass ihm Chow-Chow-Besitzer da zustimmen würden.

Man könnte aber auch so argumentieren, dass Züchten nichts anderes ist als das, was die Hunde selbst schon immer getan haben. J. R. Ackerley beschloss eines Tages ebenfalls, dass seine Hündin Queenie die Erfahrung einer Mutterschaft machen sollte, sobald er einen passenden Partner für sie gefunden hatte. Die Suche nach dem perfekten Rüden liest sich beinahe wie die nach dem Heiligen Gral. (Schlussendlich nahm Queenie die Sache selbst in die Hand und tat sich mit einer Promenadenmischung aus der Nachbarschaft zusammen.) Ich kannte mal einen schon sehr betagten und würdevollen Pekinesen namens Wilfred, der es in seinen wilden jungen Jahren geschafft hatte, eine Pudeldame zu schwängern, indem er sich eines Zauntritts bediente.

Zu jener Zeit wurde das als bedauerlicher Vorfall betrachtet; heute dagegen könnte dabei ein hochpreisiges Designerstück herauskommen. Es hat mit Geld zu tun und mit den sich schnell wandelnden Moden, mit Fragen des Respekts, der Macht und der Kontrolle. Die Eigeninitiative des Hundes spielt dabei kaum eine Rolle. Die neuesten Moderassen sind Kreuzungen von herkömmlichen Rassen, denen man dann lustige Namen gegeben hat, wie etwa Puggle (Mops, auf Englisch *Pug* genannt x Beagle) oder Labradoodle (Labrador *x* Großpudel). Ich fand eine Website, auf der allein unter dem Buchstaben A 67 solcher Kreuzungen aufgeführt waren, 169 unter Buchstabe B; bei den restlichen 23 Buchstaben des Alphabets wollte ich dann nicht mehr nachschauen. Die Mehrzahl war mit Fotos illustriert, die bewiesen, dass diese Kreuzungen tatsächlich ausprobiert worden waren.

Man muss zugeben, dass manche aus solchen Kreuzungen hervorgegangenen Hunde tatsächlich niedlich sind (oder *kawaii*, wie die Japaner sagen, die die postmoderne Niedlichkeit praktisch erfunden haben). Es gibt Kreuzungen, die nicht haaren oder die für Allergiker geeignet sind, sodass es diesen Menschen endlich möglich wird, einen Hund zu halten. Beruhigend fand ich auch, dass jeder Besitzer, der ein Foto seines Kreuzungsprodukts geschickt hatte, sein Tier sehr liebevoll beschrieb. Außerdem enthielt die Website die

Warnung: »Einen Hund allein wegen seines Aussehens auszuwählen ist eine dumme Wahl.« Doch auch das lustige Kreuzen ist nicht besonders schlau. Der Australier Wally Conron, der 1988 den ersten Labradoodle züchtete, bereute später, diesen Tsunami der Kreuzungen ausgelöst zu haben, denn dadurch können erbliche Krankheiten wie Hüftdysplasie oder Atem- und Augenprobleme unabsichtlich in Hunde *hinein*gezüchtet werden, anstatt wie von den Rassestandards gefordert, *hinaus*gezüchtet zu werden. Das ist ein wichtiger Punkt, und wir müssen uns darüber klar werden, dass man Hundegene nicht einfach so wild durcheinandermischen kann wie Cocktailzutaten. Das ist noch relativ fern von frankensteinhaften Qualzuchten wie Kängurukatzen mit deformierten Vorderbeinen oder aber von dem Araberfohlen El Rey Magnum, das (in meinen Augen) wie eine katastrophale Kreuzung zwischen einem Arabischen Vollblut und einer Barbiepuppe aussieht. Ungeachtet dessen, ob das unnatürliche Profil die Atmung behindert oder nicht – auf jeden Fall hindert es die bedauernswerte Kreatur daran, wie ein Pferd auszusehen. Sein durch Züchtung erzielter Körperbau wird diesem Tier nicht ermöglichen, schneller zu galoppieren (sondern es eher daran hindern), er wird es auch nicht stärker machen und er fördert in keiner Weise sein Leben als Pferd; sein einziger Vorteil ist, dass er menschlicher Ästhetik entspricht. Der Züchter meinte, sein Züchtungserfolg sei ein Schritt in Richtung Perfektion.

Solche Zuchten sind an sich nichts Neues. Im Japan des 18. Jahrhunderts zählte die Tanzmaus zu den beliebtesten Haustieren. Diesen Mäusen war eine neurologische Störung angezüchtet worden, die sie dazu zwang, den Kopf unnatürlich zu bewegen und im Kreis zu laufen. Natürlich wurde weitergezüchtet, damit die Mäuse immer »schöner« tanzten, ohne sich darum zu kümmern, wie sehr die Tiere unter diesem inneren Zwang litten. Eine meiner Freundinnen ist stolze Besitzerin und williges Personal einer eleganten schwarzen Perserkatze namens Mrs Peel, deren Näschen so exquisit klein ist, dass sie immer wieder niesen muss, um ihre Atemwege zu befreien. Es gibt heute sogenannte Teacup-Chihuahuas, die anscheinend in eine Tasse passen, aber bereits 1875 mokierte sich ein französischer Journalist über die »terrier[s] microscopique[s]« (Richard Thomson, *Les Quat' Pattes*), denen er in den Straßen von Paris begegnete. Wir wollen *kawaii* (das niedliche Aussehen) und sorgen dafür, dass wir es bekommen, ohne uns wirklich um das Tierwohl zu kümmern sowie um die Frage, warum wir das unbedingt wollen. Irgendwie finde ich es tröstlich, dass sich Carl von Linné, der Vater der modernen wissenschaftlichen Taxonomie (Einordnung der Lebewesen in systematische Kategorien), bereits 1792 über den »Hund von Malta« beschwerte, den schon bei den alten Römern beliebten, tatsächlichen Archetyp des Schoßhündchens, weil diese Rasse auf Eichhörnchengröße hinuntergezüchtet worden war. Dennoch gibt es den Malteser immer noch. Es spricht für die menschliche Spezies, dass unsere Akzeptanzschwellen beträchtlich gestiegen sind, sodass »Grumpy Cat«, die an felinem Kleinwuchs litt – einer angeborenen und *nicht* angezüchteten Eigenschaft –, nicht als junges Kätzchen in einem Eimer ertränkt wurde, sondern ihren Aufstieg zu einem von der Öffentlichkeit geliebten Internetstar erleben durfte. Hoffen wir, dass nicht irgendwo irgendjemand gerade dabei ist, Doppelgänger von ihr zu züchten.

Andererseits muss auch erwähnt werden, dass ernsthafte Züchter Rassen erhalten haben, die ohne ihre Bemühungen für immer verschwunden wären. Der Irische Wolfshund etwa wurde in den 1880er-Jahren von Captain George Augustus Graham gerettet. Weil es zu diesem Zeitpunkt in Irland keine Wölfe mehr gab, drohten auch die großen Hunde auszusterben. In den Venen der heutigen Irischen

Wolfshunde fließt auch das Blut von Barsoi, Deutscher Dogge, Deer-
hound (Schottischer Hirschhund) und Mastiff sowie natürlich das des
Urahnen Wolf. Hier haben wir es abermals mit der Unterscheidung
zwischen dem allgemeinen Konzept in der Natur und dem individuellen, persönlich bekannten Tier zu tun: Der einzige Labradoodle,
den ich bisher kennenlernte, war ein fantastischer Hund. Er war treu,
gesellig, wild gelockt, schien ständig zu lächeln und übernahm in seiner Familie den bisher leeren Posten des Alphamännchens.

Dennoch bleibt die Frage: Warum? Warum soll ein grünlicher
Vogel gelb werden und ein gelber Vogel dann rot? Warum züchtet
jemand pinkfarbene Graupapageien? Ein perfekter Rotfaktoriger
Graupapagei kann heutzutage 150.000 US-Dollar einbringen. Tun
wir das einfach nur deshalb, weil wir es können? Sind wir etwa allesamt Besessene wie Isabella d'Este und wollen immer mehr haben,
mehr erreichen? Warum sind wir überhaupt ständig hinter dem Mo-
dischen und Exotischen her?

Falls wir uns wirklich ein bestmögliches Leben mit und *für* unsere Haustiere wünschen, sollte ihr Aussehen eigentlich nur eine unter-
geordnete Rolle spielen. Wenn wir das eine besondere Tier besitzen
wollen, sollte es uns doch eigentlich um die Qualität unserer Beziehung zu ihm, um unser Verständnis für dieses Tier und um die In-
tensität unserer Verbindung zu ihm gehen. Und das hat alles absolut
nichts mit Mode zu tun.

Viele der Kaffeehäuser im London des späten 17. Jahrhunderts
hatten Verbindungen zu den Niederlanden, und der damalige König
von England, Wilhelm III. von Oranien-Nassau, wurde in den Niederlanden geboren. Er und seine englische Gattin Mary begründe-
ten eine der ersten historisch belegten Haustiermoden, als sie 1689
ihre Möpse mit nach England brachten. Diese historischen Möpse
hatten nur entfernte Ähnlichkeit mit den glupschäugigen Dickerchen

unserer Tage. Die des Königspaars besaßen längere Schnauzen, einen terrierähnlichen Körperbau und auch längere Beine. Irgendwann kamen die niederländischen Möpse in England dann wieder aus der Mode, und zwar derart radikal, dass sich Hester Lynch Piozzi, eine Freundin von Samuel Johnson auf einer Italienreise 1785 wunderte, dass diese Rasse in Padua weiterhin beliebt war:

> Der kleine Mops oder Niederländische Mastiff, den unsere englischen Damen einst so liebten, … siedelte meiner Beobachtung nach von London nach Padua um, wo er weiterhin in Ehren gehalten wird, und in jeder Kutsche, die mir entgegenkommt, sitzt einer drin. Diese Hunderasse ist bei uns zu Hause mittlerweile nahezu ausradiert, und ich weiß nur von Lord Penryn, dass er sich solch einen Hund hält.

William Hogarth kümmerte sich nicht um Moden. Der englische Maler besaß viele Jahre lang Möpse und hinterließ der Nachwelt nicht nur naturgetreue Abbildungen des Erscheinungsbilds dieser Rasse um die Mitte des 18. Jahrhunderts, sondern auch eines der schönsten Haustierbesitzer-Porträts, das man sich nur wünschen kann, denn auf seinem Gemälde steht das Tier im Vordergrund und der Mensch im Hintergrund. Wir sehen Hogarth mit Hausmütze und -mantel sowie einer Beule an der Stirn, der uns aus einem fiktiven Porträtgemälde herausfordernd anschaut, und davor in genial vorgetäuschter Dreidimensionalität seinen Mops. Auf diesem Gemälde ist es der Besitzer, der zu einem Eigentumsobjekt reduziert wurde, das man kaufen oder verkaufen kann, während der Hund das augenscheinlich aktive, lebendige Wesen ist.

Hogarth meinte, dass er Möpse deshalb so gern habe, weil er selbst ebenfalls streitsüchtig und hartnäckig sei. Außerdem war er einer der Ersten, die eine Verbindung zwischen der Grausamkeit gegenüber Tieren und der Grausamkeit gegenüber Menschen erkannten; er stellte sie in seiner Kupferstichserie *Die vier Stufen der Grausamkeit* bildlich dar. »Ich bin ein professioneller Gegner von Verfolgung in all ihren Formen, sei sie gegen Mensch oder Tier gerichtet«, erklärte er. Das London des 18. Jahrhunderts war insgesamt eine Epoche derber Witze und eines Humors, der nicht einmal vor dem Allerwertesten der Königin haltmachte, und Hogarths allgemeine Respektlosigkeit entsprach der seiner Zeitgenossen. Deshalb ließ er sich bei der Wahl eines Namens für seinen unmodernen Mops auch nicht durch Anstandsregeln einschränken. Der Hund, den der Maler auf dem Doppelporträt so schön und würdevoll dargestellt hatte, besaß eine besondere Angewohnheit, die Hogarth durch den Namen, den er ihm gab, hervorhob. Er nannte seinen Hund »Trump«.

Das Wort *trump* besaß im Englischen des 18. Jahrhunderts mehrere Bedeutungen. Eine dem *Oxford English Dictionary* zufolge wohlbekannte Bedeutung war »schwindeln, betrügen«, eine andere »sich selbst loben, beweihräuchern«. Häufig aber diente das Wort auch als scherzhafte Bezeichnung für »Furz«.

Und damit kommen wir zur Namensgebung.

Sulley, du darfst ihm keinen
Namen geben! Sobald du ihm
einen Namen gegeben hast,
hängst du an ihm!

Mike Wazowski,
Monsters, Inc., 2001

KAPITEL VIER

NAMENSGEBUNG

Im Ersten Buch der Genesis steht geschrieben, dass Gott, nachdem er Himmel und Erde, die Sterne, die Sonne und den Mond geschaffen sowie die Erde mit Pflanzen begrünt hatte, das Meer mit Fischen und den Himmel mit Vögeln füllte, und sodann das Land mit »allen Arten von lebendigen Wesen«. Mann und Frau kamen im letzten Akt der Schöpfung hinzu, weil sie über diese noch namenlose Schar von Kreaturen herrschen sollten. Alle vier Flüsse von Eden hatten Namen, doch erst in der Mitte des zweiten Kapitels der Genesis führte Gott »alle Tiere des Feldes und alle Vögel des Himmels« dem Menschen zu, der selbst immer noch keinen Namen hatte, und: »Der Mensch gab Namen allem Vieh, den Vögeln des Himmels und allen Tieren des Feldes.« Adam erhält seinen Namen unmittelbar danach; trotz der wichtigen Rolle, die sie in der Schöpfung spielt, bleibt Eva bis nach dem Sündenfall einfach nur »die Frau«. Adam wird also zum ersten Haustierbesitzer der Geschichte, denn erstens lebt er mit den Tieren zusammen, zweitens gibt er ihnen Namen und drittens isst er sie nicht. Denn zunächst ist dies ein vegetarischer Garten Eden, in dem der Mensch von jedem Baum, außer von einem, essen darf. Die Vögel in der Luft, die Fische in den Meeren sowie die Lebewesen auf dem Land stehen nicht auf seiner Speisekarte. Der Mensch war da, um den Boden zu bearbeiten, und das war alles.

Am Strand eines anderen, späteren Garten Eden findet sich *Robinson Crusoe* (1719) wieder. Anstatt ihm einen Namen zu geben, erschießt er den ersten Vogel, der ihm vor die Flinte kommt. Dies ist ein Akt, der seit dem Sündenfall anscheinend typisch für unsere Beziehung mit der Natur ist. »Ich glaube, dies war das erste Gewehr, das seit der Erschaffung der Welt jemals hier abgeschossen wurde«, lässt Daniel Defoe seinen Helden sagen. Er stellt Crusoe einen Hund und zwei Katzen zur Seite, die ebenfalls von dem gekenterten Schiff kommen. Der Hund wird »für viele Jahre zu einem vertrauenswürdigen Diener«. »Ich hätte mir gewünscht, dass er mit mir reden könnte«, sagt Crusoe, »doch das war ihm nicht möglich.« Crusoe legt sich auch einen Papagei zu, gibt ihm einen Namen – den ziemlich einfallslosen Namen Poll – und bringt dem Vogel bei, sich auf seinen Finger zu setzen und seinen eigenen Namen nachzusprechen. Währenddessen beschäftigen sich die beiden Schiffskatzen ausschließlich damit, die Insel mit Kätzchen zu bevölkern, wie es eben seit jeher die Art der Katzen ist. Crusoes eigentliches Haustier auf der Insel ist natürlich Freitag, »ein Diener und vielleicht ein Gefährte«.

Seit Adams Zeiten dient die Namensgebung dazu, etwas als Eigentum zu markieren. Und derjenige, der den Namen gibt und damit eine Identität verleiht, begründet dadurch auch so etwas wie eine Grundbeziehung. Immer wieder haben schlaue Besitzer ihre Lebenspartner oder Kinder mit dem Neuerwerb einer Katze oder eines Hundes zu versöhnen versucht, indem sie ihnen das Privileg einräumten, dem neuen Familienmitglied einen Namen zu geben. Durch das Geben eines Namens begründet man einen Besitzanspruch.

Die Frage »Was bedeutet ein Name?« kann im Zusammenhang mit unserem Verhältnis zu Tieren dahingehend beantwortet werden, dass er sehr viel bedeutet: zum einen, weil er mit dem Besitzverhältnis und so auch mit Verantwortung zusammenhängt; zum anderen, weil die Namensart – einfallslos wie zum Beispiel »Lora« für einen Papagei oder aber im Gegenteil individuell – sehr viel über die Beziehung zum benannten Lebewesen aussagt. Und dann ist da noch diese ganze Angelegenheit der Namensgebung als solche. Warum tun wir das? Warum ist sie so wichtig?

Um der Sache auf den Grund zu gehen, können wir uns zuerst einmal jene Tiere anschauen, die wir in unseren menschlichen Raum hereingeholt haben, denen wir jedoch *keine* Namen geben. Donna Haraway bezeichnet dies zu Recht als »das Extrem, das die Unterseite des Normalen sichtbar macht«. Labortiere bleiben grundsätzlich namenlos. Dieses Phänomen wird teilweise damit erklärt, dass sich die Labortiere untereinander nach Möglichkeit nicht unterscheiden sollten. So lautet auch die offizielle Begründung. Allerdings fand die Soziologin Mary T. Phillips heraus, dass jede Ratte, die von Forschern mit nach Hause genommen wurde und damit die zwischen Labor- und Haustier bestehende Grenze überschritt, einen Namen erhielt. Außerdem sei es laut Phillips Forschern und Laboranten wichtig zu zeigen, dass ihnen die Tiere, mit denen sie arbeiten, am Herzen liegen, auch wenn sie ihnen keine Namen geben. Sie schreibt: »Zwischen der Namensgebung und dem Aufbau einer Beziehung zu einem Tier besteht eine direkte Verbindung.« Mike Glotzkowski von der Monster AG würde dem bedingungslos zustimmen. Und weiter schreibt Phillips: »Dies ist eine Konsequenz der … sozialen Konstruktion des Individuums und eine Konsequenz, die Forscher gern vermeiden würden.«

Walschützern geht es genauso. Als ich eines Sommers an einer Walbeobachtungstour teilnahm und plötzlich die Wale aus dem tintenschwarzen Wasser auftauchten, rief der Tourleiter: »Da ist Tear!

Da ist unser Freund Salt! Dort drüben ist Tornado!« Beim Benennen von Walen gibt es die Regel, dass der Name nur als reine Identifikationshilfe bei der Walbeobachtung dienen soll und keine menschlichen Assoziationen wecken darf, denn Wale sind wilde Geschöpfe und sollen es auch bleiben. In derselben Logik gibt Aisholpan, die 13-jährige Kasachin und menschliche Hauptfigur des Dokumentarfilms *The Eagle Huntress – Das Mädchen aus der Mongolei* ihrem Adler keinen Namen. Obgleich sie bereits am Tag der Gefangennahme des Adlers erklärt, ihn zu lieben, obgleich sie ihn täglich liebevoll füttert und mit ihm spricht, obgleich der Vogel bei ihr und ihrer Familie lebt, obgleich die Notwendigkeit besteht, dem Adler Befehle zu erteilen, gibt ihm niemand einen Namen. »Sichere deinen Adler«, warnt Aisholpans Vater seine Tochter, als sie zur Jagd gehen und der unerfahrene Vogel Panik bekommt, abrutscht und kopfüber flatternd an Aisholpans Hand hängt. Der Adler erhält deshalb keinen Namen, weil die Tradition verlangt, dass er nach sieben Jahren wieder freigelassen wird. Er ist nur so etwas wie eine Leihgabe und bleibt, ebenso wie die Wale vor Cape Cod, ein wildes Geschöpf. Unsere Namen für solche Tiere sollten nur Etiketten sein (auch wenn die Leute, die sich die Namen ausdenken, hoffen, dass uns die Wale durch diese Namen etwas mehr ans Herz wachsen und wir deshalb etwas großzügiger spenden). Denn es gibt da noch etwas, das in enger Beziehung zu Namen steht: Betroffenheit.

Wir Menschen geben leidenschaftlich gern Namen. Wir geben unserem Auto einen Namen, obwohl es niemals von allein kommen wird, wenn wir es rufen. Wir geben unserem Haus einen Namen, obwohl die Hausnummer als Identifikationsmerkmal völlig ausreichend ist. Manche von uns geben sogar ihrer Intimzone einen Namen. Gartenfreunde geben Pflanzen Namen (etwas, das nicht einmal Adam tat; die einzige Pflanze, die im Paradies einen Namen hatte, war der

Baum der Erkenntnis). Während ich an diesem Buch arbeitete, wühlte Sturmtief »Doris« das Meer vor den Docks auf. Dieses Benennen von Stürmen ist für uns Engländer neu, doch das Wetteramt erklärte, dass Menschen umsichtiger auf eine Sturmwarnung reagieren, wenn der Sturm einen Namen trägt. Es ist, als würde die Gefahr durch einen Namen fassbarer, realer werden.

Die Kehrseite der Medaille: Als die NASA 1961 den Schimpansen Ham als ersten Primaten ins Weltall schickte, gab sie der Öffentlichkeit nur seine Identifikation »Nummer 65« bekannt. Denn die Presseabteilung befürchtete, dass es dramatische Reaktionen geben würde, wenn ein Tier, das einen Namen und damit auch eine Biografie hatte, nicht mehr zur Erde zurückkehrte. Den Namen Ham erhielt »Nummer 65« übrigens erst nach glücklich verlaufener Landung. (Allerdings hatten seine Pfleger, die in ihm von Anfang an ein Individuum mit einer eigenen Biografie gesehen hatten, schon davor einen Namen für ihn gehabt. Sie nannten ihn Chop Chop Chang. Vier Jahre später machte der Londoner Zoo seine eigenen Erfahrungen zum Thema Namensgebung, als einer der Adler entflog. Das öffentliche Interesse an dem flüchtigen Greifvogel nahm derartige Dimensionen an, dass die Mitarbeiter des Zoos es als notwendig erachteten, ihm im Nachhinein einen Namen zu verpassen. Und so wurde er zu Goldie dem Adler.

Adler Goldie, Gorilla Guy, Nashorn Clara (das von 1741 bis 1758 durch Europa tourte) … Gerade in der Öffentlichkeit bekannten Tieren Namen zu geben ist wichtig, denn durch ihre Namen nehmen wir sie auf symbolische Weise mit nach Hause und machen sie uns zu eigen, sodass wir wiederum Anteil an ihrem Schicksal nehmen. Das ist auch der Grund, warum Sportmannschaften ein Maskottchen haben und warum ein blaues Fayence-Nilpferd zum offiziellen Symbol des berühmten New Yorker Metropolitan Museum of Art wurde und von Fans William genannt wird. Ein tragisches Beispiel für diesen Fall ist der Löwe Cecil, der im Rahmen einer Episode von Männlichkeitswahn 2015 in Simbabwe von dem Zahnarzt Walter Palmer erschossen wurde. Ohne einen Namen wäre dieser Löwe einfach nur ein weiteres Opfer touristischer Großwildjäger gewesen. Doch der Name, den er als Teilnehmer einer Studie der Universität von Oxford bekommen hatte, machte ihn zu einem Individuum, zu einem Symbol des Schutzes wildlebender Arten und zum Objekt internationaler Empörung, die für die Vielschichtigkeit unserer Beziehung zur Natur symptomatisch ist. Was ist ein Name? Sehr viel, denn einem Tier einen Namen zu geben, bedeutet uns genauso viel, wie für uns selbst einen Namen zu wählen.

Falls Sie also Ihren Alexandersittich Kevin genannt haben, wie es ein Besitzer tat, den ich auf der Londoner National Pet Show kennenlernte, wirft das ein anderes Licht auf ihre Beziehung zu ihm, als wenn Sie ihn einfach nur »Lora« rufen. Als Kind war ich Besitzerin von zwei Kaninchen. Das eine, das die blauen Pillen bekam, war ein Farbenzwerg. Weil diese Rasse aus den Niederlanden stammt, nannte ich das Kaninchen Van Dyke. Ich liebte es, auch wegen seiner sehr menschlich wirkenden Angewohnheit, mit warmer Milch herumzuplanschen, und weil ich von der winzigen rosafarbenen Sprosse fasziniert war, die stets nach Einnahme der Pille zwischen dem Flaum auf seinem Bauch hervorschaute. Zu dem anderen Kaninchen dagegen konnte ich keine richtige Beziehung aufbauen. Es war ein Albino mit pinkfarbenen Augen, die mir unheimlich vorkamen. Als Name für ihn fiel mir nur Bun, von *bunny* für »Kaninchen«, ein.

Diese gewissen Namen, die sich für bestimmte Haustierarten eingebürgert haben, sind gleichermaßen einfallslos wie beständig: Bunny ist (im englischsprachigen Raum) mindestens seit dem

17. Jahrhundert in Gebrauch. Jahrhundertelang nannte man in Gefangenschaft gehaltene Spatzen Philip. Dies ist sowohl in einem Gedicht aus dem 16. Jahrhundert von John Skelton der Fall, in dem ein kleines Mädchen den Tod seines Haustiers betrauert, als auch in Louisa May Alcotts Mädchenroman *Little Women* (1868), in dem ein Kanarienvogel Pip heißt. Ebenfalls überall dort, wo vor allem Englisch gesprochen wird, heißen Papageien Polly. Zugelaufene Katzen hießen im England des Mittelalters gewöhnlich Gib (Kurzform für Gilbert). Die Namen der Zeichentrickkater Felix und Sylvester sind vom wissenschaftlichen Namen der Wildkatze *Felis silvestris* abgeleitet. *Tomcat*, die englische Bezeichnung für einen Kater, könnte 1760 durch das Buch *The Life and Adventures of a Cat* geprägt worden sein, das möglicherweise von Henry Fielding geschrieben wurde. Kitty kam ebenfalls im 18. Jahrhundert auf, wenn auch etwas früher als Tom.

Doch solch ein »allgemeiner« Name passt überhaupt nicht zu der individuellen Beziehung zwischen einem ganz bestimmten Besitzer und einem ganz bestimmten Tier; deshalb muss nach einem einzigartigen, »richtigen« Namen gesucht werden.

Einer der frühesten bekannten »richtigen« Namen ist Abuwtiyuw, ein windhundartiger Tesem, der vor 2280 v. Chr. starb. Wir kennen diesen Namen, weil er auf dem Hunde-Grabstein stand, der im Grab eines Menschen entdeckt wurde, möglicherweise des Besitzers. Wir können davon ausgehen, dass Abuwtiyuw seinem Besitzer auf eine auch uns heute vertraute Weise wichtig war, denn die beiden wurden nicht nur zusammen bestattet: Auf dem Grabstein wird beschrieben, wie der Besitzer seinen Hund in edles, mit Weihrauch parfümiertes Leinen wickeln und in einen Sarg legen ließ. Einer Theorie zufolge war das *bu* im Hundenamen lautmalerisch und könnte für einen scharfen, aggressiven Belllaut stehen. Es könnte sich aber auch auf die für Tesem-Hunde typischen spitzen Ohren beziehen. Die Wahl eines Namens, der physische Eigenschaften beschreibt, hat Tradition, und viele unserer eigenen Nachnamen kamen auf diese Weise zustande: der deutsche Nachname Klein ebenso wie der russische Nachname Kozlov (vom Russischen für »bärtig« oder »Ziegenbock«, ein weiteres Beispiel dafür, dass wir über uns selbst in tierischen Begriffen nachdenken). Takenaka bedeutet auf Japanisch »einer, der im Bambus lebt«, und man könnte diese Liste mit unzähligen Namen wie »Groß«, »Kurz« und »Brown« fortsetzen.

Es wäre interessant, die Entwicklung jener Tiernamen nachzuverfolgen, die von besonderen Eigenheiten inspiriert sind; da wäre Anne Boleyns Purkoy mit seinem fragenden Gesichtsausdruck oder Königin Victorias Dash (englisch *to dash*: »flitzen, rennen, sausen«), aber es gibt auch subtiler gewählte Namen, die denen für Menschen ähnlicher sind. Dies könnte ein Indiz für die zunehmende Bedeutung sein, die Tiere in unserem Leben einnehmen – wenn ein solches Muster denn erkennbar wäre; bis heute aber konnte ich dafür noch keine Anhaltspunkte finden. Ich konnte bisher nur folgende Regel erkennen: Sobald man glaubt, eine Regel gefunden zu haben, taucht sogleich auch mindestens eine Ausnahme auf. Es gibt Namen, die ein bisschen wie unsere sind (Gib), solche, die genau wie unsere sind (Philip), und wiederum andere, die ganz anders als unsere sind, wie etwa Cruibne oder »Kleine Pfote«, die in der frühmittelalterlichen irischen Gesetzsammlung *Corpus iuris hibernici* als Hofkatze geführt wird und die eine Freundin namens Meone oder »Kleines Miau« hatte, die ihres Zeichens Küchenkatze war. Das zwischen 1406 und 1413 geschriebene Jagdhandbuch *The Master of Game* schlägt als Namen für Jagdhunde Nosewise (Naseweiß) vor, sowie Smylefeste, Clench, Holdfast und schließlich Nameless. Isabella d'Estes Lieblingshündchen hieß Aura und war entweder seiner Besitzerin so teuer wie Gold oder besaß ein goldgelbes Fell oder beides. In Shakespeares *Zwei Herren aus Verona* kommt ein Hund namens Crab (Krabbe) vor, der von seinem Besitzer Lance folgendermaßen beschrieben wird:

> Ich glaube, dass Crab, mein Hund, der unwirschste Hund auf Erden ist: Meine Mutter weint, mein Vater klagt, meine Schwester jammert, unser Dienstmädchen heult, unsere Katze ringt die Hände, und unser ganzer Haushalt ist in höchster Aufruhr; dennoch vergießt dieser hartherzige Köter keine einzige Träne.

Zaghaft könnten Sie nun einwenden, dass wir Tieren vermutlich auch Namen geben würden, die wir Menschen eher nicht geben – doch dann kann ich Christopher Smart und dessen Kater Jeoffrey als Gegenbeispiel nennen. Oder aber Krook, den Bösewicht in Charles Dickens' *Bleak House*, der seine bösartige, auf der Straße aufgelesene graue Katze Lady Jane nennt. Aus all dem wage ich nur folgenden Schluss zu ziehen: Die Namen, die im Laufe vergangener Jahrhunderte verwendet wurden, sind denen, die wir heute verwenden, sehr ähnlich. Deshalb können wir davon ausgehen, dass die Menschen in der Vergangenheit ihre Tiere auf ähnliche Weise sahen, wie wir das heute tun.

»Wenn man die Namen der Dinge nicht kennt«, schreibt Carl von Linné in seiner *Philosophia Botanica* (1751), »ist auch das Wissen über sie verloren.« Das stimmt so weit, doch ist ein Name für uns nicht nur ein praktisches Etikett. Wie bei Crab verleiht der Name Persönlichkeit und Identität. Wenn Emma Davenport in *Live Toys* ihr Shetlandpony beschreibt, ist, solange dem Tier noch kein Name gegeben wurde, von »es« die Rede. Doch sobald der Name Bluebeard feststeht, wird »es« zum »er«, was das Nacherzählen seiner Biografie auch um einiges erleichtert.

Der Akt der Namensgebung ist von Bedeutung, denn durch den Namen entsteht eine Beziehung, die durch diesen Namen auch für andere sichtbar wird. In ihrem Buch *Animals and Society* schreibt Margo DeMello: »Durch die Namensgebung wird ein Tier in unsere soziale Welt hereingeholt.« Einem Haustier einen Namen zu geben stellt einen Übergangsritus dar, in dessen Rahmen das Tier aus der äußeren Welt in unsere häusliche Sphäre hinüberwechselt. Die Namensgebung holt ein Tier in unseren menschlichen Raum, in dem wir auf unsere Weise agieren. Ohne einen Namen wäre diese Eingliederung praktisch unmöglich. Aus diesem Grund markiert auch im Film *Frühstück bei Tiffany* die Wiedervereinigung von Holly Golightly mit der Katze und der Umstand, dass sie der Katze einen Namen gibt, den Verzicht auf ihre Ungebundenheit. In der Romanvorlage läuft Holly in eine unbeschriebene Zukunft davon, die Katze bleibt unbenannt und muss sich ein neues Zuhause suchen.

Bei der National Pet Show erklärte mir einer der Aussteller, dass er all seinen kleinen Fellnasen einen Namen gegeben hatte, der das Wort *chew* (kauen) enthielt. Es gab Chew Guevara, Chew En Lai … Als ich ihn fragte, warum er es für wichtig halte, den Tieren Namen zu geben, antwortete er: »Weil es sie zu Personen macht.« Und das stimmt tatsächlich. Der »zur-Person-machende« Aspekt der Namensgebung ist so bedeutsam, dass in der Vorstellung einiger Völker Nord-Alaskas die Seele erst bei der Namensgebung in den Hund eindringen kann. Bei manchen Völkern der Amazonasregion hat dieselbe Tierart unterschiedliche Bezeichnungen, je nachdem, ob das betreffende Tier eine erlegte Jagdbeute ist oder aber ein gezähmter Wildfang, der einen Namen erhielt; durch den Namen sind sie zu einem ganz anderen Lebewesen geworden. Ähnlich erging es meinen beiden Katzen. Ob der erste Besitzer ihnen Namen gegeben hat, entzieht sich meiner Kenntnis, da diese vom Tierheim nicht in die Akte aufgenommen wurden. Ebenso wie alle anderen Tiere bekamen auch die beiden Kätzchen im Tierheim neue Namen und hießen dort Georgie und Ginie. Man hat fast den Eindruck, als sollte durch die neuen Namen die Vergangenheit ausgelöscht und der Beginn eines neuen behüteten und gesünderen Lebens markiert werden. Und dann kam ich und brachte meine eigene Geschichte, meine eigenen Assoziationen und Vorlieben mit, sowie die Ansicht, dass der Name Georgie überhaupt nicht zu der kleinen schwarzen Katze passte, und dass sich »Ginie« wie eine Abkürzung für »Gynäkologe« anhörte. Da dies nun meine Katzen waren, gebührte mir wohl auch das Privileg, ihnen Namen zu geben. Nachdem ich die Website des Tierheims über einen gewissen Zeitraum hinweg beobachtet hatte, wusste ich, dass die meisten frischgebackenen Besitzer es genauso halten: Sie nehmen ein Tier mit nach Hause und geben ihm einen neuen Namen. So wurden aus Georgie und Ginie die Namen Bird und Daisy, wobei Daisy ihren Namen von meiner Mutter erhielt, die sie nach meiner Großmutter benannte. Es handelt sich also um einen in unserer Familie gebräuchlichen, kurzen und schlichten Menschennamen, der gut zu Daisys Wesen zu passen schien und deshalb beibehalten wurde. Bird dagegen, die lauteste und gesprächigste Katze, die ich je erlebt habe, verdankt ihren Namen dem mehrsilbigen Zwitschern, das sie ständig von sich gibt.

In Brooklyn wohnende Freunde von mir nannten ihren Tierheimkater Mulligan, nach einer Figur aus dem Musical *Hamilton*, die sowohl elegant als auch pfiffig ist. Und dann gibt es natürlich noch die rassige Mrs Peel. Wir Menschen können ohne Namen kein Selbstgefühl entwickeln. Und weil unsere Haustiere für uns ebenso wichtig sind wie wir selbst, müssen wir auch ihnen Namen geben, die unser Empfinden für *ihr* Selbst bestätigen und bereichern.

Somit hätten wir uns mit einem der zwei großen Rätsel um die Namensgebung von Tieren befasst. Das erste besteht darin, dass es *wir* sind, die die Namen geben, und dadurch einerseits unsere Herrschaft über sie besiegeln, ihnen gleichzeitig aber auch eine von uns unabhängige Identität übertragen. Das andere Rätsel betrifft den Umstand, dass dieser von uns gewählte und für uns bedeutsame Name für das Tier selbst möglicherweise überhaupt keine Bedeutung hat.

Dies könnte Anlass zu tiefsinnigen sprachwissenschaftlichen Überlegungen geben. Namen sind für uns von derart elementarer Bedeutung, dass uns der Gedanke, dem Tier selbst könnten sie gar nichts bedeuten, entsetzt. Jane Loudon, deren Handbuch *Domestic Pets, Their Habits and Management* (Haustiere, ihre Gewohnheiten und ihre Pflege) 1851 erschien, hielt Kaninchen für minderbegabt, da diese, wie sie allen Ernstes schreibt, »anscheinend nicht einmal *ihre eigenen* Namen kennen« (Kursivierung von J. C. Harvey). Gut, die Namen unserer Tiere sind »ihre« Namen – jedoch nur für uns. Lord Byron nannte seinen Neufundländer Boatswain (Bootsmann), weil diese Rasse mit der Seefahrt in Verbindung gebracht wird; aus demselben Grund hieß Mr Rochesters Hund Pilot, doch keiner von beiden Hunden besaß eine wie auch immer geartete Vorstellung davon, was ein Pilot oder ein Bootsmann ist. Sir Walter Scotts Hund Maida war nach einer Schlacht in den Napoleonischen Kriegen benannt, was uns vielleicht komisch vorkommt, Maida dagegen in keiner Weise störte. (Noch seltsamer finde ich, dass mein Vater mit einem Hund namens Bapaume aufwuchs, der nach einer Schlacht im Ersten Weltkrieg benannt war, bei der mein Großvater einen beträchtlichen Teil seiner rechten Hand verloren hatte.) J. M. Barrie und seine Frau Mary Ansell hatten einen Neufundländerrüden namens Luath (möglicherweise Irisch für »früh« oder »rechtzeitig«), der Pate für die Figur des – allerdings weiblichen – Hundes Nana in Barries *Peter Pan* stand. Luath musste sich dann lange und geduldig von dem Schauspieler beobachten lassen, der auf der Bühne die fürsorgliche Hündin Nana spielte, obgleich der arme Hund, anders als alle anderen Beteiligten der Aufführung, keine Ahnung hatte, was die Aufgabe eines »Kindermädchens« sein sollte.

Es sei auch noch daran erinnert, dass die Namensgebung stets nur einseitig ist: Soweit uns bekannt, geben unsere Tiere uns keine Namen.

Dass der Name dem Tier selbst nichts bedeutet, hat auch Vorteile: Man kann ihn ohne Weiteres ändern und man kann ein und demselben Tier mehrere verschiedene Namen geben. Der Philosoph Jeremy Bentham, der einmal als der erste Schutzheilige des Tierschutzes bezeichnet wurde, besaß eine Katze, die nacheinander Sir John Langborn, Reverend John Langborn und schließlich Reverend Doctor John Langborn genannt wurde. Muff, der von Sir Roy Strong adoptierte Streuner, starb als Reverend Wenceslas Muff, und im Garten seines Besitzers wurde ein Weg ihm zu Ehren »Muff's Parade« genannt. Die Katze meines Lebenspartners heißt mal Millie, mal Millie Malou, mal Mills! (wenn sie auf etwas gekotzt hat), mal Schulter-Katze (nach ihrem Lieblingsplätzchen) und hat darüber hinaus noch eine ganze Reihe von Kosenamen, darunter Baby Girl. Es ist interessant, dieses Benennungsverhalten gegenüber unseren Tieren mit dem Verhalten zu vergleichen, das wir gegenüber den Menschen an den Tag legen, mit denen wir zusammenleben. Von einem Artgenossen einen anderen Namen zu bekommen könnte als aggressiver Akt gewertet werden, es sei denn, der Namensgeber ist ein Elternteil, das einem Kind einen Spitznamen gibt, oder aber eine liebende Person, die dem Objekt ihrer Liebe einen neuen Kosenamen verleiht. Im Laufe einer Beziehung können wir eine ganze Reihe verschiedener Kosenamen haben, und jede Änderung kann für eine kleine Veränderung in der Beziehung stehen. Wenn sich unsere Beziehungen zu Tieren entwickeln und vertiefen, passiert dasselbe.

»Es ist meine Angewohnheit, meine Schützlinge je nach ihren physischen oder moralischen Verdiensten und Verfehlungen, die ich an ihnen beobachte, mit Spitznamen und Kosenamen zu bedenken«, erklärt Alexandre Dumas in *Mes Bêtes*. Offenbar meinte er, der Einzige zu sein, der das tat. Aber weit gefehlt! Beginnen wir mal mit Rover.

Rover zählt im englischsprachigen Raum zu den beliebtesten Tiernamen und trat als solcher erstmals im 18. Jahrhundert auf. Er beschreibt einen hundegemäßen Lebensstil (*to rove* bedeutet »umherstreifen«), denn Hunde streifen umher und erleben Abenteuer. Der Name muss rasche Verbreitung gefunden haben, denn Jonathan Swift konnte ihn bereits 1725 satirisch als »Name für den Spaniel einer Dame« verwenden; also war er zu diesem Zeitpunkt schon so bekannt, dass die satirische Absicht griff. In ihrem Roman *Donovan* (1882) lässt die britische Autorin Edna Lyall eine Figur, die einen Namen für einen Hund finden soll, sagen: »Rover würde passen, aber es heißen schon so viele so.« Kinogänger konnten sich 1905 einen Film mit dem Titel *Rescued by Rover* anschauen, in dem ein Baby entführt und vom Hund der Familie, der natürlich Rover heißt, gerettet wird. Produzent dieses Films war Cecil Hepworth, der auch die Kulissen malte; die weibliche Hauptrolle spielte seine Gattin, die auch das Drehbuch geschrieben hatte; das Baby war das gemeinsame Kind des Paars; und ihr Hund, der in Wirklichkeit Blair hieß, spielte den vierbeinigen Retter. Der Film war so erfolgreich, dass Hepworth ihn zweimal drehen musste, weil sich das Zelluloid von den vielen Vorführungen abnutzte. In der Folge wurde »Rover« zu einem der gebräuchlichsten englischen Hundenamen. (»Blair« wäre wahrscheinlich nicht halb so erfolgreich geworden.)

Der englische Dichter Alexander Pope (1688–1744) besaß eine Deutsche Dogge namens Bounce. Als Kind erkrankte er an einer Form der Knochentuberkulose, die zu einer Rückgratverkrümmung führte. Und als ein sarkastischer Dichter eines sarkastischen Zeitalters wurde er von seinen Zeitgenossen häufig wegen seiner Behinderung (er wurde nur 1,38 Meter groß) verspottet. Es gab eine Zeit in seinem Leben, in der er das Haus nur mit einem Paar Pistolen und Bounce an seiner Seite verließ. Ich stelle mir gern vor, wie dieser kleine zerbrechliche Mann in Twickenham (im Südwesten Londons) entlang der Themse spazieren ging und dabei die Gesellschaft seines riesigen kraftvollen Hundes genoss. Pope muss außerdem diesen Namen sehr gemocht haben, denn mindestens drei Nachfolger des ersten Bounce trugen ihn ebenfalls.

Dr. Johnsons berühmter Kater, an den eine vor dem Dr. Johnson's Museum House in London aufgestellte Statue erinnert, hieß Hodge. In Dr. Johnsons berühmtem *Dictionary* ist der Spitzname »Godmann [oder ›good man‹] Hodge« aufgeführt und wird dort als »eine ländliche Form des Kompliments« erklärt. Dies legt den Schluss nahe, dass Kater Hodge ursprünglich vom Land stammte und dass sein Besitzer dessen Tugenden im Kopf hatte, als er diese Definition schrieb. Im selben Wörterbuch findet sich auch das Stichwort *hodge-podge*, das als »eine Mischung miteinander gekochter Zutaten« erklärt wird. Das könnte bedeuten, dass Hodge sehr unterschiedliche Vorfahren hatte und vielleicht auch mehrfarbig war. Dr. Johnsons Assistent und Biograf James Boswell beschrieb Hodges Äußeres nicht, denn er war kein Katzenfreund:

Leider bin ich einer jener Menschen, die eine Abneigung gegen Katzen hegen, sodass ich mich unwohl fühle, wenn gleichzeitig mit mir eine im Raum ist; und ich muss zugeben, dass ich häufig unter der Gegenwart von besagtem Hodge litt. Ich erinnere mich, wie er einmal mit offensichtlichem

Wohlbehagen bis zu Dr. Johnsons Brust hinaufkletterte und mein Freund ihm lächelnd, vor sich hin pfeifend den Rücken rieb und ihn am Schwanz zog und meinte: »Ja, Sir, ich hatte schon Katzen, die ich lieber mochte als diesen Kater hier«, und dann, als ob er gemerkt hätte, dass Hodge daran Anstoß nahm, hinzufügte: »Aber er ist ein sehr feiner Kater, wirklich, ein sehr feiner Kater.«

Dass wir dennoch wissen, wie Hodge aussah, verdanken wir dem Kirchenmann und Amateurpoeten Percival Stockdale, der einen Trauergesang für Hodge dichtete. In diesem findet sich der Vers:

Und vergaß nie, seinen Dank zu schnurren,
Wann immer sein schwarzes Fell gestreichelt ward.

Bei der Namensgebung von Tieren gilt mitunter aber auch das Gesetz des Gegenteils. Helen Macdonald erklärt, wie es in der Falknerei zur Anwendung kommt:

Unter Falknern gibt es den Aberglauben, dass sich das Potenzial eines Falken umgekehrt proportional zur Wildheit seines Namens verhält. Gibt man einem Falken einen [verniedlichenden] Namen wie zum Beispiel Tiddles, dann wird er ein fantastischer Jäger; gibt man ihm einen [aggressiv klingenden] Namen wie zum Beispiel Spitfire oder Slayer, wird er sich wahrscheinlich weigern, überhaupt aufzufliegen.

Ihr eigenes Habichtsweibchen, eine unermüdliche Jägerin, nannte sie Mabel, und gleich nachdem sie dem Vogel diesen Namen gegeben hatte, stellte sie sich selbst vor: Helen.

So sieht Gleichberechtigung in einer Beziehung aus. Und dies führt uns weiter zu der Geschichte von »The Earl«.

1853 waren Großbritannien, Frankreich, Russland und die Türkei in den Krimkrieg verwickelt. Unter den auf die Krim entsandten Truppen war ein junger Leutnant des Fifth Light Dragoon Guards namens Richard Temple Godman. Er war in eine wohlhabende Familie hineingeboren worden und wuchs in deren Landhaus Park Hatch in Surrey auf. Im Alter von 22 Jahren traf er 1854 in Varna ein und begann sofort, regelmäßig nach Hause zu schreiben.

Von Anfang an spricht aus diesen Briefen ein reges Interesse an der Natur und ihren Bewohnern. Godman beobachtete den gesamten Krieg hindurch Frösche, Echsen, Insekten, Pirole, Wiedehopfe, Adler, Störche und Habichte (Godmans jüngerer Bruder Frederick wurde später ein bekannter Ornithologe), Wildhunde, Hirsche und Wildschweine sowie möglicherweise Murmeltiere (»kleine Tiere zwischen Ratte und Hermelin«). Vor allem aber schrieb er über Pferde, auch über die eigenen drei, die er nach seiner Ankunft auf der Krim erst einmal nur als »der Cob« (eine Bezeichnung für ein kleineres kräftiges Pferd), »der Fuchs« und »der Braune« nannte. In einem seiner ersten Briefe an die Familie in Park Hatch beschreibt Godman, wie er die Pferde während eines Unwetters auf See beruhigte. Ihm war aufgefallen, dass die Pferde der mit den Briten verbündeten Franzosen »weder Rasse noch Feuer« zeigen. Während er den Verbündeten und wohl auch allen anderen Ausländern wenig Sympathie entgegenbrachte, achtete er sehr darauf, dass es seinen Pferden ebenso gut ging wie ihm selbst. Am 18. Juni 1854 schreibt er, dass er und sein Knecht Kilburn zum Frühstück Eier aßen und seine Pferde »Gerste und gehäckseltes Stroh« und dass sie »nicht mehr so fett sind wie bei unserer Abreise aus England«.

Godman vertraut darauf, dass seine Familie zu Hause dieselben Interessen und Anliegen hat wie er. Im August bittet er, ihm einen Packsattel für den Cob zu schicken, weil die auf der Krim erhältlichen dem rundlichen Pferd nicht passen. Zwischen Godmans Haltung seinen Pferden gegenüber und der Behandlung, die Pferde insgesamt im Krimkrieg erfuhren, klafft ein Abgrund. Nur wenige Monate oder sogar Wochen nach Ausbruch des Krimkriegs schwammen in der Bucht von Balaklawa Unmengen toter Pferde. Dieser Krieg verlief für die daran beteiligten Pferde derartig katastrophal, dass sich Anna Sewell in ihrem Roman *Black Beauty* noch 30 Jahre später darauf bezog. Im August 1854 berichtet Godman:

Neulich auf dem Marsch musste ich für meine Pferde Futter suchen, denn sie hatten seit 24 Stunden nichts mehr zu fressen bekommen ... Nach vielen Mühen fand ich Garben von Gerstenstängeln, und ich kaufte davon so viele, wie ich auf meinem Pferd transportieren konnte, und ich bin mir sicher, wenn meine Pferde mir hätten danken können, dann hätten sie es getan.

In den ersten sieben Monaten, die Godman auf der Krim verbrachte, fielen von den 19 Offizieren seines Regiments zehn, und Godman selbst erkrankte an Rheuma, Dysenterie und Migräne und bekam Frostbeulen. Dann, im Oktober 1854, erhielten plötzlich zwei seiner Pferde Namen: Der Fuchs wurde zu Chance und der Braune zu »The Earl«.

Chance erhält nur leichtere Aufgaben, zum Beispiel wenn ich irgendwohin reite ... The Earl kommt die Ehre zuteil, immer dann von mir geritten zu werden, wenn ich erwarte, dass es für mich Arbeit gibt.

Godmans »Arbeit« bestand in Kavallerieattacken, wie etwa der des 25. Oktobers 1854, nach der er in seinem Brief an die Familie zum ersten Mal sein Pferd beim Namen nennt:

> Ich ritt The Earl, ein ausgezeichnetes Pferd für derartige Aufgaben. Er ist so mutig, dass er überallhin laufen würde, und ich kann ihn dabei leicht mit einer Hand lenken. Er ist wesentlich schneller als die russischen Pferde …

Zweifellos deshalb, weil Godman für bessere Lebensbedingungen sorgt. Die russischen Pferde, die er hier meint, waren die von Generalleutnant Ivan Ivanovich Rhyzov, und die Attacke war diejenige der Schweren Brigade, ein militärischer Erfolg, der von der katastrophal verlaufenen Attacke der Leichten Brigade am selben Tag überschattet wurde. The Earl war nur eines der Tausenden im Krimkrieg eingesetzten Pferde, aber wohl eines der am besten versorgten, und an dem Tag, an dem das Überleben von ihm und seinem Besitzer davon abhing, dass sie sich gegenseitig schützten, bekam er einen Namen. Doch in den späteren Briefen und bis zur Rückkehr von Godman und seinen drei Pferden nach England im Juni 1856 ist The Earl wieder nur »der Braune«.

Dazu noch eine Bemerkung. Der Krimkrieg war der erste, der von den zeitgenössischen Medien dokumentiert wurde. Einmal schrieb Godman, sein Regiment hätte einen Besuch von dem »Fotografiemann« erhalten. Dieser Mann hieß Roger Fenton und unter seinen Aufnahmen vom Krimkrieg war auch eine von »Temple Godman of the 5th Dragoons« neben seinem Pferd The Earl mit seinem Knecht Kilburn zur Linken. Kilburns Bart ist so zottig wie das Bärenfell, das über dem Sattel des Pferdes hängt. The Earl hat den Kopf abgewandt, doch sein Fell glänzt, und er zeigt kräftige Muskeln. Temple Godman steht vor ihm und schaut in die Kamera.

Vor 1000 Jahren lebte der chinesische Gelehrte Chang Tuan. Er besaß fünf Katzen, darunter Weißer Phönix und Lass Vorsicht Fahren. Beides sind herrliche Katzennamen; sie sind deshalb so fantasievoll, weil es in China als respektlos gilt, einem Tier einen Menschennamen zu geben. Im Westen ist das anders. Als ich eines Abends gemütlich im Bett lag, mit friedlich schlafenden Katzen zu beiden Seiten, hörte ich mir eine Radiosendung an, in der Moderator Michael Rosen die Haustiernamen aus dem 18. Jahrhundert mit jenen Namen verglich, die wir unseren Tieren heute geben. Die Liste der Top-Ten-Hundenamen von 2016 lautete (in aufsteigender Reihenfolge): Jack, Daisy, Bob, Rex, Sam, Charlie, Alf, Poppy, Max und Ben. Die der Katzen war: Thomas, Sam oder Sammy, Felix, Smokey, Poppy, Jess oder Jessie, Molly, Charlie, Bella und – an der Spitze – Bob. Bei diesen 20 Namen sind 17 dabei, die wir Menschen auch selbst tragen oder unseren Kindern geben könnten. Der Eltern-Website Mumsnet von 2017 zufolge wächst der Trend, Kindern Namen zu geben, die man früher Haustieren gegeben hätte: Trixi, Bambi, Peaches, Blue … Jeder von uns kennt Beispiele, mit denen sich diese Liste fortsetzen ließe. Es ist fast so, als würden Tiere und Kinder die Plätze tauschen. »Paul!«, sagt der Katzenfreund Mayor West in der Trickfilmserie *Family Guy*. »Was für ein lächerlicher Name für eine Katze! Paul ist ein Name für einen Menschen!«

Einem Tier einen Menschennamen zu geben könnte etwas sehr Signifikantes über die Beziehung zwischen Besitzer und Tier aussagen. Möglicherweise ist es heutzutage gebräuchlicher, doch auch früher war es keine ganz unbekannte Gepflogenheit. Der 1560 verstorbene Dichter Joachim du Bellay nannte seine heiß geliebte »kleine graue Katze« Belaud. Die Silbe *laud* darin lässt an eine Laudatio, an eine Lobrede denken, doch gleichzeitig ähnelt der Name vom Klang her seinem eigenen. Als Belaud starb, war du Bellay am Boden zerstört. Christopher Smart liebte seinen Jeoffrey wohl ebenso innig und wurde von ihm dazu inspiriert, eines der meiner Ansicht nach schönsten Katzenporträts in Gedichtform zu schreiben. Es beginnt mit den Versen:

> *Als Erstes betrachtet er seine Vorderpfoten, um zu sehen,*
> *ob sie sauber sind.*
> *Als Zweites tritt er nach hinten aus, um hinter sich zu säubern.*
> *Als Drittes dehnt er sich mit vorgestreckten Vorderpfoten.*

Auch Dumas gab seinen zwei Lieblingshunden Menschennamen: Flora und Pritchard. In dem Film *Wendy and Lucy* (2008) teilen sich die beiden Hauptfiguren dasselbe Essen, schlafen zusammen in einem Auto, erleben ihre Abenteuer gemeinsam, sind dabei auf dieselbe Weise aufeinander angewiesen – doch eine der beiden läuft auf zwei Beinen und die andere auf vier. Wenn wir ein Tier auf eine halb-ernste, halb-scherzhafte Weise erhöhen wollen, geben wir ihm einen halb-ernsten Menschennamen. Ralph Waldo Emerson besaß einmal ein Kätzchen, das er Johann Wolfgang von Goethe Hippens nannte, und auch heute noch halten es Besitzer wie er: Als ich seinerzeit nach rothaarigen Haustieren fahndete, wurde mir das Foto eines kleinen roten Kätzchens zugesandt, das Frederick Gaylord II. hieß. Zweifellos um sich die Psychologie der Individualisierung zunutze zu machen, bot die Wisconsin Humane Society 2014 Professor PuddinPop, Colonel Snazzypants und Good King Snugglewumps zur Adoption an. Der Tierarztversicherer US Veterinary Pet Insurance Company schreibt alljährlich einen Wettbewerb aus, für den die verrücktesten Haustiernamen eingeschickt werden sollten. Dadurch wurden 2016 Namen wie McLoven the Stud Muffin und Scrappin Scruffy Macdoogles of the Highland Macdoogles bekannt. Unter den Katzennamen waren Princess Poopy Paws and Claws von Stauffenberg Sachs. All diese Namen machten sich über klangvolle Stammbäume sowie das Prestige von Adelsnamen und akademischen Titeln lustig (wie seinerzeit Sir Roy Strong mit seinem geliebten Reverend Wenceslas Muff). Gleichzeitig könnte man auch behaupten, dass solche Namen dem Haustier eine erhöhte soziale Bedeutung einbringen sollen, zumindest in der Vorstellung des Besitzers. Wenn man darüber nachdenkt, ist es ziemlich verwirrend. Gestehen wir unseren Haustieren tatsächlich dieselbe Bedeutung oder möglicherweise sogar eine höhere zu wie unseren Kindern?

Nein, wahrscheinlich nicht. Ein Aspekt der Namensgebung ist, dass sie auch etwas über den Namensgebenden aussagt. Wenn man seinem Kind einen exotisch klingenden, unorthodoxen Namen gibt, dem Hund dagegen den Namen, den auch der eigene Bruder trägt, dann bedeutet das vielleicht nur, dass man selbst als exotisch und unorthodox angesehen werden möchte. Und seinem Kind einen verrückten Namen und dem Haustier einen Menschennamen zu geben ist ein sicherer Weg, um dieses Ziel zu erreichen. Wenn man versuchen würde, das Menschen-Tier im Gegensatz zum Tiere-Tier in den Kategorien von Jorge Luis Borges zu beschreiben, könnten wir uns als das Tier bezeichnen, das Geschichten erzählt. Denn das tun wir ständig und bringen dabei Ereignisse mit anderen in Beziehung, versuchen in Zufälle Sinn hineinzuinterpretieren und ein Muster zustande zu bringen, das wir kontrollieren. Genau das habe ich am Anfang dieses Buchs getan: Ich habe es zu anderen Büchern in Beziehung gebracht. Und um all diese Geschöpfe in die Geschichte unseres Lebens hereinzuholen und Ordnung in das zu bringen, was jemand als »den vielgestaltigen und widersprüchlichen Stoff des Lebens« (Michiko Kakutani, *New York Times*, 1989) bezeichnete, müssen wir Namen für sie haben. Deshalb sind Namensgebung, Kommunikation und Beziehungsaufbau so eng miteinander verbunden.

Zwischen ihnen klaffte der tiefste Abgrund, der zwei Wesen voneinander zu trennen vermag. Sie konnte sprechen. Er nicht.

Virginia Woolf, *Flush* (1933)

KAPITEL FÜNF

KOMMUNIKATION

1736 brachte Bounce, die Hündin von Alexander Pope, einen Wurf Junge zur Welt. Eines davon schenkte der Dichter Frederick, dem Prinzen von Wales. Angeblich wurde der Welpe mit einem Halsband überbracht, auf das folgende Zeilen eingraviert waren:

Ich bin seiner Hoheit Hund in Kew.
Sag mir bitte: Wessen Hund bist du?

Ein Halsband zeigt an, dass es einen Besitzer gibt. Es sieht ganz so aus, als hätten Hunde früher weniger Zeit an der Leine und mehr auf eigenständigen Streifzügen verbracht, deshalb war das Halsband besonders wichtig. Ein Hund ohne Halsband konnte als Streuner angesehen, aufgegriffen und auf mehr oder weniger grausame Art vom Leben in den Tod befördert werden. Im Besitz der Winterthur Collection in Delaware befindet sich ein Hundehalsband aus Messing mit der Inschrift »Pray kind people let me jog/For I am Josiah Smith's good dog.« (»Liebe Leute, lasst mich laufen/denn ich bin Josiah Smiths guter Hund.«) Vermutlich ein in einfacheren Verhältnissen lebender Hund des späten 18. oder frühen 19. Jahrhunderts trug ein Halsband mit folgendem Hinweis: »Jere Stebbins Esq Dog W. Springfield/Who Dog Be You.« (Nancy Carlisle in Peter Benes (Hrsg.), *New England's Creatures*) Victor Hugo, der Autor von *Les Misérables* (*Die Elenden*, 1862) ließ in das Halsband seines Windhunds eingravieren: »Beruf: Hund. Herr: Hugo. Name: Sénat. Ich wünschte, jemand könnte mich nach Hause bringen.« (Graham Robb, *Victor Hugo*) Leider wurde das Halsband regelmäßig von Souvenirjägern gestohlen; den Hund ließen sie laufen.

Bei jedem dieser Beispiele liest sich die Inschrift auf dem Halsband (oder auf einer daran angebrachten Plakette) so, als würde das Tier sprechen, nicht sein menschlicher Besitzer. Ganz offensichtlich können wir der Versuchung nicht widerstehen, Tieren Worte in den Mund beziehungsweise ins Maul zu legen. Es ist, als hätte es das erste aufgezeichnete Gespräch zwischen einem Menschen und einem Tier, nämlich zwischen Eva und der Schlange, niemals gegeben. Im Paradies, so heißt es, konnten wir uns noch problemlos untereinander verständigen. Der Sündenfall des Menschen war es, der den Tieren die menschliche Sprache nahm (was eigentlich ziemlich unfair ist; der christlichen Überlieferung zufolge erhalten die Tiere sie nur einmal im Jahr zurück: in der Nacht, in der Christus geboren wurde, und in jeder Weihnachtsnacht seither). In der Mythologie der Chippewa gibt es eine ähnliche Geschichte. Sie erzählt, dass wir am Anfang alle Tiere waren, dass wir miteinander kommunizieren konnten und dass immer Sommer war. Als die Tiere die Fähigkeit zu sprechen verloren, zog der Winter in die Welt. Vielleicht sehen wir Haustierbesitzer uns selbst unbewusst als diejenigen, die den Tieren die Sprache zurückgeben könnten. Es ist jedenfalls ein schöner Gedanke.

Menschen, die sich wie Tiere verhalten, sind ein Horrorfilmmotiv, während wir Tiere, die sich wie Menschen zu verhalten versuchen, sehr lustig finden. Besonders gut gefällt uns der implizit subversive

Gedanke, Tiere würden Reden halten. Nicht auszudenken, was so ein Tier alles sagen könnte! Im London der Tudorzeit verbreitete ein Drucker namens William Baldwin eine erstaunlich surreal anmutende Komödie mit dem Titel *Beware the Cat* (Hütet euch vor der Katze), die erstmals 1570 veröffentlicht worden sein könnte. Darin geht es um einen namenlosen Icherzähler, der sich über die Katzen ärgert, die auf dem Dach über seinem Schlafzimmer herumkrakeelen. Er überlegt sich dann aber, dass »Katzen offenbar, ebenso wie alle anderen Tiere, über eine gewisse Vernunft und Sprache verfügen, sodass sie einander verstehen«, und kocht sich einen aus ziemlich widerlichen Zutaten bestehenden Zaubertrank, der es ihm ermöglicht zu verstehen, was der »große Kater« auf dem Dach sagt, »als spräche er Englisch«. Leider hört der Mann mit seinem übernatürlich geschärften Gehör nun auch buchstäblich jedes in London auftretende Geräusch. Und das Weinen der Babys, das Gejammer zahlloser Ehefrauen, das aus den Küchen dringende Geklapper und Geklirr, das Grölen betrunkener Nachtschwärmer und sogar das Fiepen der Mäuse in den Gemäuern treiben ihn beinahe in den Wahnsinn. Was man in den zeitgenössischen Komödien tolerierte, wurde im wirklichen Leben nicht geduldet: Als die Bauersfrau Elizabeth Francis aus Essex 1566 behauptete, die »seltsam hohle Stimme« ihrer gefleckten Katze zu verstehen, die sie leichtsinnigerweise auch noch »Satan« genannt hatte, wäre sie beinahe als erste Frau in England wegen Hexerei hingerichtet worden.

All dies kommt uns heutzutage ziemlich lächerlich vor, zumal wir uns den lieben langen Tag unbeschwert mit unseren Tieren unterhalten. Doch das Vorurteil, sprechende Tiere stünden mit schwarzer Magie in Verbindung, hat eine lange Tradition. Als im 18. Jahrhundert die ersten gedruckten Geschichten für Kinder in Gestalt moralisierender Fabeln erschienen, wurde stark kritisiert, dass sie Tieren die Fähigkeit zuschrieben, wie Menschen zu sprechen. Zeugnis davon legt dieser Dialog aus dem Buch *Fables in Monosyllables* ab (Fabeln aus kurzen Wörtern, 1783):

Dame: Können Ameisen sprechen?
Junge: Nein, Tante.
Dame: Können Fliegen sprechen?
Junge: Nein, Tante.
Dame: Warum geht es in diesem Buch dann darum,
was sie sagen?
Junge: Ich weiß es nicht, Tante.

Wir wissen es auch nicht. Was hätten solche Spaßbremsen wie diese Tante wohl zu Filmen wie *Antz, Das große Krabbeln* oder *Madagaskar* gesagt?

Achtete der historische Tierbesitzer also peinlich darauf, seinem Tier ja keine Worte in die Schnauze zu legen? Natürlich nicht. Antoinette Deshoulières, eine viel gerühmte Schönheit, launische Dichterin und Katzenliebhaberin am Hof von Ludwig XIV., erfand 1677 einen imaginären Briefwechsel zwischen ihrer Katze Grisette und deren Freund Tata, dem Kater der Marquise von Montglas. In seinen Briefen beklagt Tata, der im wirklichen Leben offenbar kastriert worden war, dass er Grisette jetzt nur noch auf dieselbe Weise lieben könne wie Abélard seine Héloïse. Im Gegenzug versichert ihm Grisette, sie werde

Dächer meiden, die unschicklich sind ...
Stolz bin ich darauf, eine dieser Damen-Katzen aus feinster
Zucht zu sein.

Doch leider kann Grisette nicht treu sein und sucht sich einen anderen Liebhaber. In *La Mort de Cochon* (1688) aus derselben Feder betrauert Grisette den Tod ihres verstorbenen Geliebten Cochon: »Nein, es genügt nicht, um das zu weinen, was ich liebe. Sein Tod erfordert meinen!« Zum Entsetzen der anderen Katzen, mit denen sich Grisette regelmäßig auf Pariser Dächern trifft, stellt sich heraus, dass Cochon ein Hund war. Diese literarische Mode hielt sich eine ganze Weile. Popes Freund und Kollege Jonathan Swift lässt 1726 einen (nach mittlerweile offensichtlich etablierter Tradition) Bounce genannten Hund einer bei Hofe lebenden Spanieldame namens Fop »heroische Episteln« schreiben:

Dir, süße Fop, diese Zeilen ich sende,
Da ich, obwohl kein Spaniel, dein Freund bin.
Da mein Schwanz in spielerischer Freude
Mal in die eine Richtung, mal in die andere wedelt,
Könnte er, so der Zufall es will,
Auch mal den Eurer Lady-Schoßhundschaft gestreift haben …

Und so weiter. 1784 dichtete Reverend Gilbert White einen Brief von Schildkröte Timothy an Miss Hecky Mulso, in dem sich Timothy für eine wochenlange Abwesenheit entschuldigt:

Im letzten Mai beschloss ich, aus meinem Gefängnis auszubrechen. Denn mir dünkte, dass vermutlich viele angenehme Schildkröten beider Geschlechter auf Hängen des Bakers' Hill oder aber in den weitläufigen benachbarten Wiesen wohnen könnten, die ich von der Terrasse aus zu betrachten pflegte. Eines sonnigen Morgens also wartete ich auf meine Chance …

Hester Lynch Piozzi beendete 1791 einen Brief mit den üblichen freundlichen Grüßen und dem Zusatz: »Die Zimmerhunde grüßen ergebenst.« Ein Jahrhundert später richtet Emily Dickinson einer kranken Freundin in ihrem Brief auch die Genesungswünsche ihres Neufundländers Carlo aus. Als ich an der Uni war, schickte mir meine Mutter Briefe, in denen sich meine Katze über die Dummheit der anderen Katzen und des Hundes mokierte. Diese Briefe waren so lustig, dass meine Kommilitonen sie sich gern laut vorlesen ließen. Wenn Dr. Dolittle, der in der Filmmusical-Version 1967 von Rex Harrison gespielt wurde, seufzt: »Ach, wenn ich doch zu Tieren sprechen könnte ...«, könnten ihm Tierbesitzer aus aller Welt zurufen: »Aber das kannst du doch! Und wir können es auch!«

Tatsache ist, dass 79 Prozent der Menschen einer Studie zufolge mit ihren Tieren sprechen, so skurril oder sinnlos das auch erscheinen mag. Sogar die Wissenschaftler unter uns tun es. »Ich rede viel mit meinen Katzen«, bekennt die Sozialanthropologin Kay Milton, fügt jedoch wissenschaftlich-distanziert hinzu: »Aber ich würde niemals annehmen, dass sie die Worte verstehen. Ich denke, dass ihr Verständnis ein rein Katzenhaftes ist.« Ich schätze, dass sich nur wenige Tierbesitzer rühmen können, so objektiv zu sein: Laut John Archer glauben 80 Prozent von uns (auch wenn ich eher vermute, dass es 99,99 Prozent sind), dass unsere Tiere auf diese Art der Kommunikation reagieren und unser Gerede nicht mit zufälligen Umgebungsgeräuschen gleichsetzen.

Einer Theorie zufolge sprechen wir, weil wir aufrecht auf zwei Beinen gehen. Dank der aufrechten Körperhaltung konnten sich Zunge, Kiefer und die Organe in der Kehle auf eine Weise entwickeln, die nicht nur die menschliche Sprache ermöglicht, sondern ihre Entstehung auch nachhaltig förderte. Somit gingen jene beiden Faktoren, die uns angeblich jeder anderen Spezies gegenüber überlegen machten, miteinander einher: die aufrechte Haltung, die vornehme Fortbewegungsweise von Göttern und Engeln einerseits (selbst

140

wenn wir Tiere als Gottheiten verehrt haben, haben wir uns Götter stets auf zwei Beinen stehend und gehend vorgestellt – das gilt zum Beispiel für Anubis ebenso wie für Ganesha oder Pan); andererseits die menschliche Sprache, die jahrhundertelang als unverzichtbare Begleiterin der Vernunft galt. Diese wurde wiederum als Beweis für die Existenz der Seele angesehen – das dritte Merkmal, das wir haben, welches den Tieren aber angeblich fehlt.

Seit es Fabeln und Geschichtenerzähler gibt, von Äsop bis George Orwell, von Hans Christian Andersen bis zu Dr. Seuss, wurden immer wieder Worte in die Schnäbel, Mäuler und Schnauzen von Tieren gelegt. Doch ist das nicht das Gleiche wie die Unterhaltungen, die wir Besitzer mit den Tieren haben, die unser Leben teilen, so einseitig diese dem Uneingeweihten auch erscheinen mögen.

Genau diese Einseitigkeit ist der Grund, warum wir die Angewohnheit beibehalten. Wir können uns beim besten Willen nicht vorstellen, dass etwas, das in unserem Leben eine derart zentrale Rolle spielt wie die Sprache, für die Tiere, mit denen wir unser Leben teilen, nicht existieren soll und dass es ihnen deshalb auch an Verständnis, Vernunft, Gefühlen und Gedanken fehlt. Der 636 n. Chr. verstorbene heilige Isidor von Sevilla war der Überzeugung, dass zumindest das Pferd »um einen Menschen weinen und Trauer empfinden kann«, während der heilige Albertus Magnus im 13. Jahrhundert noch weiter ging und glaubte, dass alle Tiere »Wissen, Gewohnheiten, Angst, Kühnheit … Begehren und Ähnliches … mit den Menschen« gemeinsam hätten. Anthony Ashley-Cooper, der 1713 verstorbene dritte Earl of Shaftesbury, meinte, Hunde hätten »Vorlieben, Leidenschaften, Begehren und Antipathien«. Der ein Jahrhundert später gestorbene Schriftsteller Samuel Jackson Pratt kam zu folgendem Schluss: »Falls Tiere keine Vernunft besitzen, haben sie dafür *etwas*, das die Aufgaben der Vernunft übernimmt.« Kein Geringerer als Friedrich

Engels glaubte, dass Pferden und Hunden nicht nur ihre Unfähigkeit zu sprechen bewusst wäre, sondern dass sie darüber auch sehr traurig wären. Im August 1842 schrieb er seiner Schwester Marie stolz, dass es ihm gelungen sei, seinem »verrückten« Spaniel Namenloser zumindest ein Wort der menschlichen Sprache beizubringen: »Wenn ich sage: ›Namenloser, da ist ein Adeliger!‹, wird er rasend vor Wut und knurrt die gezeigte Person gefährlich an.«

Auch Karl Marx besaß Hunde; als Marian Comyn ihn besuchte, waren es drei. In ihrem Buch *My Recollections of Karl Marx* (1922) berichtet sie, dass die drei Hunde nach unterschiedlichen Spirituosen benannt und Promenadenmischungen waren. Lenin wiederum war ein Katzenmensch, und wie allgemein bekannt sein sollte, ist es unmöglich, Katzen von einer politischen Richtung zu überzeugen, welcher Couleur sie auch sein mag.

Zusammenfassend lässt sich sagen: Wenn Sie glauben, Ihr Haustier verstehe Sie, so sind Sie in guter Gesellschaft. Sogar Namenloser, dem wie allen Hunden die Gabe der menschlichen Sprache fehlte, wurde zumindest von seinem Besitzer Engels die Gabe des Verstehens zuerkannt. Und Hodge waren von seinem Besitzer Dr. Johnson zwei Jahrhunderte zuvor Gefühle zuerkannt worden. 1781 schrieb Horace Walpole ein Erlebnis mit seinem neu hinzugekommenen Hund Tonton auf, den er von Madame du Deffand geerbt hatte. Tonton scheint sich den bereits bei der Familie lebenden Hunden gegenüber als hofartig und hochnäsig benommen zu haben, woraufhin ihn einer der anderen in die Pfote biss. Nachdem Walpoles Dienstmädchen Margaret vergeblich versucht hatte, Tonton zu trösten, rief sie (zu Walpoles Entzücken) betroffen: »Armes kleines Ding, er versteht meine Sprache nicht«, so als ob das Trennende zwischen ihnen nicht die Zugehörigkeit zu unterschiedlichen Arten, sondern zu unterschiedlichen Nationen gewesen wäre. Wir versuchen unseren

Beziehungen zu Tieren einen Sinn nach Menschenart zu geben. Deshalb glauben wir, dass etwas, was für uns wichtig ist, auch für sie wichtig sein müsste, und dass etwas, was für uns von derart fundamentaler Bedeutung ist wie die Sprache, etwas sein muss, was wir mit ihnen teilen können.

Besonders wenn wir mit Hunden zusammen sind, die so feinfühlig auf uns reagieren, fällt es uns schwer zu glauben, dass sie nicht verstehen, was wir ihnen mitteilen wollen. In dem Briefwechsel mit ihrem zukünftigen Ehemann Robert Browning beschreibt Elizabeth Barrett, wie sie glaubt, ihren Hund Flush mit Brownings Anwesenheit in ihrem Leben versöhnt zu haben: »Also erklärte ich ihm …, dass er sich für seine vergangenen Untaten ordentlich schämen und sich vornehmen sollte, dich in Zukunft zu lieben, anstatt dich zu beißen …« Der Schriftsteller Henry James gestand seinem Dackel Max nicht nur die Fähigkeit des Verstehens an sich, sondern auch die des Verstehens von Feinheiten der Etikette zu und lobte ihn als »der Beste & Vornehmste & Vernünftigste & Wohlerzogenste aller kleinen Tiere seiner Art«. Doch Henry James' Bruder William (1842–1910), der als »Vater der amerikanischen Psychologie« gefeiert wurde, konnte das nicht nachvollziehen. »So wundersam die Fähigkeit des Hundes, meine Stimmungen zu begreifen, auch sein mag, so vorbehaltlos seine Zuneigung und Treue auch sind, so ist sein geistiger Zustand für mich ein ebenso großes Rätsel, wie es das für meinen entferntesten Urahnen war.« (Mindestens) 80 Prozent heutiger Tierbesitzer würden darauf wohl antworten: Professor James, Sie haben es einfach nicht ernsthaft genug versucht.

Und trotz allem reden wir immer weiter auf sie ein. Auch Aisholpan in *The Eagle Huntress – Das Mädchen aus der Mongolei* tut es. Sie fragt ihren Adler: »Hast du Hunger? Tun dir die Füße weh? Ist dir zu warm?«, und nach ihrer ersten gemeinsamen Jagd: »Hattest du Angst, Liebling?« Natürlich war es Aisholpan selbst, die Hunger hatte, der die Füße schmerzten, die Angst hatte. Es geht wieder um Projektion. Fantasie kann die Dunkelheit mit Monstern erfüllen, kann uns aber auch (beinahe) telepathische Kräfte verleihen. Anders als Professor James kann ich mir nicht vorstellen, dass sich unsere Urahnen in dieser Beziehung allzu viele Gedanken machten. Sicherlich verwendeten sie jede ihnen bekannte Form der Kommunikation, um Beziehungen zu Tieren aufzubauen. Wir reden seit Jahrhunderten mit Tieren.

Diese Fähigkeit, sich das Bewusstsein eines anderen Wesens vorzustellen, tritt bei uns zu einem relativ frühen Zeitpunkt auf – Schätzungen (laut Leslie Irvine) zufolge im Alter von sieben bis neun Monaten, und wir wissen: Je früher wir etwas lernen, desto wichtiger ist es später für uns. Unsere Spezies stellt sich die geistige Welt anderer Lebewesen vor, seit es sie gibt, und kleine Kinder tun es, noch bevor sie selbst Wörter bilden können. Einem Tier Worte in den Mund zu legen bedeutet, wie es die Historikerin Tess Cosslett formulierte, »sich in es hineinzuversetzen«. Genau das tat Aisholpan, und indem sie es tat, verlieh sie ihrem Adler eine Persönlichkeit – und zwar ihre eigene.

Wir jagen nicht wie Aisholpan, und die Vorstellung, die wir uns von unseren Tieren machen, ist von neuesten wissenschaftlichen Erkenntnissen beeinflusst. Und doch sprechen wir ebenfalls mit unseren Tieren, auch wenn wir nicht wissen, ob sie uns verstehen oder nicht. Denn dieses Mit-ihnen-Sprechen ist Teil unseres Verständnisses von ihnen. Nur wenn sie eine Persönlichkeit und eine Biografie besitzen, können wir sie begreifen. Diese Erschaffung einer Persönlichkeit beginnt mit der Namensgebung. Wenn wir zu der Persönlichkeit sprechen, als wäre diese Persönlichkeit, die wir ihnen zugewiesen haben, tatsächlich ihre eigene, machen wir sie zu einem Teil der Geschichte, die wir über uns selbst erzählen, und hauchen ihr auf diese Weise Leben ein.

Wenn uns ein Nicht-Tierbesitzer dabei beobachtet, denkt er sicherlich, dass wir Selbstgespräche führen. Nun gilt das Führen von Selbstgesprächen als Zeichen von äußerster Einsamkeit, Bedrücktheit und Verwirrung oder gar als Symptom irgendeiner psychischen Krankheit. Das Sprechen mit einem Tier jedoch hebt die Stimmung. Das Erzählen eines kleinen persönlichen Triumphs oder aber einer Niederlage, das Schildern von Alltäglichem, ja sogar das Beschreiben von dem, was wir und unser Tier gerade tun, fühlt sich *gut* an. Das ist deshalb so, weil wir Tierbesitzer davon überzeugt sind, dass das Tier sowohl zuhört als auch versteht, dass es auf diese Weise Zugang zu unserer Erlebenswelt erhält und dass es, was am wichtigsten ist, Empathie für uns empfindet. »Jemanden haben, mit dem man sprechen kann«, steht auf der Liste der Gründe für die Haltung eines Haustiers immer noch ganz oben. Das Sprechen mit einem Tier wurde mit der klientenzentrierten Psychotherapie (oder auch Gesprächspsychotherapie nach Rogers) verglichen, die auf der wahrgenommenen Empathie und dem nicht-eingreifenden Verhalten des Zuhörenden basiert. Dieses »Sprechen« wurde auch schon mit dem Erleben des Betens verglichen, bei dem die Existenz eines verständnisvollen Zuhörers nicht wissenschaftlich bewiesen werden kann. Doch wer glaubt, dass dieser Zuhörer für ihn da ist, lässt sich auch durch wissenschaftliche Erkenntnisse nicht vom Beten abhalten.

Besonders Kinder sprechen regelmäßig mit ihrem Haustier. So lange wir klein sind, sind wir fest davon überzeugt, dass uns das Tier versteht, doch eigentlich ist das auch gar nicht so wichtig: Die Rolle des Tieres besteht einfach darin, jemand zu sein, zu dem wir sprechen können. Grace Greenwood beschrieb 1853, wie ein Haustier für ein Kind zur »Vertrauensperson« wird:

Einige Wochen lang hatte ein hübsches kleines italienisches Mädchen mit uns am Meer gewohnt. Es schloss mit einem zum Haus gehörenden, schwarz-weißen Kätzchen Freundschaft. Den lieben langen Tag trug es das Kätzchen mit sich herum und immer, wenn es glaubte, mit ihm allein zu sein, sprach es mit ihm, erzählte ihm alles und beschwor es, eine der erzählten Geschichten an niemanden weiterzuerzählen.

Ein Jahrhundert später tat die englische Schriftstellerin Jenny Diski bei ihren zahlreichen Besuchen im Londoner Zoo dasselbe mit Guy, dem Gorilla: »Ich stand jeden Tag vor seinem Käfig. Ich dachte, wir wären Freunde. Ich liebte ihn und erzählte ihm von mir.« Ein »Wau« oder »Miau« scheint dem sprechenden Menschen als gelegentlicher Beitrag der anderen Seite vollauf zu genügen (und achten Sie bitte darauf, wie wir diese »Worte« unserer Tiere in unsere Sprache aufgenommen haben). Wir geben uns mit jeder Art von Laut als Antwort zufrieden. Wir können alles hineininterpretieren, was wir brauchen. Ich finde es immer wieder faszinierend, was meine Katzen machen, wenn sie einander begegnen: Sie schnüffeln nur einmal kurz, Nase an Nase. Wenn sie aber auf meinen Schoß springen, geben sie dabei stets Laute von sich, oft ein Zirpen aus zwei Tönen, das ich als Begrüßung auffasse und das mich an mein eigenes zweisilbiges »Hallo!« erinnert.

Damit betreten wir die gefährlichen Sümpfe des Anthropomorphismus, der Neigung, Tiere zu vermenschlichen. Die tierverliebten Haustierbesitzer tun es seit jeher, die Wissenschaftler dagegen haben es lange Zeit verachtet ... doch die Zeiten ändern sich. Anthropomorphismus kann auch einen Weg darstellen, um unsere Haustiere zu erforschen und ihre Emotionen sowie Wahrnehmungen auszuloten. Der Autor und Umweltschützer Carl Safina bezeichnete diesen Weg sogar als »unsere erste und beste Annahme«.

Doch sollten wir bei der Anwendung dieser Methode realistisch bleiben. Meine Katze Bird, die mich mit einem freundlichen Quietschen willkommen heißt, mehrsilbige Zirplaute von sich gibt und sich ein jaulendes Jagdlied gedichtet hat, ist eine ungewöhnlich gesprächige Katze. Doch wenn ich diese Laute so interpretieren würde, als wären sie menschliche Sprache, würde ich sie für diejenigen Äußerungen halten, die ich von mir geben würde, wenn ich *sie* wäre. Oder wie es die Schriftstellerin und frühe Tierschützerin Ouida (alias Maria Louise Ramé, 1839–1908) ausdrückte: »Weil der Mensch nur über ein Konzept von Intelligenz verfügt, nämlich das seiner eigenen, kann er sich keine andere vorstellen, die von seiner verschieden ist und auf eine andere Weise zum Ausdruck gebracht wird.« Mich beeindruckt, dass Ouida, die von dem, was sie mit ihren über 40 Romanen verdiente, bis zu 30 Hunde auf einmal durchfütterte, aus diesem Ausspruch die Frauen heraushielt, indem sie als Satzsubjekt »Mensch« einsetzte. Anthropomorphismus verrät uns über den Umweg unserer Beziehungen zu Tieren viel über uns selbst und weniger über die Tiere.

Wenn man erst einmal angefangen hat, Tieren Worte in die Schnauze zu legen, fällt es einem leicht zu glauben, sie würden sie auch verstehen. Also bekommt der Hund, der Löcher in den Rasen gräbt, einen Tritt, denn er hat ja bewusst unserem deutlich ausgesprochenen Verbot zuwidergehandelt. Die Katze, die am Sofa kratzt, erhält einen Klaps; der Hamster, der in die Hand gebissen hat, wird in den Käfig zurückgeworfen. Ein Tier zu einem Familienmitglied zu erklären ist schön, doch es so zu behandeln, als wäre es ein Mensch, ist Unsinn; ihm Vorträge zu halten hilft überhaupt nicht.

Zu den harmloseren Ausprägungen von Anthropomorphismus zählt der Ratschlag von Jane Loudon, die ihren Lesern erklärt, dass »Hunde sehr zu Eifersucht neigen, und viele von ihnen lassen sich dazu überreden, so gut wie alles zu fressen, wenn man ihnen erzählt, dass die Katze es sich holt, wenn sie es liegen lassen«. Dazu zählt auch Elizabeth Barretts Gardinenpredigt an Flush oder unsere Angewohnheit, Haustiere an Weihnachten und anderen hohen Feiertagen zu verkleiden. Auf der anderen Seite stehen Grausamkeiten, die von Menschen begangen wurden, die Tieren menschliche Vernunft zuschrieben. In Europa wurden im Mittelalter Schweine, Stiere, Ratten und sogar Mehlkäfer wegen Verstößen gegen Menschengesetze vor Gericht gestellt. Leider können wir diese Untaten nicht als typisch für ein besonders finsteres Zeitalter abtun, denn noch im Jahr 1903 geschah etwas durchaus Vergleichbares: Die Elefantendame Topsy wurde im New Yorker Vergnügungspark vor geladenem Publikum öffentlich hingerichtet, weil sie auf menschliche Übergriffe wie ein Elefant reagiert hatte und nicht wie ein vernunftbegabter Elefanten-Mensch. Sind wir inzwischen weiter? Nein, nicht unbedingt. 2016 hackte ein Mann in Malaysia dem Nachbarhund mit einem Schwert beide Vorderbeine ab, weil das Tier seine auf der Straße liegen gelassenen Schuhe angeknabbert hatte. Es ist die berechnende Rachsucht, die mich schockiert: *Er hat an meinen Schuhen geknabbert, also schneide ich ihm die Beine ab.* Schon Elizabeth von Arnim schrieb: »Für einen geschundenen Esel, einen getretenen Hund, eine verprügelte Katze muss diese Welt wie eine Welt von Teufeln erscheinen … eine dünne, über das Entsetzliche geworfene Decke der Schönheit … Würde eine Ecke davon angehoben werden, käme etwas derart Schreckliches zum Vorschein, so viel Leid und Grausamkeit, dass niemand jemals wieder seinen Frieden finden könnte.«

Das größte Rätsel jedoch, der faszinierendste Aspekt des Problems unserer Kommunikation mit Tieren ist nicht, warum wir mit ihnen reden, sondern warum sie mit uns kommunizieren. Und unsere Aufgabe besteht darin, aus unserem Monolog ein Gespräch zu machen und die Tiere zu verstehen, wenn sie *antworten.*

Hugh Lofting, der geistige Vater von Dr. Dolittle, hatte die Idee zu dieser Tierarztgeschichte, als er im Ersten Weltkrieg im Schützengraben saß, weil er seinen Kindern etwas schreiben wollte, das nichts mit dem Grauen des Kriegs zu tun hatte, und weil er mit den Pferden und den anderen vom Krieg betroffenen Tieren mitlitt. Wenn die dienenden Tiere ebenso wie die dienenden Soldaten anständig versorgt werden sollten, musste auch mit ihnen eine Kommunikation möglich sein. »Man sollte ihnen dieselbe Versorgung angedeihen lassen wie den Menschen, für die sie arbeiten. Um eine Pferdemedizin zu entwickeln, sollte man die Sprache der Pferde kennen. Das war der Ursprung der Idee« – nämlich der, einen Tierarzt zu erfinden, »der mit Tieren sprach, und *mit dem die Tiere sprachen*«. (Gary D. Schmidt, *Hugh Lofting*) Dolittle hatte natürlich viel mit seinem Schöpfer Lofting gemeinsam, der offenbar ein unruhiger, immer ein bisschen Abstand wahrender Mann war. Er fühlte sich in der Gesellschaft von Tieren und Kindern wohler als unter Erwachsenen und ging mit seinen Kindern gern in dieselbe Tierhandlung, die er schon als Kind aufgesucht hatte; das gleicht einer Wallfahrt zu einem Ort, an dem er glücklich gewesen war. Aber wie konnte Lofting seinem fiktiven Avatar die Gabe schenken, die Sprache der Tiere zu verstehen? Indem er ihm die Papageiendame Polynesia als Dolmetscherin mitgab. Polynesia beherrscht beide Sprachen fließend. »Hör mir jetzt mal zu, Doktor, ich muss dir etwas erzählen«, sagt Polynesia zu Beginn des ersten Bands von Dr. Dolittles Abenteuern. »Hast du gewusst, dass Tiere sprechen können?«

Vögel, die menschliche Sprache nachahmen können, sind einfach faszinierend. »Die Beziehung, die der Papagei durch den Gebrauch der Sprache mit dem Menschen bildet, ist wesentlich intimer und erfreulicher als das, was der Affe zustande bringt«, formulierte steif William Bingley in *Bingley's Natural History* (1871) in der irrigen Annahme, die »Sprache« bedeute für Mensch und Vogel dasselbe. Ebenso falsch lagen die Maori von Neuseeland, welche die zwei einheimischen Vogelarten Kaka (oder Waldpapagei) und Tui verehrten, weil sie diese als Verbindung zur Welt der Geister ansahen. »Speke, Papagei«, ein weiteres Geschöpf des Dichters John Skelton, ist ein Halsbandsittich, der in dem 1521 entstandenen Gedicht gemeinsam mit »Damen« eine Universität besucht und sich rühmt, sieben Sprachen zu beherrschen, darunter Hebräisch und Niederländisch. Auch hier findet sich wieder ein subversives Element, denn auf diese Weise machte sich der Dichter über keinen Geringeren als Kardinal Wolsey lustig; hätte er es direkter getan, hätte ihn das buchstäblich die Sprache kosten können, denn im elisabethanischen England bestand die Strafe für üble Nachrede darin, dem Schuldigen die Zunge zu spalten. Aber sicherlich ist ein Grund für unsere Liebe zu Papageien, Krähen und Beos, dass sie alles tun und sagen dürfen. Ich erinnere mich immer noch gern an den Hellroten Ara, dem ich auf einem Spaziergang in Suffolk begegnet war. Ich war vor dem Haus seiner Besitzer stehen geblieben, um ihn zu bewundern, und er rief mir zu: »You bugger!« (»Du Mistkerl!«). Es fällt uns schwer zu begreifen, dass die listig und intelligent dreinblickenden Papageien, deren Schnabel so geformt ist, dass sie ständig zu grinsen scheinen, nicht doch ahnen, dass sie Regeln brechen, und sich diebisch darüber freuen. J. G. Wood bemerkte amüsiert, dass »Papageien ebenso wie Kinder die Neigung haben, die schlimmsten Dinge zu den unpassendsten Zeitpunkten zu sagen, und immer zu denjenigen Leuten, die darüber am stärksten gekränkt sind«. Und dann wäre da noch Alex, die Haupt-»Person« des berühmten Avian Learning Experiment, Dr. Irene Pepperbergs Experiment zur Untersuchung kognitiver Fähigkeiten von Vögeln.

Ebenso wie Dr. Dolittles Polynesia war auch Alex ein Graupapagei. Als einsames Kind und Besitzerin eines Vogels, mit dem sie »endlos lang und über alles und nichts« sprach, hatte Irene Pepperberg ebenfalls die Geschichte von Dr. Dolittle und seiner klugen Papageiendame geliebt. Nun sind zwar alle Papageien schlau, doch ein Graupapagei ist so ziemlich die Intelligenzbestie unter ihnen. Alex verfügte über einen Wortschatz von ungefähr 100 einzelnen Vokabeln, und ihm wurde bescheinigt, so intelligent wie ein fünfjähriges Kind zu sein. Ihn zeichnete besonders die Fähigkeit aus, die von diesen Vokabeln repräsentierten Konzepte einzusetzen, um seine Bedürfnisse und Stimmungen mitzuteilen – in einer Art und Weise, die so ziemlich der eines fünfjährigen Kindes entsprach. Alex gelang Außergewöhnliches, denn er konnte nicht nur Laute nachahmen, sondern sie auf eine Weise einsetzen, die einem Verständnis der menschlichen Sprache ziemlich nahekam.

Alex steht allerdings nicht ganz allein da. Die Schimpansendame Washoe, die 2007 im Alter von 42 Jahren starb, hatte über ein Zeichensprachenvokabular von 350 Zeichen verfügt. Die Gorilladame Koko, die 2018 im Alter von 46 Jahren starb, beherrschte nach einem lebenslangen Studium bei der Gorilla Foundation in Santa Cruz 1000 Zeichen, und es ist belegt, dass sie 2000 Wörter verstand. Kanzi, ein 38 Jahre alter Bonobo, wird am Sprachforschzentrum der Georgia State University gefördert und beherrscht derzeit etwa 200 Lexigramme. Das Studienobjekt der Columbia University, der Schimpanse Nim Chimpsky, ist der vierte in dieser Reihe, doch stand seine Beherrschung von Signalen (und nicht etwa von Sprache) hinter der seiner anderen berühmten Menschenaffenkollegen zurück. Allerdings wurde er von einer menschlichen Adoptivfamilie zur nächsten weitergereicht, darunter hätte auch die Entwicklung eines Menschenkinds gelitten. Ein lebendes, atmendes, empfindendes Geschöpf jeglicher Art zu einem Forschungsobjekt zu reduzieren ist etwas, über das ich mich ärgern kann. Gleichzeitig frage ich mich auch, ob diese Experimente denn im Grunde so anders sind als die endlos langen Sitzungen, bei denen junge Damen des 18. Jahrhunderts ihren Kanarienvögeln Nachtigallenlieder vorpfiffen. Was konnten diese Kanarienvögel mit den artfremden Klängen anfangen? Ob sie wohl in irgendeiner Weise verstanden, was sie da nachzwitscherten? Oder ging es ihnen wie manchen Opernsängern, die ihre Arien nur phonetisch lernen? Ist es überhaupt angemessen, einen 30-jährigen Papagei danach zu beurteilen, ob und wie er das Sprachniveau eines sechsjährigen Menschen erreicht hat oder auch nicht? Verglichen mit einem Menschengehirn hat das von Alex vielleicht wirklich nur die Größe einer Walnuss, vergleicht man es aber mit seiner Körpergröße, verschieben sich die Relationen. Dazu kommt, dass es eine Menge Dinge gibt, die ein Papagei beherrscht, ein fünfjähriges Menschenkind aber nicht (Fliegen ist nur eines davon). Macht es also überhaupt Sinn, tierische Intelligenz mit unserer zu vergleichen, oder ist das nur eine pseudowissenschaftliche Spielerei? Wenn wir Menschenaffen in Zeichensprache unterweisen oder aber einem Schwertwal beibringen, mit seinem Blasloch unterschiedliche Töne zu erzeugen, machen wir dann dadurch Fortschritte auf dem Gebiet der Kommunikation oder wandern wir nur in eine Sackgasse hinein? Sollen wir Tieren wirklich beibringen, mit uns zu kommunizieren, oder sollten wir unsere Energie und Fähigkeiten darauf konzentrieren herauszufinden, wie Kommunikation bei ihnen funktioniert?

Denn es ist schon erstaunlich: Nachdem wir uns buchstäblich seit *Jahrtausenden* intensiv mit Kommunikation beschäftigen, stellt die Sprache der Tiere für uns immer noch ein riesiges Geheimnis dar, und ihre Erforschung gilt auch heute noch als junge Wissenschaft: Zu den höchsten Hürden, die Irene Pepperberg überwinden musste (die dazu auch noch das Pech hatte, eine Frau zu sein und mit einem Papagei und nicht mit einem Menschenaffen arbeiten zu wollen), gehörte, dass ihre Forscherkollegen zunächst gar nicht verstanden, was sie vorhatte. Wir haben die sumerische Keilschrift und die ägyptischen Hieroglyphen entschlüsselt. Wir haben binäre Sprachen entwickelt und sie Maschinen beigebracht. Wenn wir dies alles schaffen konnten, warum haben wir uns dann die ganze Zeit über darauf konzentriert zu versuchen, Tieren die menschliche Sprache beizubringen, anstatt ihre Sprache zu lernen?

Hoch oben im All kreisen die 1977 gestarteten Raumsonden Voyager 1 und Voyager 2. Beide bergen in ihrem Inneren je einen »Voyager Golden Record«, eine goldbeschichtete Datenplatte mit Informationen über unseren Planeten. *Falls* diese Datenplatten jemals in den Besitz einer außerirdischen Kultur geraten und von deren Angehörigen abgespielt werden, würden diese Meeresrauschen hören können, Wind und Donner sowie die Gesänge von Buckelwalen. Angesichts all des Einfallsreichtums und technischen Know-hows, die diese Triumphe menschlicher Kreativität hervorbrachten, sagt die Tatsache, dass wir diese Gesänge ins All schickten, ohne die leiseste Ahnung zu haben, was sie bedeuten oder warum sie überhaupt gesungen werden, wohl am meisten über uns aus.

Wenn es um Tiere geht, neigen wir dazu, immer ein bisschen zu viel zu denken und zu interpretieren. Jan van Eycks *Arnolfini-Hochzeit* ist wohl eines der bekanntesten und beliebtesten Gemälde in der Londoner National Gallery. Doch warum der kleine Hund zwischen dem Mann und der Frau steht (die verheiratet oder auch nur verlobt sein könnten), ist immer noch ein Rätsel. Er wurde bereits als Symbol von Fleischeslust gedeutet, als Stellvertreter eines erwarteten Kindes, als Symbol ehelicher Liebe sowie als Wohlstandssymbol. Bei dem Mann könnte es sich um den seinerzeit in Brügge ansässigen italienischen Kaufmann Giovanni Arnolfini handeln oder um dessen Cousin. Die Frau könnte Gattin oder Verlobte sowohl des einen als auch des anderen gewesen sein. Als ich klein war, hielt man sie für schwanger, mittlerweile aber kam man von dieser Interpretation wieder ab. Sie könnte sogar ein Geist sein, nämlich Giovannis erste Frau, die ein Jahr vor der 1434 erfolgten Signierung und Datierung des Gemäldes starb. Aus diesen Gründen könnte der kleine Hund realer als die beiden menschlichen Figuren gewesen sein. Da es sich bei ihm möglicherweise um ein frühes Exemplar der als unerschrocken und selbstbewusst geltenden Rasse Griffon Bruxellois handelt, wäre es vielleicht am naheliegendsten, davon auszugehen, dass er einfach das ist, was er auf dem Bild zu sein scheint: ein Haustier.

Wenn es um die Sprache der Tiere geht, verhalten wir uns genauso. Ein Wimmern ist beispielsweise ein einfacher Laut mit einer klaren Aussage. Wenn meine Katze Daisy wimmert wie gerade eben, ist die Aussage für mich klar: Ich sitze in einem anderen Zimmer und arbeite, ihre Schwester schläft, ihr Schüsselchen ist leer und die Spielmäuse liegen faul herum, anstatt quer durch den Flur zu fliegen. Das Wimmern bedeutet, dass sie unzufrieden ist und irgendeine Form von Interaktion herbeiwünscht. Ihre Schwester Bird zeigt bei der Kommunikation wesentlich mehr Einsatz: Sie setzt ihren ganzen Körper ein, um mir zu sagen, dass sie etwas will: Sie zirpt, damit ich ihr folge, und wirft sich vor ihrem Lieblingsspielzeug (ein Federbüschel an einem Stöckchen, das sie zuvor geholt hat) auf den Teppich, um mir zu zeigen, dass sie spielen will. Manchmal rennt sie in den Flur und steckt die Pfoten unter den Teppich, so als ob das Federstöckchen dort bereits versteckt wäre. Ich weiß immer noch nicht, ob sie mir damit zeigt, was sie will, oder ob sie glaubt, dass sie nur die Pfoten unter den Teppich zu stecken braucht, damit sich das Spielzeug dort materialisiert; doch ihre Botschaft übermittelt sie so oder so. Ein Verhaltensforscher würde dies als »embodied communication« (Barbara Smuts) bezeichnen, also als in den Körper eingebettete Kommunikation. Tiere sind darin sehr gut. »Selbst der Mensch kann Liebe und Unterwerfung nicht so klar durch äußere Zeichen ausdrücken wie der Hund, der mit gesenkten Ohren, herabhängenden Lippen, gebogenem Körper und wedelndem Schwanz seinen Herrn begrüßt«, befand Charles Darwin 1872. Ähnlich erklärt es Papageiendame Polynesia dem lernwilligen Dr. Dolittle: »Tiere ... sprechen mit ihren Ohren, mit ihren Füßen, mit ihren Schwänzen – mit allem.«

Sogar die stumme Millie, die Katze meines Lebensgefährten, kann sich mitteilen. Wenn sie auf den Arm genommen werden möchte, stellt sie sich auf die Hinterbeine und stützt sich mit den Vorderpfoten an dem nächstbesten Menschenbein ab. Möchte sie gefüttert werden, kommt sie herbei und klettert auf einem herum. Wenn sie zufrieden ist, liegt sie rücklings auf dem Sofa und lächelt im Schlaf. Und wenn sie findet, dass sie zu lange alleingelassen wurde, pinkelt sie auf den Fußboden. Millie ist inzwischen eine schon ziemlich betagte Dame und nicht nur stumm, sondern auch stocktaub. Wir kennen ihre Vorgeschichte nicht, aber da sie schwarz ist und große Angst vor Besen hat, gibt es die Theorie, dass sie als Halloween-Requisite angeschafft und nach diesem Feiertag buchstäblich aus dem Haus gefegt wurde. Als man sie fand, hatte sie verwildert im Wald gelebt und dort wohl gelernt, dass es gefährlich war, Geräusche zu machen. Deshalb gewöhnte sie es sich ab, Laute von sich zu geben, und das behielt sie auch später so bei. Viele wild lebende Hunde und Katzen verfügen über ein weitaus geringeres Vokabular an Lauten als ihre bei uns aufgewachsenen Artgenossen. Daher könnte es sein, dass wir die zahlreichen Varianten der Lautsprache gemeinsam erlernten und uns dabei gegenseitig nachahmten; ein gutes Beispiel dafür scheint die Nachahmung meines »Hallo!« durch meine Katzen zu sein. Wenn es um die Kommunikation mit Tieren geht, sollten wir unseren eigenen Instinkten stärker vertrauen, denn diese sind tatsächlich unsere »beste erste Annahme«.

Das Seufzen von Bird in meinem Schoß drückt höchstwahrscheinlich reinstes Wohlbehagen aus, und so verstehe ich es auch. Wenn Daisy mit ihrem Kopf gegen meinen stößt oder auch gegen meine Hand (die beide Katzen als ein neben meiner Stimme gleichberechtigtes Kommunikationsorgan ansehen), verstehe ich dies als ein Zeichen der Zuneigung, das ebenso deutlich ist wie eine Umarmung durch einen meiner eigenen Artgenossen. Wenn sie mitten in der Nacht mit ihrem Federspielzeug im Maul auf mein Bett springt, ist mir sofort klar, worauf sie aus ist (was aber nicht unbedingt heißen muss, dass ich ihr diesen Wunsch auch erfülle). Deshalb wage ich es, Reverend Wood zu widersprechen, der allgemein über ein Haustier behauptet: »ES IST DUMM und besitzt keine Sprache, in der es seine Bedürfnisse mitteilen oder seine Schmerzen ausdrücken kann.« Auch Louis Wain, Besitzer von Peter dem Großen, war anderer Meinung als der immerhin als Pionier in der Geschichte der Haustierbesitzer geltende Reverend Wood: »Ich weigere mich, mich mit Kritikern aller Zeiten zu streiten und wiederhole furchtlos und in gemäßigtem Stil, dass Peter zu *mir* sprach.«

Durch diese Interaktion erreichen wir die Festigung unserer Beziehung. Die Anthropologin Barbara Smuts beschreibt diese kleinen, gemeinsam erschaffenen Brocken von Kommunikation als etwas, das Besitzer und Tier miteinander in Einklang bringen soll. Wir überprüfen laufend den Status, den wir beim anderen haben, um uns zu vergewissern, dass er unverändert und sicher ist. »Die Verbindung bleibt intakt.« Dabei verstärken wir das gegenseitige Vertrauen. Deshalb können wir zu Tieren sprechen, ohne über eine gemeinsame Sprache zu verfügen. Der Beweis für die Richtigkeit dieser Annahme ist, dass die Tiere uns antworten, und dieser Dialog spielt bei der Entwicklung der Tiefe unserer Beziehung zueinander eine große Rolle. Sprache ist ein Wunder, doch könnte man behaupten, dass sie für die Kommunikation zu kompliziert wäre. Sie wird kompromittiert, übersetzt und verfälscht, sobald wir nur den Mund aufmachen. In gewisser Weise brauchen Tiere die Unzulänglichkeiten der menschlichen Sprache, und wir brauchen ihre Unfähigkeit, unsere Sprache zu sprechen, damit wir mit ihnen gemeinsam eine andere, intuitivere, unmittelbarere und offenere Form der Kommunikation entwickeln können. Ein Teil von dem, was wir in einer Beziehung zu einem anderen Menschen suchen, ist jene »kinästhetische Empathie«, bei der wir uns auf ein- und derselben Ebene wiederfinden. So verstehen wir uns deshalb allein durch Beobachtung und stehen, ohne auch nur ein Wort zu äußern, miteinander in Verbindung. (Margo DeMelli, *Animals and Society*) Verrückterweise spielen all jene Instrumente mündlicher und schriftlicher Kommunikation, die uns in den Beziehungen, in denen unser Vertrauen am größten ist, zur Verfügung stehen, überhaupt keine Rolle.

Einem Hund folgen,
wo ich umherstreife,
Ein Vogel, der zwitschernd
mich willkommen heißt,
Eine zahme Gazelle oder
eine sanfte Taube,
Etwas, das ich lieben kann.
Oh, etwas, das ich lieben kann!

Thomas Haynes Bayly,
Songs and Ballads, 1844

KAPITEL SECHS

BEZIEHUNG

Vor ein paar Jahren nahm ich an einer Konferenz in Los Angeles teil. Weil ich zuvor noch nie in LA gewesen war, beschloss ich, an meinem ersten Vormittag die Stadt zu erkunden und dabei einfach nur der Nase nach zu gehen. Einen knappen Kilometer vom Hotel entfernt stieß meine Nase gegen einen Maschendrahtzaun. Dieser trennte mich von einer sechsspurigen, zehn Meter unterhalb von mir verlaufenden Stadtautobahn, die sich sowohl rechts wie links bis zum Horizont erstreckte. Dass der Verkehr darauf ein einziger Stau war, ein Teppich aus Autodächern zu meinen Füßen, änderte nichts an der Erkenntnis, dass meine Nase vielleicht nicht der beste Fremdenführer war.

Allerdings stellte der Zaun auch die Grenze einer schmalen öffentlichen Parkanlage dar, die unter der strahlenden kalifornischen Sonne eigentlich ganz einladend aussah, weshalb ich meine Schritte auf den Parkweg hinlenkte. Kaum hatte ich ihn erreicht, kam ein Furcht einflößender Mann in einem motorisierten Rollstuhl auf mich zugerollt.

Er bot wirklich einen schreckenerregenden Anblick. Um den Kopf hatte er sich einen kakifarbenen Lumpen gebunden, und sein

Haar bildete einen wie mit Motoröl eingeschmierten Klumpen auf seinem Kopf. Er trug etwas, das einmal eine Kampfuniform gewesen sein könnte, seine Augen waren hinter einer verspiegelten Wrap-around-Sonnenbrille verborgen. Die Hemdärmel waren herausgerissen, damit die muskelbepackten, sonnenverbrannten und großzügig tätowierten Arme in ihrer ganzen Pracht zur Geltung kamen. Sogar der Rollstuhl sah aus, als wäre er mit Steroiden vollgetankt; er hatte hohe, dicke Geländereifen und wurde über einen Joystick gelenkt, der mit einem silbernen Miniaturschädel verziert war. Doch trotz seiner abschreckenden Aufmachung war dieser Mann nicht allein, denn eine kleine Menschenmenge folgte ihm den Weg entlang. Der Grund dafür war ein ungefähr 30 Zentimeter großer, auf dem Silberschädel sitzender Buntfalke mit schwarz-weiß gestreiftem Kopf, rotbraunem Rücken mit schwarzen Querstreifen und grauen, schwarz getupften Flügeln. Im Gegensatz zu seinem Besitzer war dieser Vogel schön und anmutig. Erwachsene Männer betrachteten ihn neidisch, Kinder an den Händen ihrer Mütter machten große Augen. Ohne den Vogel aber hätte sich der kleine Menschenauflauf wohl kaum gebildet. In seinem Essay »Why Do People Love Their Pets?« (»Warum lieben Menschen ihre Haustiere?«) beschreibt der Psychologe John Archer, dass wir uns Menschen, die Schicksalsschläge erlitten haben, eher nähern, wenn diese ein Tier bei sich haben. Der Beleg für den Schicksalsschlag, der Rollstuhl, ängstigt uns, so als ob Unglück ansteckend wäre. Doch das Beisein eines Tieres bringt den Geschädigten seinen Mitmenschen in einer Weise näher, die selbst die Gegenwart eines menschlichen Pflegers nicht bewirken könnte. Wie anders solch ein Mensch seinen Mitmenschen auch vorkommen mag, durch das ihn begleitende Tier entsteht Gemeinsamkeit.

In diesem Fall verschwanden die sozialen Schranken, die diesen Mann umgaben (der Rollstuhl, sein Outfit, seine ganze Selbstinszenierung), augenblicklich, sobald die Leute den Buntfalken bemerkten, so als ob sie dann nur noch den Vogel sehen würden: dieses wilde Geschöpf, das plötzlich in ihrer Mitte aufgetaucht und dank des Mannes in ihrer unmittelbaren Nähe war. Ohne das Tier hätte wohl keiner der übrigen Parkbesucher freiwillig mit dem Mann im Rollstuhl interagiert; durch den Buntfalken war der Mann aber plötzlich interessant. Der Vogel machte die Aufmerksamkeit und Gesellschaft des Rollstuhlfahrers erstrebenswert und signalisierte außerdem, dass dieser ein ungewöhnlicher Mensch sein musste, wenn es ihm gelungen war, das Vertrauen und die Zuneigung dieses Wildtiers zu gewinnen. Daraus schlossen die Leute auch, dass es ungefährlich war, mit dem Rollstuhlfahrer zu interagieren. Die Anwesenheit des Falken verwandelte alles, was an dem Mann negativ erschien, in etwas Positives. Sie machte ihn zu jemandem, den Leslie Irvine als »offene Person, die man grüßen und mit der man sich unterhalten kann«, beschrieben hat.

Nun könnte man meinen, dass der Buntfalke durch die ihn umgebende und anstarrende Menschenmenge in Panik geriet, aber weit gefehlt. Er schüttelte ab und zu sein Gefieder durch und tänzelte gelegentlich ein wenig zur Entspannung auf dem Silberschädel herum, doch ansonsten blieb er ruhig und gelassen. Ebenso wie jeder andere Greifvogel ist auch ein Falke ein charismatisches Geschöpf, und dessen Vertrauen in seinen Besitzer ließ das Charisma auf diesen ausstrahlen. Der Vogel machte den Außenseiter zum Star.

Tiere verbinden uns. Sie überwinden alle jene Schranken, die wir rings um uns errichten, oder aber zwischen uns und jenen, die wir als anders wahrnehmen – nicht nur buchstäblich und real, sondern auch emotional. Überall befinden wir uns inmitten eines von Tieren angelegten unsichtbaren Netzes, wie auch in Italo Calvinos Geschichte »Der Garten der eigensinnigen Katzen«:

... eine Gegenstadt, eine negative Stadt aus Hohlräumen zwischen kaum voneinander entfernten Mauern ... zwischen der Rückseite des einen Gebäudes und der des nächsten ... inmitten eines Netzes ausgetrockneter Kanäle.

Oder wie auch in den miteinander verbundenen Hinterhöfen gegenüber von L. B. Jefferies' Wohnung in Hitchcocks Film *Das Fenster zum Hof* (1954).

Bei diesem Film dauert es meist eine Weile, bis dem Zuschauer die Tiere auffallen, und doch sind sie von Anfang an da: die Tauben auf dem Dach über der Wohnung von Miss Torso (wie Jefferies sie nennt), die auch vor seinem Fenster hin- und herfliegen; eine getigerte Katze, die eine Kellertreppe hinaufläuft; ein am Ende der Gasse an einen Laternenpfahl gebundener Hund; ein Kanarienvogel, der jeden Morgen in seinem Käfig auf den Fenstersims gestellt wird, damit er frische Luft hat; die rote Katze der Bildhauerin, die in der Abenddämmerung Futter und Streicheleinheiten erhält; ein grauer Pudel, der am Abend von seinem eleganten Frauchen in die Wohnung des Komponisten getragen wird, und natürlich der kleine Hund der Nachbarn, den der Bösewicht Lars Thorwald umbringt. (Man könnte den Film so interpretieren, dass Jefferies selbst das ungezähmte, nicht domestizierte Tier ist, das von seinem gebrochenen Bein im Zimmer gefangen gehalten wird; während seine mondäne Freundin Lisa das ultimative hochgezüchtete Wohnungshaustier darstellt, das im Laufe des Films lernt, in der feindlichen, gefährlichen Freiluftwelt zu überleben.) Der glückliche Ausgang des Films wird von einem neuen Welpen für die Nachbarn symbolisiert, der mit dem Flaschenzug in ihre Wohnung hochgezogen wird.

Hitchcock war ein Tierbesitzer und nannte im Laufe seines Lebens mindestens vier herumwuselnde Sealyham Terrier sein eigen.

Zwei davon waren am Cameoauftritt des Meisters in *Die Vögel* beteiligt, und alle erfuhren durch »menschliche Namen« eine Statuserhöhung. Es gab Mr Jenkins, Geoffrey, Stanley und Sarah. Bemerkenswert erscheint mir auch, dass der Mord an Thorwalds Frau im Film vollkommen unsichtbar vonstatten geht, während die Entdeckung des toten Hundes ein öffentlicher Akt ist, an dem sämtliche Anrainer der Hinterhöfe, die bis zu diesem Zeitpunkt alle für sich lebten, Anteil nehmen. Die Besitzerin des Hundes schreit: »Ihr scheint die Bedeutung des Wortes Nachbarn nicht zu kennen. Nachbarn mögen einander, sprechen miteinander, kümmern sich darum, ob einer lebt oder stirbt, aber keiner von euch tut das!« Und damit hat sie recht. Die Bewohner von Jefferies' Hinterhof haben keinerlei Verbindung zueinander. Wir sind in die Städte gezogen und damit weg von den Verwandtschaftsgruppen und sozialen Netzwerken der dörflichen Gemeinschaften, ohne aber den Kontakt zu Tieren zu verlieren. Ab dem Zeitpunkt, an dem wir begannen, die Städte zu erschaffen, holten wir auch Tiere in die Städte, weil wir ohne diese gar nicht leben können: Hühner, Kaninchen und Schweine wegen der Eier und des Fleischs, Kühe wegen der Milch, Singvögel als Unterhaltung im Wohnzimmer, einen Hund als Wächter neben der Tür und die Katze in der Küche. Vor allem aber gab es in den Städten bis ins 19. Jahrhundert hinein Pferde. 1581 sichtete Thomas Wroth auf der zehn Meilen langen Strecke zwischen den Londoner Boroughs Shoreditch und Enfield 2100 Pferde und damit ein Pferd alle 80 Yards (73 Meter). Das ist praktisch dieselbe Dichte wie die unserer heutigen Autos. Selbst als die Städte im 19. Jahrhundert wuchsen, lebten in ihnen immer noch beträchtliche Tierpopulationen: In San Francisco gab es zum Beispiel 6000 Kühe, in New Orleans kam auf 43 Einwohner eine Kuh und in New Jersey gab es mehr Pferde als im wesentlich ländlicheren Wyoming. Noch in den 1920er-Jahren war Chicago die

Heimat von 55.000 Schweinen. Dazu kamen noch die in Hinterhöfen und Gärten gehaltenen Kaninchen, Hühner, Enten und Gänse, die wild lebenden Mäuse, Ratten, Tauben sowie die Hunde und Katzen. Schätzungen zufolge gab es 1912 in New York ebenso viele Katzen wie Wähler. Die einzigen Tiere, zu denen wir durch den Umzug in die Städte den Kontakt verloren hatten, waren unsere Artgenossen.

Wenn ich durch das Küchenfenster meines Lebensgefährten in die Gärten des Wohnviertels Park Slope in Brooklyn hinunterschaue, fällt mir auf, dass nur Vögel und andere Tiere die Zäune zwischen den einzelnen Gärten überwinden. Wenn sich die menschlichen Hausbewohner gelegentlich mal in ihren kleinen Gärten zeigen, tun sie stets so, als gäbe es die benachbarten Grundstücke und deren Bewohner gar nicht. Alles, was ich in London von meinen Wohnungsnachbarn mitbekomme, sind gedämpfte Geräusche, die gelegentlich durch die Wände zu hören sind. Man könnte unsere Abschottung gegen die Menschen um uns herum und unser Verhalten, so zu tun, als ob sie nicht existieren würden, als den Preis dafür ansehen, dass die für das Überleben in Städten notwendige stumme Kooperation klappt; dennoch haben wir das Bedürfnis, uns mit irgendetwas verbunden zu fühlen. Das ist für uns ebenso lebenswichtig wie Luft und Wasser. All jene Tiere, die Gott für Adam schuf (Genesis 2, 19), waren die Lösung des in Vers 18 angesprochenen Problems: »Es ist nicht gut, dass der Mensch allein bleibt.« Nein, das ist wirklich nicht gut. Einsamkeit ist eines der schlimmsten und schwächendsten Leiden, die wir überhaupt zu ertragen vermögen. Unser Bedürfnis, der Einsamkeit zu entfliehen, und die Mühen, die wir dafür auf uns nehmen, sagen viel über uns aus. Man könnte behaupten, dass die sozialen Netzwerke – Facebook, Instagram, Twitter und wie sie alle heißen – nur entstanden sind, um einen synthetischen Ersatz für die früher existierende Dorfgemeinschaft zu bieten. Natürlich ist das Internet auch voller Katzen, denn mit Katzen, Hunden, Vögeln und all den anderen Haustierarten fühlten wir uns schon vor der Erfindung des Internets verbunden. »Wären alle Tiere fort, so würde der Mensch an großer Einsamkeit des Geistes sterben« (Übers. www.humanistische-aktion. de/seattle.htm), soll Häuptling Seattle vom Volk der Dawlish 1885 in seiner berühmten Rede gesagt haben.

Unser Bedürfnis nach Verbundenheit oder, wie Jessica Pierce es nennt, die starke Neigung dazu, »zu pflegen, zu lieben, eine Beziehung aufzubauen«, ist grenzenlos. Zu dieser Erkenntnis war auch schon der Balladendichter Thomas Haynes Bayly gelangt, der im zweiten Vers seines Gedichts »Something to Love« sinngemäß schreibt: »Wer von niemandem geliebt wird, lebt ein trauriges Leben.« Im Paris der zweiten Hälfte des 19. Jahrhunderts, in dem die Menschen mittlerweile in Häusern mit vielen Stockwerken lebten, ohne auch nur visuellen Kontakt zu ihren Nachbarn zu haben, wurde diese Isolierung der Menschen voneinander als eine neue Form des sozialen Elends angesehen. Es gab sogar Stimmen, die meinten, diese unnatürliche Form des Wohnens könnte zu spontanen Ausbrüchen von Tollwut führen, »weil sich die Wildnis auf diese Weise bitter rächt« (Kathleen Kete, *The Beast in the Boudoir*). Eine Spiegelung dieser Zusammenhänge waren die Flaneure, die allein lebenden Männer und die einsam herumstreifenden Hunde, die auf so vielen Gemälden dieser Zeit zu sehen sind und beinahe austauschbar erscheinen. Der Dichter und Dramatiker Jean Richepin, ein Chronist des Pariser Lebens der 1880er- und 1890er-Jahre, bezeichnete Letztere sogar als *boulevardiers*. Die heimatlosen Städter und ihre Tiere wirkten offenbar ähnlich austauschbar: Grace Greenwood beschreibt sie als »elend und ausgehungert«. Sie seien wild, unberechenbar und bedrohlich.

Es ist sicherlich kein Zufall, dass gerade in dieser Zeit die Pariser Haushunde, zumindest diejenigen im Besitz der Bourgeoisie, durch die Einführung der Hundesteuer 1856 so etwas wie einen Bürgerstatus erhielten. Der Grafiker und Karikaturist Honoré Daumier schuf in Reaktion auf diese Neuerung eine Lithografie, auf der eine hochnäsige Pariser Madame im Beisein ihres wohlwollend dreinblickenden Gatten einen Spaniel auf ihrem Schoß festhält, damit dieser von einem ausgehungert aussehenden Maler porträtiert werden konnte. »Jetzt, wo er ein Familienmitglied ist«, sagt die Madame, »muss er auch ein eigenes Porträt bekommen.« (James Rubin, *Impressionist Cats & Dogs*) Die Menschen auf diesem Bild sind gnadenlos in ihrem sozialen Dünkel karikiert, während der kleine Hund einfach nur aufmerksam und im Unterschied zu ihnen realistisch gezeichnet wirkt. Doch lässt der Künstler die Madame durch ihre Liebe zu ihrem Hund etwas humaner erscheinen. Unser Bedürfnis nach einem Gefühl von Verbundenheit hat sich seit den Zeiten von Bayly und Daumier kein bisschen verändert.

Ein Tier nimmt drinnen und draußen, Beletage und Souterrain als eins wahr und übersieht auch gern die Grenzen zwischen unseren Haushalten. Katzen sind oft sehr geschickt darin, mehrere Familien glauben zu lassen, dass sie *ihr* Haustier sind; ein solch schlaues Tier ist der Held, Kater Sid, von Inga Moores reizendem Bilderbuch *Six-Dinner Sid*.

In dem Trickfilm *Pets* (2016) stehen die Haustiere einer vielstöckigen Wohnanlage in regelmäßigem Kontakt, während die Besitzer einander gar nicht kennen.

Wir verstärken diesen Isolationszustand mit allen uns zur Verfügung stehenden Mitteln. Wir verschließen unseren Artgenossen die Wohnungstür, sägen in dieselbe aber Löcher für die Katzenklappe hinein oder führen andere Maßnahmen durch, die unseren Tieren, insbesondere unseren Katzen, ermöglichen, ganz nach Belieben zu kommen und zu gehen. Sogar in der Kathedrale von Exeter gibt es eine Katzenklappe; sie ist unter der berühmten, aus dem frühen 17. Jahrhundert stammenden astrologischen Uhr angebracht. Der seinen Zeitgenossen als Katzenfreund bekannte Maler J. M. W. Turner funktionierte sogar eines seiner eigenen Gemälde (*Fishing Upon the Blythe-Sand*, 1809) als Klappe für das Loch im Fenster seines Hauses im Londoner Stadtteil Marylebone um, durch das ein halbes Dutzend Manx-Katzen ein- und ausging. Diese Katzen gehörten allerdings gar nicht ihm selbst, sondern seiner Haushälterin und zeitweise Geliebten Hannah Danby; möglicherweise war es auch Ms Danby gewesen, die das Gemälde zweckentfremdete, und gar nicht Mr Turner selbst. Erstaunlicherweise überstand das Gemälde diese Umwidmung und kann heute im Londoner Kunstmuseum Tate Britain bewundert werden.

Noch größeres Verständnis für die Freiheitsgelüste seiner Katzen bewies John Harrison, ein im 17. Jahrhundert in Leeds ansässiger Geschäftsmann und Philanthrop. Bald nach seiner Heirat 1603 ließ er ein großes Wohnhaus mit Innenhof und Blumen- sowie Obstgarten errichten, in dem »Löcher oder Passagen in Türen und Decken eingefügt wurden, damit die Katzen freien Durchgang hatten«, wie es der ebenfalls in Leeds lebende Antiquar Ralph Thoresby beschreibt. In dem preisgekrönten Dokumentarfilm *Kedi* (2016) über die Straßenkatzen von Istanbul wird die große Stadt als eine XXL-Ausgabe von John Harrisons Haus dargestellt: Die Istanbuler stellen den Katzen Wasser und Futter hin, schaffen für sie Löcher sowie Tunnel und sorgen auch dafür, dass Durchgänge nicht zugestellt werden. Man könnte meinen, das unablässige Streifen der Katzen durch unsere Häuser und unser Leben könnte einer der Gründe dafür sein, dass sie uns so faszinieren. Während ich dies schreibe, fällt mir mal wieder auf, dass kein Hund zu meinen Füßen liegt, und ich muss an Emily Brontë denken, die in einem Aufsatz 1842 schrieb: »Einem Vergleich mit dem Hund halten wir nicht stand, denn er ist unendlich gut. Die Katze dagegen … ähnelt uns hinsichtlich ihrer Veranlagung sehr.«

Früher, als es noch eine wesentlich stärkere Hierarchie der Wohnräume gab als heute, könnten die Tiere, die ihre Wege darin zurücklegten, die Bewohner eines Hauses miteinander verbunden haben. Elizabeth Barretts Spaniel Flush war vielleicht das einzige Lebewesen, das sozusagen ohne Sondergenehmigung eines sozial Höhergestellten von den Ställen in den Garten, in die Küche und in die Wohnräume der Familie sowie in das Schlafzimmer seines kranken Frauchens laufen durfte. Weil seine Besitzerin ihn dreimal vor Entführern retten musste, betrat sie Gegenden von London, in die sich eine Frau der oberen Mittelklasse normalerweise niemals gewagt hätte.

Das Gassigehen ist eine der einfachsten Arten, auf die Tiere uns Kontakte zu unseren eigenen Artgenossen verschaffen. Aufgrund der Größe meines Hundes Fergus waren meine Spaziergänge mit ihm eher einzelgängerische Unternehmungen. Für die meisten Hundebesitzer aber ist der Gang durch öffentlichen Raum (der einen Gegensatz zum privaten Raum des Gartens darstellt) ebenso ein sozialer Anlass, wie er es für den Hund ist. Mein jüngstes Erlebnis in dieser Richtung war ein Spaziergang mit Chip in einem kleinen Park in der Nähe des Londoner Friedhofs Highgate Cemetery an einem jener feuchten grauen Winternachmittage, die für London so typisch sind. Auch wenn meine Menschennase sie nicht wahrnam, konnte ich mir doch gut die Gerüche vorstellen, die aus der feuchten schwarzen Erde drangen, über dem nassen Gras und dem Laub schwebten und jeden Pfosten umwaberten. Die weiß und beige gefleckte Chip mit ihren ausdrucksvollen Ohren und dem an eine Straußenfeder erinnernden Schwanz hat ihre eigene geografische Vorgeschichte, denn sie ist ein Tierheimhund aus Rumänien. Und die Tatsache, dass sie jetzt in London lebt, zeugt von einem unsichtbaren, sich über den Globus spannenden Netz von Hundefreunden. Auch Sally, die mit Chip immer Gassi geht, hatte uns dank einer Website gefunden, über die all jene, die gern immer mal wieder mit Hunden zu tun haben, Kontakt zu Hundebesitzern mit Zeitmangel finden, sodass die Hunde rauskommen, alle zufrieden sind und sich sozusagen eine Win-Win-Wuff-Situation ergibt. An diesem besagten Nachmittag also jagte Chip hinter ihrem Tennisball her und wechselte dabei misstrauische Blicke mit Hunden, die sie nicht kannte, und freundlichere Blicke mit Hunden, die sie kannte, während Sally und ich genau dasselbe taten: Wir nickten unbekannten Hundebesitzern zu und grüßten diejenigen, denen Sally bereits auf anderen Spaziergängen begegnet war. Gleichgültig, ob der Besitz eines Tieres wirklich die körperliche oder seelische Gesundheit fördert oder nicht – das Spazierengehen mit einem Hund macht einen zum Mitglied einer Gruppe mit einer eigenen Identität. Außerdem bewirkt es, dass Bewegung mehr Spaß macht und dass man, so könnte man jedenfalls meinen, Lust auf noch mehr Spaziergänge bekommt.

Dieses Schaffen sozialer Räume, an denen Besitzer wie Tiere gleichermaßen beteiligt sind, kann unvorhersehbare Folgen haben. In den 1990er-Jahren klagten die Mieter der Wohnungsbaugenossenschaft Starrett City in Brooklyn das Recht ein, Haustiere halten zu dürfen, und im Laufe der Verhandlungen lösten sich soziale Konflikte unter den Mietern, die alle auf irgendeine Weise mit Rassendiskriminierung zu tun hatten. Heute steht Starrett City jedoch leider zum Verkauf.

Die Tiere, die sich zwischen uns bewegen, bringen einzelne Menschen einander nahe. Auch in romantischen Romanen geschieht das oft. Ein berühmtes Beispiel dafür ist der Neufundländer Pilot, der auf dem Weg zwischen Thornfield Hall und Hay Jane Eyre entgegenläuft. Die Papageien und Beos in Pubs, Buchladenkatzen und andere Haustiere heißen einen willkommen und versprühen jenen tierischen Zauber, der bewirkt, dass wir uns als jemand Besonderes fühlen. »Selbst wenn ich kein Haustierfan wäre«, meint ein Buchladenbesitzer, sei ein Tier ein Trumpf: »Es zieht so viele Leute an.« Und wie grimmig ein Mensch auch dreinschauen mag, wie sehr er sein Außenseitertum auch durch sein Äußeres pflegen mag (wie der Rollstuhlfahrer mit dem Buntfalken): Die Anwesenheit eines Haustiers wirft über einen Menschen so etwas wie einen Zaubermantel aus wünschenswerten Eigenschaften. Wenn ein Tier einen Menschen liebt und ihm vertraut, ahmen andere Menschen dieses Tier nach. In seinem Buch *The Animals Among Us* schreibt John Bradshaw, ein Grund für das Halten von Tieren könnte gewesen sein, dass junge Frauen auf diese Weise öffentlich ihre mütterlichen Fähigkeiten zur Schau stellten. Nun ja, warum nicht. Das ungefähr 2,5 Meter breite sogenannte »größte Katzengemälde der Welt«, das die amerikanische Millionärin Kate Birdsall Johnson 1891 in Auftrag gegeben hatte, wurde von deren Gatten inoffiziell (aber auch halb im Ernst) *Die Liebhaber meiner Frau* betitelt. Ich kann mir vorstellen, dass viele Männer ein Tier, welches das Leben mit ihrer Frau teilt, als Rivalen ansehen, während der Tierbesitz bei einem Mann ein Hinweis auf eine ungeahnt fürsorgliche Seite seiner Persönlichkeit sein könnte. In der Filmkomödie *Besser geht's nicht* (1997) wird der homophobe Misanthrop Melvin Udall dadurch, dass er plötzlich die Verantwortung für den Griffon Bruxellois Verdell übernehmen muss, allmählich zu einem netten Kerl, der zum Schluss seine Traumfrau kriegt. »Legt sich 'nen Hund zu, wird zum Pussymagneten«, formuliert es der von James Gandolfini gespielte Marvin Stipler im Film *The Drop – Bargeld* (2014).

Doch auch Katzen können verborgene Facetten eines Menschencharakters zum Vorschein bringen. Dazu eine persönliche Anekdote:

Als ich meinen Lebensgefährten kennenlernte und ihm zu verstehen geben wollte, dass ich ihn mochte und an ihm interessiert war, schlug ich vor, er solle für seine Katze ein Profil auf Catbook (Facebook für Katzen) erstellen, damit sie mir eine Freundschaftsanfrage schicken konnte. Die Präsenz eines Tieres im Leben dieses Mannes sah ich als signifikanten Indikator für seinen Charakter an. Damit befinde ich mich in guter Gesellschaft, sagte doch schon Mark Twain: »Wenn ein Mann Katzen liebt, bin ich sofort sein Freund und Kamerad, ohne dass eine weitere Vorstellung notwendig wird.« In diesen Dingen vertrauen wir eben auf den Instinkt der Tiere, vielleicht sogar in noch höherem Maße, als wir unserem eigenen Instinkt vertrauen. Wir gehen einfach davon aus, dass sie mehr davon verstehen als wir, und das ist ein weiterer Grund dafür, dass so viele von uns gern Tiere um sich haben. Außerdem war das Knüpfen einer Verbindung zur Katze meines Partners eine raffinierte Strategie, um Kontakt zu ihm zu knüpfen. Wenn man im Park den Hund eines Menschen begrüßt und streichelt, ist dies ein bisschen so, als würde man auch diese Person begrüßen, und viele wunderbare Freundschaften haben mit der Übergabe eines vollgesabberten Tennisballs begonnen.

Sagt die Fähigkeit, eine Beziehung zu einem Tier aufzubauen, beziehungsweise die Bereitschaft eines Tieres, eine Beziehung zu einem Menschen aufzubauen, etwas über die Fähigkeit dieses Menschen aus, Beziehungen zu anderen Menschen zu haben? Es gibt optimistische Studien, die diese Frage mit einem vorsichtigen »Ja« beantworten und andere, die behaupten, derartige Studien seien gefälscht. Wir sind eine furchtbar komplizierte Spezies: Auf jeden heiligen Franziskus kommt leider ein Hitler. Neueren Forschungen zufolge ist die Fähigkeit, sich in die Erfahrungswelt eines anderen Lebewesens hineinzuversetzen, also empathisch zu sein, bei jedem Menschen anders ausgeprägt; manche von uns sind darin eben von Geburt an besser oder schlechter als andere. »Menschen, die keine Tiere mögen, mögen auch keine Menschen«, sagt im Film *Kedi* ein Einwohner von Istanbul. »Das weiß ich ganz sicher.« In dem Gedicht, das Percival Stockdale über Dr. Johnsons Kater Hodge schrieb, gibt es eine Strophe, in der Hodges Charakter folgendermaßen gelobt wird:

Er lebte in der Stadt, ohne sich jemals zu besaufen,
Man sah ihn niemals hinter Huren herlaufen;
Er stahl nie was, das von Wert in dieser Welt,
Und zahlte auch dem Schneider pünktlich sein Geld.

Im Gegensatz dazu lief Dr. Johnsons Biograf Boswell immer wieder den Huren nach und war ein berüchtigter Kneipengeher. Stockdale dagegen war (wie viele seiner Zeitgenossen, die sich als Pioniere des Tierschutzes betätigten) ein radikaler Antialkoholiker. Boswell wiederum hielt nichts von Tierrechten, mit dem Argument, dass Sklaven mit ihrem Schicksal zufrieden sind. Deshalb frage ich mich, ob Stockdale beim Verfassen dieser Verse nicht an Stockdale dachte. Boswell ist meines Erachtens außerdem ein gutes Beispiel dafür, dass sich Männer, die keine Katzen mögen, in Gesellschaft von Frauen auch nicht besonders wohlfühlen. Zu meinem Entzücken fand ich heraus, dass ich nicht die einzige Anhängerin dieser Theorie bin. Nach einer Begegnung mit dem Philosophen Jean-Jacques Rousseau 1794 protokollierte Boswell folgenden Dialog:

172

Rousseau: Mögen Sie Katzen?
Boswell: Nein.
Rousseau: Ich war mir dessen sicher. Es ist mein Charak-
tertest. Da haben wir ihn, den despotischen Instinkt der
Männer. Sie mögen keine Katzen, denn die Katze ist frei
und wird sich niemals versklaven lassen.

Damit schließe ich meine Beweisführung ab.

Dass Frauen mit Katzen assoziiert werden, hat eine lange, möglicherweise von den alten Ägyptern begründete Tradition, denn diese verehrten eine Katzengöttin, nämlich Bastet. Doch unabhängig davon ist die Katze das kulturbedingte Symbol weiblicher Sinnlichkeit. Ein gutes Beispiel dafür bietet Nathaniel Hones Porträt der Kurtisane Kitty Fisher (1765), auf dem die Frau, die ihr sicherlich reizvolles Dekolleté keusch mit einem indischen Schal bedeckt, neben einem Goldfischglas sitzt, aus dem ein kleineres Kätzchen (auf Englisch *kitty*) versucht, einen Fisch herauszuangeln, und in dem sich die Gesichter der auf Kitty starrenden Menge spiegeln. Ein Jahrhundert später schuf Renoir einen sehr rätselhaften Beitrag zu diesem Thema in Gestalt des Gemäldes *Nackter Junge mit Katze*, auf dem ein dem Maler den Rücken zugewandter nackter Teenager mit einer großen weißen, grau getigerten Katze schmust. Als es entstand, teilte sich Renoir das Atelier mit seinem Künstlerkollegen Frédéric Bazille, der wahrscheinlich homosexuell war. War der Junge eigentlich Bazilles Modell, und machte ihn seine Vertrautheit mit der Katze für Renoir möglicherweise zu einem Mädchen ehrenhalber? Jedenfalls stellt dieses Bild im Gesamtwerk Renoirs so etwas wie einen Fremdkörper dar.

Wesentlich expliziter waren die Barrison Sisters, die in den 1890er-Jahren durch die US-amerikanische Kabaretts tourten und deren Hit der Song »Do You Want to See My Little Pussy?« war. Am Ende des Lieds hoben die Schwestern ihre Röcke. Dadurch wurden ihre üppig gerüschten Unterhosen sichtbar, in die vorn eine Tasche eingenäht war, worin ein lebendes Kätzchen saß.

Und dann gab es da noch all jene Menschen, deren heroischer Einsatz für Tiere nichts, aber auch gar nichts über ihren Umgang mit ihren Mitmenschen aussagt. Der Dichter Lord Byron pflegte selbstlos seinen an Tollwut erkrankten Neufundländer Boatswain, ungeachtet des Risikos, sich dabei selbst mit der tödlichen Krankheit anstecken zu können. Doch als Claire Clairmont, Mutter von Byrons Tochter Allegra, von dieser Tierliebe angeregt hoffte, auch eine bessere Behandlung ihrer selbst erwirken zu können, blieben ihre Bemühungen erfolglos. 1818 schrieb Claire an den Dichter:

> Wie freundlich und sanft Sie mit Kindern umgehen! Wie beherrscht Sie gegenüber Ihrem Personal auftreten; wie zuvorkommend Sie selbst zu Ihren Hunden sind!

Und es waren viele, denen gegenüber sich Byron zuvorkommend zeigen konnte. Sein Dichterkollege Shelley, der Byron 1821 in Italien besuchte, beschrieb dessen Haushalt:

> Lord B.s Haushalt umfasst neben dem Personal zehn Pferde, acht riesige Hunde, drei Affen, fünf Katzen, einen Adler, eine Krähe und einen Falken; und sie alle, mit Ausnahme der Pferde, spazieren durch das Haus, als wären sie dessen Herren, und immer wieder erklingt hier und da der Lärm ihrer Streitigkeiten ... Nachdem ich meinen Brief versiegelt hatte, stellte ich fest, dass meine Auflistung der Tiere in diesem Zirkuspalast fehlerhaft war, und zwar in einem

wichtigen Punkt. Denn soeben hatte ich auf der Prunk-
treppe fünf Pfauen, zwei Perlhühner und einen ägyptischen
Kranich angetroffen.

Byron hätte in diese Aufzählung seiner tierischen Haushaltsmitglie-
der auch seine Tochter Allegra miteinbezogen:

Dem Kind Allegra geht es gut, doch der Affe hat Husten
und die zahme Krähe litt in letzter Zeit des Öfteren an Kopfschmerzen.

Im September 1821 wurde die vierjährige Allegra in ein Kloster ver-
frachtet, in dem sie ein knappes Jahr später starb. Aber schließlich
kann man mit seinen Haustieren machen, was man will.

Am anderen Ende der Skala stehen Tierbesitzer wie Abraham
Lincoln. Angesichts seiner Leistungen erscheint es beinahe lächerlich, Lincolns Verhalten gegenüber seinen Tieren unter die Lupe
zu nehmen. Doch anders als Byron war er ein Mensch, der jedem
Lebewesen, dem er begegnete, eine geradezu schmerzhafte Empathie entgegenbrachte. Er wuchs auf einer Farm auf und hatte als
Kind ein Ferkel. Als er herausfand, dass es geschlachtet werden
sollte, war sein Entsetzen groß, und er unternahm mehrere Versuche, es vor diesem Schicksal zu bewahren, indem er mit ihm von
zu Hause weglief. Dieses Erlebnis, das auch heutige Leser seiner
Memoiren zu Tränen rührt, war Lincoln zufolge »für mich der Beginn einer Tragödie«, und selbst noch als Erwachsener konnte er
»nie ein Schwein sehen, ohne dabei nicht an mein erstes eigenes
Tier zu denken«. Er bezeichnete dieses Schwein als *pet* (Haustier),
also als ein Tier, das herumgetragen wurde, zu dem er sprach, dem
er sich anvertraute und zu dem er eine Beziehung aufbaute. Über

Lincolns Mitgefühl für Tiere gibt es zahlreiche Anekdoten: Er rettete ein anderes Schwein aus einem Schlammloch, in dem es sonst ertrunken wäre, weil es ihn, wie er selbst schrieb, so traurig angeschaut hatte; er setzte abgestürzte Vogeljunge in ihre Nester zurück (»Ich hätte nicht einschlafen können, wenn ich diese kleinen Vögel nicht zu ihrer Mutter zurückgebracht hätte«) und machte sich bei einem Besuch in General Ulysses S. Grants Hauptquartier in Virginia 1865 über einen verwaisten Wurf junger Katzen Sorgen. Besonders aufschlussreich ist jedoch, was er von seinem Ferkel erzählt. Er schnitzte ihm eine Wiege wie für ein Menschenbaby, und offenbar war es ein bisschen so, als hätte er dem Ferkel gegenüber die Rolle der Mutter übernommen, die er selbst kurze Zeit zuvor verloren hatte.

Die Verknüpfung zwischen Haustieren und Kindern (Haustiere als Kinder) ist ebenfalls sehr beständig und alt. Zwischen einem Haustier und einem Kind bestehen ganz offensichtliche Unterschiede. So kann ich zum Beispiel Bird und Daisy problemlos den ganzen Tag allein lassen, doch sie werden niemals »groß werden« und ein unabhängiges Leben führen können. Ich hebe sie hoch und trage sie herum, was sie freundlicherweise mit sich machen lassen, obwohl es sich für eine erwachsene Katze unnatürlich anfühlen muss. Denn eigentlich werden nur ganz kleine Kätzchen von der Mutter im Nacken gepackt und getragen. Weil Bird eine so »gesprächige« Katze ist, ertappe ich mich immer wieder dabei, wie ich mit ihr rede, um herauszufinden, was sie will, so wie ich es mit den Kindern meines Bruders tat, als sie klein waren. Insofern kann man sagen, dass wir uns auf der Grundlage eines beiderseitigen Abkommens verständigen können.

Für ein Kind ist ein Haustier ein Gegenpart und gleichzeitig ein gleichgestelltes Wesen, ein unkritischer Verbündeter in dem Strategiespiel, sich in der Welt der Erwachsenen zurechtzufinden. Für ein Kind verwischen sich die Grenzen zwischen ihm selbst und diesem anderen Wesen mit der Zeit. Renoir fing genau dies in seinem Gruppenporträt der Familie Charpentier (1878) ein: Ein Kind sitzt auf einem Sessel, das andere auf dem Hund der Familie (natürlich ein geduldiger Neufundländer) und so gelassen, als befände es sich auf dem Schoß eines Familienmitglieds.

Ich kann mich erinnern, dass ich mich als Kind gern zu unserem Kater Freddy auf einen Sonnenfleck auf dem Fußboden legte, mich wälzte, wenn er sich wälzte, und dabei dem Verständnis dessen, was es bedeutet, »Katze« zu sein, näher kam als jemals danach in meinem Leben.

Hierbei ist eine gewisse Logik am Werk. Wenn man gut darin ist, sich in andere Menschen hineinzuversetzen, sollte es einem auch ganz gut gelingen, sich in ein Tier und dessen Wirklichkeit hineinzudenken. Wer imstande ist, eine für beide Teile positive Beziehung zu einem vierbeinigen Wesen aufzubauen, dem sollte es leichtfallen, dasselbe mit einem zweibeinigen Wesen zu tun. Wer dies von Kindheit an mit eigenen Haustieren üben durfte, könnte als Erwachsener über eine höhere Sozialkompetenz verfügen und in der Lage sein, andere besser zu verstehen. Doch scheint diese Annahme nicht immer zuzutreffen. Die hingebungsvollsten Tierbesitzer können zu Außenseitern der menschlichen Gesellschaft werden oder aber wie Elizabeth Barrett aufgrund äußerer Umstände Probleme haben, Beziehungen zu Artgenossen aufzubauen und aufrechtzuerhalten. Auch hier gibt es eine lange Liste. Der Renaissancemaler Il Sodoma verdankt seinen Spitznamen dem Umstand, dass er seine Homosexualität offen auslebte und »sich ständig mit Jungen und bartlosen Jünglingen umgab, die er mehr liebte, als es schicklich war« (members.efn.org). Wie er das im Florenz des 16. Jahrhunderts schaffte, ohne im Gefängnis zu landen, ist mir ein Rätsel, doch es gelang auch J.R. Ackerley im Großbritannien der 1940er- und 1950er-Jahre. Möglicherweise waren beide Männer charmant und beliebt – aufgrund der bereits erwähnten hohen Sozialkompetenz – und konnten in ihrer unmittelbaren Umgebung einen toleranten Mikrokosmos aufbauen. Friedrich der Große alias Friedrich II. von Preußen war ebenfalls homosexuell, musste dies jedoch zeitlebens verborgen halten. Im Laufe seines Lebens entfernte er sich innerlich so weit von seinen Artgenossen, dass er sich schließlich mit seinen Italienischen Windspielen (einer damals modisch hoch im Kurs stehenden Hunderasse) beerdigen ließ. Den Dichter William Cowper hinderten seine Depressionen und seine beständige Angst vor ewiger Verdammnis an der Interaktion mit seinen Mitmenschen. J.G. Wood verbrachte eine von schweren Krankheiten belastete Kindheit und litt zeitlebens an Dyspraxie, also an krankhafter Ungeschicklichkeit, die zu zahlreichen Unfällen führte. »Selten verletzte sich ein Mensch so oft wie er«, schrieb sein Sohn; zudem scheint er auch an Dyskalkulie gelitten zu haben. Louis Wain fiel es unsäglich schwer, den Alltag zu bewältigen und beendete seine Tage in einer Nervenheilanstalt. Irene Pepperberg beschrieb ihre Mutter als gefühlskalte, auch gegenüber ihrer Tochter sehr abweisende Frau. Ich glaube nicht, dass Menschen, die mit leidenschaftlicher Liebe an Tieren hängen, deren Gesellschaft der von Menschen vorziehen. Eher ist es wohl so, dass diejenigen, die aus welchen Gründen auch immer keinen Zugang zu anderen Menschen finden, dennoch das tiefe Bedürfnis nach einer Verbindung zu anderen Lebewesen haben. Und wenn ihre eigenen Artgenossen nicht verfügbar sind, bleiben ihnen eben noch die Tiere. Der Obdachlose, der bettelnd auf dem Bürgersteig sitzt, hat nicht nur deshalb einen Hund, weil dieser ihn wärmt, sondern weil er Gesellschaft braucht sowie eine Verbindung zu einem anderen Geschöpf. Außerdem ist das Obdachlosendasein derartig stumpfsinnig und einsam, dass es dem Betreffenden sonst so vorkommen muss, als würde er sich virtuell in Luft auflösen.

Die Gesellschaft eines Hundes macht den Alltag eines auf der Straße lebenden Menschen interessanter. Die Suche nach einem Quartier für die Nacht wird schwieriger, das Anstehen um warmes Essen oder andere milde Gaben entwickelt sich mit Hund zur Herausforderung. Das wohl größte Problem sind Tierarztbehandlungen und die sich daraus ergebenden Rechnungen. Dennoch sind die Tiere von Obdachlosen in gutem Ernährungszustand, gut gepflegt, versorgt, und sie werden geliebt: Soziologische Untersuchungen der Beziehungen von obdachlosen Menschen zu ihren Tieren, die im wahrsten Sinne des Wortes ihre Gefährten sind, ergaben, dass diese von dem ständigen Kontakt und der ständigen Erforschung der Bedürfnisse des anderen sowohl für das Tier als auch für den Besitzer zu den qualitativ hochwertigsten Beziehungen zählen. Der Hund, schrieb Samuel Jackson Pratt schon im 18. Jahrhundert, mag für die Reichen nicht mehr als ein Prestigesymbol sein; für die Menschen am unteren Ende der sozialen Hierarchie aber ist er vielleicht »das Einzige, was die Armen besitzen« (Ingrid H. Tague, *Animal Companions*).

Es gibt viele Diskussionen darüber, warum Beziehungen mit Tieren so viel einfacher, erfolgreicher sowie weniger eingeschränkt und riskant als die zu unseren Mitmenschen sind. Ein Tier stellt an einen Menschen andere Anforderungen als ein Mensch. Seine Bedürfnisse lassen sich leicht mit einzelnen Wörtern ausdrücken: Wärme, Nahrung, Sicherheit, Zuneigung, und wir können sie meist ohne größeren Aufwand befriedigen. Das wiederum erfreut und erfüllt uns. Auf diese Weise stellt sich in unserer Beziehung zu ihnen ein Gleichgewicht ein, das in so vielen Beziehungen zu unseren Artgenossen nicht zustande kommt. (Wie stark unser Bedürfnis danach ist, dieses Gefühl der Verbundenheit in menschlichen Beziehungen zu erreichen, sieht man auch daran, dass Menschen in unbefriedigenden Beziehungen viel Energie darauf verwenden, diese zu optimieren.) Sind Beziehungen zu Tieren außerdem erst einmal aufgebaut, erweisen sie sich gewöhnlich als stabiler als die zu Menschen. Man braucht nur James Bowens Beziehung zu Bob, dem Streuner, mit den Beziehungen zu seinen Mitmenschen vergleichen. Die Erwartungen, die ein Tier an uns stellt, werden nicht von unserer Persönlichkeit, unserer Herkunft, unserem sozialen Status oder unserer Wohnumgebung beeinflusst – ein Tier beurteilt uns nicht danach, ob wir in einer Villa, einem Pflegeheim oder einer Gefängniszelle leben, denn es ist Tieren nicht möglich, auf diese Weise zu urteilen. Tiere haben keine Meinung zu unseren Lebensbedingungen, selbst wenn diese extrem sind. Der Schriftsteller Ernst Jünger berichtet von einem weißen Kater, der die Soldaten zu beiden Seiten der Front in ihren Schützengräben zu besuchen pflegte. Meine Katze Bird, die hier auf meinen Notizen sitzt, hat keinerlei Interesse daran, was ich da schreibe. Sie interessiert nur, ob ich sie demnächst wieder streicheln werde oder nicht. Ich tue es, und schon geht sie zufrieden zwischen den Hindernissen auf meinem Schreibtisch hindurch, springt auf das Bett, rollt sich zu einem pelzigen Kringel zusammen und schläft ein.

Das Unglück anderer macht uns Angst, instinktiv gehen wir Artgenossen aus dem Weg, die ein schweres Schicksal erlitten haben. Ein Tier tut das nicht. Ein Tier wird von seiner Neugier getrieben, und deshalb kommt es, um nachzuschauen, warum sein Mensch weint. Dazu passt es ganz gut, dass leidende Menschen ähnliche Laute hervorbringen wie junge Tiere. Bricht dagegen ein erwachsener Mensch zum Beispiel in der U-Bahn in Tränen aus, ist es ziemlich unwahrscheinlich, dass sich die anderen Mitreisenden bei ihm erkundigen, was denn los sei. Als Henry Wriothesley, der dritte Earl von Southampton von 1600 bis 1603 im Londoner Tower inhaftiert war, soll ihm eine Katze Gesellschaft geleistet und Trost gespendet haben. Heute weiß niemand, ob diese nette Geschichte wahr ist oder nicht; doch auf dem prachtvollen, anlässlich von Henrys Freilassung entstandenen Porträt, ist auch eine Katze abgebildet. Der Episode im Tower ist eine kleine Vignette rechts oben gewidmet, während die stattliche schwarz-weiße Katze neben dem nun freien Henry auf der Fensterbank sitzt. Auffällig dabei ist, dass ihre schwarz-weiße Zeichnung der feierlich schwarz-weißen Kleidung des Mannes ähnelt. Mann und Katze schauen dem Betrachter mit demselben Ausdruck von Gelassenheit entgegen: Gefährten im Unglück, die das Unglück gemeinsam überwunden haben.

Doch nicht nur dann, wenn wir unfrei oder krank sind, finden wir die Gesellschaft eines Tieres tröstlich. Angesichts einer Katastrophe, in der wir kaum in der Lage sind, uns selbst zu retten, können wir immer noch so etwas wie Kontrolle ausüben, indem wir Geschöpfen helfen, die noch hilfloser sind als wir. Eher bleiben wir in einer gewalttätigen Beziehung, als dass wir ein Tier Gefahren aussetzen. Wir geben unser letztes Geld für Tierarztbehandlungen aus; wir kaufen Tierfutter, wenn wir kaum genug Geld haben, um uns selbst zu ernähren. (Zu Beginn der Weltwirtschaftskrise gab es in den USA nur zehn Hundefutterhersteller; 1934 boten bereits 175 Firmen Hundefutter an.) Dies sind weitere Belege für die Wechselwirkung, die so viele unserer Beziehungen mit Tieren charakterisiert: Wir helfen ihnen, doch das hilft wiederum uns. Als Samuel Pepys am 5. September 1666 durch die Straßen des immer noch brennenden London lief und die Hitze von Glut und Asche durch die Ledersohlen seiner Stiefel hindurch spürte, beobachtete er eine mit viel Zeitaufwand und Mühe durchgeführte Rettungsaktion. In deren Mittelpunkt stand »eine arme, durch ein Loch aus einem Kamin herausgeholte Katze …, deren ganzes Fell vom Körper weggesengt war, und die trotzdem noch lebte«. Als die japanische Stadt Tomioka nach der Atomkatastrophe von Fukushima 2011 evakuiert werden sollte, weigerte sich der 55-jährige Bauer Naoto Matsumura, den Ort zu verlassen, und blieb, damit er sich um die zurückgelassenen Tiere kümmern konnte. Am 8. Juli 2017 war er immer noch dort. Mohammad Alaa Jaleel, der »Katzenmann von Aleppo«, der nach der Evakuierung im Bürgerkrieg in der Stadt blieb, um sich um die zurückgelassenen Haustiere zu kümmern, baute ein neues Tierheim auf, nachdem das alte zerbombt worden war. Und dann gibt es noch die Geschichte des flauschigen weißen Katers Kunkush aus Mossul im Irak, der sich von seiner Besitzerin und ihren fünf Kindern auf der Flucht quer durch die Türkei transportieren ließ, um daraufhin auf eine (undankbare, jedoch katzentypische Art) zu verschwinden, nachdem die Familie im Oktober 2015 endlich auf der Insel Lesbos angelangt war. Die Familie zog weiter nach Norwegen, um dort ein neues Leben zu beginnen. Irgendwann aber fanden freiwillige Helfer Kater Kunkush auf Lesbos, ließen ihn von einem Tierarzt impfen, fanden für das Tier eine Pflegestelle in Berlin, nahmen Kontakt zu den Besitzern in Norwegen auf und organisierten im Februar 2016 den Flug des Katers zu seiner Familie.

Wer jetzt findet, dass diese Familien-Haustier-Zusammenführung nichts als eine Verschwendung von Ressourcen darstellt, hat nicht verstanden, worum es eigentlich geht. Wir können nicht all die großen Probleme lösen, die sich uns einfach nur deshalb stellen, weil wir Menschen sind. Dagegen steht es in unserer Macht, die kleinen

Probleme zu lösen, und dies wiederum ermöglicht es uns, unsere Menschlichkeit und Menschenwürde zu erhalten oder zurückzuerobern. Dies ist die altruistischste (selbstloseste) Variante jener Denkweise, die den Menschen über die Schöpfung stellt – und ihm die Verantwortung für alle anderen Lebewesen auferlegt.

Schande deshalb über jene im Scheinwerferlicht der Öffentlichkeit stehenden Personen, welche die ehernen Gesetze der Beziehung zwischen Mensch und Tier missachten und ihre Abneigung gegen ein Tier nicht verhehlen, insbesondere dann, wenn das betreffende Tier sozusagen ein öffentliches Haustier ist, an dessen Leben die gesamte Nation Anteil nimmt. Es könnte sein, dass Spaniel Checkers Richard Nixon 1952 aus einer misslichen Lage rettete, indem er Nixon die Gelegenheit gab, öffentlich Bescheidenheit zu demonstrieren. (Als sich Nixon um den Posten des Vize-Präsidenten bewarb, war es zu Kritik an seiner Annahme von Geschenken im Rahmen der Wahlkampagne gekommen. In seiner berühmten »Checkers speech« weigerte sich Nixon, den als Geschenk erhaltenen Spanielwelpen zurückzugeben, mit dem Argument, seine Kinder liebten den kleinen Hund; diese Rede rettete seine Wahlkampagne.) In Großbritannien ereignete sich so ziemlich das Gegenteil; im Mittelpunkt dieser Geschichte steht Humphrey, der Downing-Street-Kater.

Im Mai 1997 zogen Tony und Cherie Blair in das Haus Nummer 10 ein, und im November desselben Jahres war Humphrey, der offizielle »Oberste Mäusejäger des Kabinetts«, bereits seines Amtes enthoben. (Das Mäuseproblem der Gebäude in der Londoner Downing Street bestand lange bevor der erste Premierminister dort einzog.) Die Boulevardpresse hatte bereits zuvor Gerüchte in Umlauf gebracht, Cherie Blair sei gegen den Kater eingenommen und stellte sie, eine unabhängige Frau mit eigener Meinung, als jemanden dar, der Humphrey verbannt oder vielleicht sogar noch Schlimmeres mit ihm angestellt hatte. Als Ms Blair immer Übleres nachgesagt wurde, sah sich Downing Street noch vor Ablauf des Monats genötigt, ein Foto von Humphrey in seinem neuen Domizil zu veröffentlichen. Für das Foto hatte man die Katze auf eine aktuelle Zeitungsausgabe gesetzt; diese Bildkomposition erinnerte an die Fotos von Entführten, die beweisen sollen, dass das Entführungsopfer noch am Leben ist. Dennoch hielt sich das Vorurteil, Cherie Blair sei eine skrupellose und herzlose Frau, und die Dementis aus der Downing Street konnten daran nichts ändern.

Kunkush wurde durch seine Geschichte zu einem öffentlichen Haustier, und Humphrey wurde es durch sein scheinbar rätselhaftes Verschwinden. Solch ein öffentliches Haustier gehört allen, es schafft eine Gemeinschaft und baut Verbindungen zwischen Menschen auf. (Ein weiteres Beispiel für ein öffentliches »Haustier« ist die Robbe, die sich gelegentlich vor dem Billingsgate Fish Market zeigt; die Leute, die auf dem Fischmarkt arbeiten, betrachten sie als »ihre« Robbe und stehen Schlange, um sie zu füttern.) Öffentliche Haustiere gibt es (mindestens) seit Papst Leo X. 1514 den Elefanten Hanno als Geschenk erhielt. Hanno war so beliebt, dass er den Papst sogar bei Prozessionen begleiten durfte. Etwas Ähnliches geschah 1827 in Paris, als sich die Bewohner der Stadt in eine Giraffe verliebten, die Muhammad Ali, osmanischer Gouverneur von Ägypten, König Karl X. von Frankreich geschenkt hatte. Eine ganze Reihe von Frisuren und gemusterten Stoffen und sogar eine Farbe (»Giraffenbauch«) wurden zu Ehren der Neubürgerin geschaffen. Löwe Cecil ist ein weiteres Tier, das durch sein Schicksal zu einem »öffentlichen Haustier« wurde. Dann gibt es noch den Londoner Wal, ein junges Entenwal-Weibchen, das 2006 die Themse hinaufschwamm und auf seinem Rücktransport in die Nordsee starb. Auf den Londoner Brücken versammelten sich Menschenmengen, um der Rettung des Tieres beizuwohnen. Als die Nachricht veröffentlicht wurde, es sei an Herzversagen gestorben, fühlten sich die Londoner, als hätten sie es im Stich gelassen, und trauerten öffentlich um den Wal. Mit anderen Worten: Sie nahmen Anteil an seinem Schicksal.

Der streichelnde Blick eines Hundes, die sanfte Berührung einer Katze, die rhythmischen Modulationen eines Vogels im Käfig, die triumphalen Triller eines Kanarienvogels – haben sie nicht bei mehr als einer Gelegenheit unsere melancholischen Gedanken verscheucht?

Laure Desvernays,
Les Animaux d'Agrément, 1913

KAPITEL SIEBEN
FÜRSORGE

Da ist unsere Fürsorge für sie, und da ist auch ihre Fürsorge für uns, und die beiden treffen sich irgendwo in der Mitte. In ihrem Buch *Domestic Pets* beschreibt Jane Loudon eine behagliche Szene, an deren Schaffung Tierbesitzerin und Tiere gleichwertigen Anteil haben:

> Während ich über dieses Thema schreibe …, liegt mein Lieblingshund vor meinen Füßen, eine Katze sitzt schnurrend neben mir und zwei Goldfische schwimmen fröhlich in dem Glas herum, das vor mir steht …

Während ich diese Einleitung lese, liegt die eine Katze wie eine Stola quer über meinen Schultern und die andere unter meinen aufgestellten Knien. Beide schnurren leise vor sich hin, und ich spüre die Aura der Zufriedenheit, die uns alle drei umgibt.

Derartig paradiesische Momente beiderseitiger Zufriedenheit, in denen sich die Grenzen in der Beziehung zwischen Mensch und Haustier beinahe auflösen, stellen eine der schönsten Belohnungen dafür dar, dass man sich ein Tier in sein Leben geholt hat. Sollte es einem gelingen, einen menschlichen Artgenossen zu finden, in dessen Gesellschaft sich dasselbe Gefühl einstellt, sollte man ihn unbedingt heiraten. Kay Milton (auch sie eine Frau, die mit ihren Katzen spricht) schreibt in ihrem 2005 erschienenen Artikel, dass Menschen, die ähnlichen Beschäftigungen nachgehen, dazu neigen, ähnliche Weltansichten zu entwickeln. Vielleicht trifft das auch auf Tiere zu: Wenn wir mit dem Hund Gassi gehen, mit der Katze spielen, mit einem Haustier zusammen sind, das uns Gesellschaft leistet und dem wir ebenfalls Gesellschaft leisten, dann teilen wir gemeinsame Erfahrungen sowie gemeinsame Reaktionen darauf. Wir erleben dasselbe aus unterschiedlichen Perspektiven und ziehen denselben Nutzen daraus. Streichelt ein Mensch ein Tier, baut sich bei dem Tier Stress ab und sein Blutdruck sinkt; bei dem Menschen geschieht gleichzeitig dasselbe. »Sie liebt es, wenn Sie sie streicheln«, sagt Bengü, der selbst ernannte Beschützer der Istanbuler Straßenkatze. »Sie ist dann ganz hin und weg.« »Kameradschaft und Liebe ist für das Tier ebenso kostbar wie für Sie«, schreibt die amerikanische Künstlerin Carolee Schneemann 2015. Mit anderen Worten: Fürsorge tut gut.

Fürsorge ist etwas sehr Einfaches, Instinktives. Als sie in ihrem ersten Winter an der Krim die bittere Kälte erleben, graben Lieutenant Temple Godman und sein Knecht Kilburn eine Art Erdstall für die drei Pferde, und das, obwohl Godman seine körperliche Verfassung in einem Brief nach Hause folgendermaßen beschreibt: »[Ich war] so schwach, dass ich nicht einmal einen Floh in zwei Hälften hätte zerschneiden können.« Als dem Pferd die Decke gestohlen wurde, verzichtet Godman auf Komfort, um dem Tier seine eigene wasserdichte Bettdecke überzuwerfen, damit es nicht erfror. Nachdem ich selbst die Krim besucht hatte, entdeckte ich bei einem Aufenthalt in Istanbul eine kleine abgemagerte Straßenkatze, die auf dem Schaufenstersims eines Juweliergeschäfts schlief. Jemand – möglicherweise der Juwelier selbst – hatte für die Katze auf den Sims ein Stück Teppich gelegt.

Führen Sie sich für einen Moment dieses Bild vor Augen, denn es beinhaltet etwas, das man auch als das Paradox der Fürsorge bezeichnen könnte. Ein weiteres Beispiel, das in diese Richtung weist: Im Karthago des 3. Jahrhunderts lebte ein älterer Schoßhund, eine Art Malteser, der im wirtschaftlichen Sinne vollkommen wertlos war, denn er litt nicht nur an Arthritis und einer ausgerenkten Hüfte, sondern hatte auch nur noch so wenige Zähne, dass man ihn ausschließlich mit eigens zubereitetem Brei füttern konnte. Dennoch wurde dieser Hund derart sorgfältig gepflegt, dass er, als er starb (und gemeinsam mit seinem Besitzer beigesetzt wurde, was ebenfalls ein Zeichen großer Zuneigung ist), mindestens 15 Jahre alt war, für einen Malteser selbst nach heutigen Maßstäben ein hohes Alter. Der emotionale Wert, den ein Tier – mag es auch nur eine Straßenkatze oder ein zahnloser alter Hund sein – für seinen Besitzer hat, basiert rein auf Gefühl und kann bewirken, dass die Fürsorge des Menschen für sein Tier grenzenlos ist. Auf der anderen Seite der Bilanz steht der objektive wirtschaftliche Wert eines Tieres. Auch gibt es die bereits erwähnten paradiesischen Momente, die für den Besitzer unbezahlbar sind und die vielleicht genau der Grund dafür sind, warum wir alles andere auf uns nehmen und uns unter anderem in Ausgaben stürzen, die wiederum objektiv wirtschaftlich belegbar sind.

Beginnen wir mit Futter und Spielzeug, Produkte einer Industrie, die so stark expandieren konnte, dass sie allein in den USA pro Jahr zwei Milliarden Dollar erwirtschaftet. Es gibt aber auch noch all die Hundebetten und Katzenkörbchen, die Käfige für kleinere pelzige Hausgenossen sowie all die Halsbänder und Leinen. Sodann sollte man an die Hundeschulen und Trainer denken, an die professionellen Gassigeher, die auch nicht billig sind und es schon im Mittelalter nicht waren: König Johann Ohneland (das ist der »böse« König, gegen den der heldenhafte Robin Hood gekämpft haben soll) schenkte das Gutshaus Baricote in Warwickshire einem Diener, der ein Jahr lang auf einen seiner Lieblingshunde, eine »weiße Hündin mit roten Ohren«, aufgepasst hatte. (Anthony L. Podberscek unter anderem (Hrsg.), *Companion Animals & Us*) Heutige Gassigeher können von derartig fürstlichen Honoraren nur träumen. Am nächsten heran kommt da noch eine New Yorker Hundeschule, die 2017 für einen Kurs 2500 Dollar verlangte. Doch wer im Haustierbereich wirklich viel Geld ausgeben will, muss zum Tierarzt gehen.

Dazu kommen noch all die kleinen Kollateralschäden: der teure Lieblingspulli, der auch dem kleinen Liebling so sehr gefiel, dass er (oder sie) ihn ins eigene Körbchen entführte und personalisierte. Man denke auch an die angeknabberten Schuhe auf Bacheliers Havaneser-Porträt. Ich habe meine ältesten Nichten dabei beobachtet, wie sie sich darüber stritten, wem welche Kleidungsstücke gehörten. »Ich habe es genommen, weil es nach dir riecht«, wäre in einem derartigen Streit kein sinnvolles Argument. Manchmal frage ich mich, ob diese paradiesischen Momente mit unseren Tieren auch deshalb so paradiesisch ausfallen, weil wir Tieren gegenüber wesentlich toleranter und nachsichtiger sein können als gegenüber unseren Artgenossen. Ich frage mich auch, inwieweit das damit zu tun hat, dass wir unsere Tiere als benachteiligt empfinden, weil sie kleiner, hilflos und der menschlichen Sprache nicht mächtig sind.

Zum Thema Nachsicht fällt mir noch mehr ein: Zu den annektierten und zerstörten Besitztümern kommen auch noch die ständigen Unterbrechungen unserer täglichen Routine, die Versuche, Aufmerksamkeit zu erregen, wenn wir uns gerade auf etwas anderes konzentrieren. Nicht zu vergessen sind all die ekligen Aspekte der Haustierhaltung wie die auf den Teppich gewürgten Haarbälle und anderes schleunigst zu entfernendes Erbrochenes, die zu bekämpfenden Flöhe und Zecken, die herumliegenden halb aufgefressenen Beutetiere, das Reinigen des Katzenklos und sämtlicher danebengegangener Hinterlassenschaften. Jeder Tierbesitzer kennt das. Als einer der Hunde von König Karl II. von England sein Geschäft in die königliche Barke machte, stimmte dies Samuel Pepys nachdenklich, und er gelangte zu der Erkenntnis, »dass ein König und alles, was ihm gehört, genauso ist, wie wir sind«. Doch auf Fancys Malheur in Pepys' eigenem Haus reagierte er, wie wir schon sahen, weitaus weniger philosophisch – und dies in einer Zeit, in der sich Höflinge und ihre Hunde gewöhnlich in irgendwelchen stillen Ecken der Paläste zu erleichtern pflegten. Selbst die Verfasser jener frühen irischen Gesetzessammlungen dachten an die Maßnahmen, die zu ergreifen wären, wenn sich ein Lieblingshund danebenbenehmen würde oder einer Katze ein Malheur passieren würde. Auch fiktive Tiere haben Bedürfnisse: Kater Tom, Held des im 18. Jahrhundert verfassten Buchs *The Life and Adventures of a Cat* zieht sich »in das Kohlenloch zurück, aus Gründen, die zu nennen wir nicht für schicklich halten«. Bedauernswert sind die niederen Küchen- und Hausmädchen, die aus diesem Kohlenloch die Kohle holen mussten!

Noch entsetzlicher war die Entdeckung, die ein 15-jähriger, in Deventer in den Niederlanden lebender Mönch eines Morgens machen musste, nachdem er am Vorabend das Manuskript, an dem er gerade arbeitete, aufgeschlagen hatte liegen lassen. Er musste die aufgeschlagene Seite frei lassen und hinterließ auf ihr folgende Erklärung:

Hier fehlt nichts, doch eine Katze pinkelte während der Nacht auf diese Seite. Verflucht sei diese Pest von einer Katze, die in einer Dezembernacht in Deventer auf diese Seite pinkelte und dadurch auch auf viele andere. Und lasst euch das eine Warnung sein, Bücher niemals über Nacht aufgeschlagen liegen zu lassen, sodass Katzen sich über sie hermachen können.

Sowohl der Urinfleck als auch eine Porträtskizze des Missetäters sind erhalten. Und wir alle denken voller Dankbarkeit an Edward Lowe, der 1947 als Erster auf die Idee kam, aus Bleicherde Katzenstreu herzustellen. Ebenso danken wir James Spratt, der seine berufliche Laufbahn als Vertreter von Blitzableitern begann und im Laufe seines Lebens zum Eigentümer der ersten und weltweit größten Haustierfutterfirma der Welt wurde. Dem »Schöpfungsmythos« der Firma Spratts (inzwischen: Spillers) zufolge ereilte ihn die Inspiration 1860 bei einem Besuch in London, als er sah, wie streunende Hunde gierig den Zwieback fraßen, den die Matrosen der eingelaufenen Schiffe eilig von Bord warfen. Aufgrund dieser Beobachtung erfand Spratt den Hundekuchen und damit gleichzeitig auch die Haustierfutterindustrie.

Beide Erfinder machten die Haustierhaltung unendlich leichter und zeitsparender. Wenn heute in Haushalten mehr Tiere leben als früher, wenn die Zahl der Haustierhalter beträchtlich angewachsen ist (2017 lebten in 68 Prozent aller US-amerikanischen Haushalte Tiere sowie in ungefähr 50 Prozent aller Haushalte Großbritanniens), dann zum Teil wohl auch deshalb, weil es bequemer geworden ist, sie zu versorgen. Vor Edward Lowes Erfindung der Katzenstreu wurden die in den Wohnungen der Städte notwendigen Katzenklos mit Erde oder Asche gefüllt oder mit Papier ausgelegt, während als Haustierfutter Speisereste herhalten mussten. Zumindest ist dies die naheliegendste Annahme, die auch durch historische Quellen belegt zu sein scheint. Brot ist das einfachste Nahrungsmittel, das bei Mensch und Tier Körper und Seele zusammenhält. Alexandre Dumas stellte seinem Mysouff regelmäßig ein Schüsselchen mit Brot und Milch hin, Louis Wains Peter fraß aus einem edlen Porzellanteller, Dash erhielt von Prinzessin Victoria an Weihnachten 1833 eine »Schale mit Brot und Milch, drei Gummibälle und zwei Stück Pfefferkuchen« (www.queenvictoriasjournals.org).

Von *pane*, dem lateinischen Wort für »Brot«, sind der englische *companion* (Begleiter, Gefährte), der französische *compagnon* und somit auch der deutsche »Kumpan« oder kurz »Kumpel« abgeleitet. Das *Oxford Dictionary* definiert *companion* als »eine Person oder ein Tier, mit dem jemand viel Zeit verbringt«. Wenn ein Tier von uns Nahrung annimmt, ist das ebenso bedeutsam, wie wenn es sich streicheln lässt, und für die Ernährung eines anderen Lebewesens verantwortlich zu sein hat einen hohen Symbolwert. Beginnt man erst einmal, ein Lebewesen zu füttern, dann fällt es einem schwer, sich nicht auch in jeder anderen Hinsicht dafür verantwortlich zu fühlen. Fleisch kam früher weitaus seltener auf den Tisch als heutzutage; aber sollen wir wirklich glauben, dass die geliebten Haustiere immer nur Brot und Milch vorgesetzt bekamen?

Ich zweifle daran und denke, dass es vielen Besitzern der Vergangenheit peinlich gewesen wäre zuzugeben, dass sie ihren Liebling mit teurem Fleisch fütterten. Der Grund für diese Verschämtheit ist wiederum die Dichotomie zwischen emotionalem und wirtschaftlichem Wert.

Emotionaler Wert ist unsichtbar. 1588 erklärte der Jurist William Lambarde: »Hunde, Affen, Papageien, singende Vögel und dergleichen zu stehlen ist keine Straftat, denn diese sind nur zum

Vergnügen da und besitzen keinerlei Wert.« Auch zwei Jahrhunderte später wurde diese Ansicht weiterhin geteilt: 1760 befand Sir William Blackstone, dass der Wert eines Haustiers »nur von der Laune des Besitzers abhängt«. Dennoch zog Dr. Johnson los, um seinem zahnlosen alten Hodge Austern zu kaufen, und besorgte ihm auch beruhigendes Baldrian gegen die Leiden des Älterwerdens. Beides zeigt, wie fürsorglich er sich seinem Kater gegenüber verhielt, aber auch, dass das Tier auf eine Weise wertvoll für ihn war, die seine Dienerschaft niemals verstanden hätte. Deshalb hätte diese den Auftrag, etwas extra für den Kater zu besorgen, als beleidigend ansehen können.

Derartiges Verhalten brachte den britischen Philanthropen Jonas Hanway 1756 in Rage: »Mitunter sehen wir eine feine Dame, die so tut, als glaubte sie, der in ihrem fürsorglichen Schutz stehende HUND sei zumindest für sie unendlich viel wertvoller als ein MENSCHLICHES Wesen.« Dies ist der Text eines von Hanway verfassten Pamphlets oder Flugblatts, sozusagen die damalige Version unseres heutigen Twitter. Hanway ließ in diesem Text seiner Empörung freien Lauf. »Teures Hühnchen wird für KATZE oder HUND bestellt von einer Frau, die niemals daran denkt, einem hungrigen MENSCHEN ein Stück Brot zu schenken.«

So teuer kann Hähnchen damals doch gar nicht gewesen sein, denken wir. Doch liegt uns dank eines Beinahe-Zeitgenossen Hanways, nämlich des Agrarwissenschaftlers Charles Varlo, eine aus dem Jahr 1775 stammende Schätzung vor, der zufolge der Schoßhund einer wohlhabenden Dame, der mit Brot, Butter und einem Pfund Fleisch am Tag sowie erstaunlicherweise auch Tee ernährt wurde, seine Besitzerin pro Jahr nach damaliger Währung vier Pfund, elf Schilling und drei Pence kostete. Auf heutige Verhältnisse umgerechnet wären das 6000 bis 8000 britische Pfund. Wie bereits zugegeben, verwöhne ich meine beiden Tierheimkatzen gern, doch glaube ich nicht, dass sie mich pro Jahr auch nur ein Drittel dieser Summe kosten. Der große Unterschied zwischen damals und heute ist natürlich, dass man sich damals als Besitzer schuldig fühlen sollte, wenn man sein Tier allzu aufwendig ernährte. Heutzutage, wo uns doch dank Mr Spratt die vielfältigsten Futtermittel zur Verfügung stehen, sollen wir hingegen ständig Angst haben, dass wir sie nicht gut genug füttern. Wenn mir als Tierbesitzerin von einer Industrie, die 2017 in Großbritannien 4,6 Milliarden britische Pfund erwirtschaftete, eine »Gourmet Soup« für Katzen zum Preis von einem britischen Pfund für ein 40-Gramm-Tütchen angeboten wird, kann ich Jonas Hanway eigentlich doch ein bisschen verstehen.

Doch wenn ein Tier für uns einen hohen emotionalen Wert hat, verwöhnen wir es trotzdem. Adriaen van Ostade malte 1668 eine windschiefe Bauernkate, deren Aussehen deutlich offenbarte, dass ihre Bewohner von der Hand in den Mund lebten. Doch neben dem kleinen Kind, das sein Abendessen zu sich nimmt, sitzt ein kleiner Hund und schaut es erwartungsvoll an. Auf Renoirs Gemälde *Das Gasthaus von Mutter Anthony* (1866) sehen wir die Wirtin beim Abräumen der Tische ihres Lokals in Fontainebleau, in dem sich Renoir und seine Freunde gern trafen. Und unter dem Stuhl des Malers Alfred Sisley sitzt ihr Hund und vertraut darauf, dass ihm Reste zufallen.

Am oberen Ende der sozialen Leiter stand Islay, ein Scottish Terrier, der ab 1839 zu Königin Victorias Hunderudel gehörte. Er schien so etwas wie ein Favorit von Lord Melbourne zu sein, denn wenige Monate später, im September 1839, wurde dieser dabei erwischt, wie er den Hund im Esszimmer mit Knochen fütterte. In *David Copperfield* gönnt Dickens Doras kleinem Schoßhund Jip nicht nur sein eigenes kleines Hundehäuschen, sondern auch ein tägliches Hammelkotelett. Wer weiß, was Hanway und Varlo davon gehalten hätten.

Allzu großzügiges Verwöhnen hatte damals dieselben Konsequenzen wie heute. Als George Bernard Shaw schrieb, dass Tiere »mehr als ihre natürliche Last an menschlicher Liebe« tragen müssen, dachte er sicherlich nicht an Fettsucht, doch sie gehört eben auch dazu. Jane Carlyles Hund Nero wurde im August 1851 für durch »üppiges Leben« geschädigt befunden und bekam eine Art Trinkkur verordnet, die bereits Janes Ehemann Thomas auf sich nehmen musste. »[Nero] soll durch Pillen und reduzierte Diät kuriert werden (sagt die Obrigkeit)«, schrieb Thomas an seine Mutter. (Carlyle, Brief vom 23. August 1851) Grace Greenwood sah sich einem anderen moralischen Dilemma gegenüber: Ähnlich wie heutige Vegetarier und Veganer schmerzte es sie, dass ihr Habicht Toby ständig Mäuse und Vögel fraß, und versuchte daher, ihn auf eine fleischlose Ernährung umzustellen. Der Versuch misslang, doch konnten sich Habicht und Frauchen auf eine Frosch-Diät einigen. Ja, so sind wir schon immer gewesen: Wir sehen unseren Haustieren so ziemlich alles nach und kaufen ihnen Sachen, die sie zerkauen oder ganz weit unter dem Sofa verstecken können, und Gourmetfutter, das sie achtlos in sich hineinschlingen. Doch ungeachtet des von der Tierbedarfsindustrie angeheizten Konsums und der Unsummen, welche die Tierhaltung verschlingt, sind jene Momente, wie sie Jane Loudon beim Schreiben inmitten ihrer Tiere erlebte, für uns von unbezahlbarem Wert: Die Einbeziehung von Tieren in unser Leben und die Zuneigung, mit der sie auf unsere Zuneigung reagieren, sind für uns das Wertvollste daran. Das weiß natürlich auch die Futtermittelindustrie: »Keep Love Strong« (Haltet die Liebe stark) war der clevere Slogan für Hunde- und Katzenfutterhersteller IAMS' Werbekampagne von 2012.

Jeder von uns entdeckt an seinem Tier Angewohnheiten und Eigenschaften, die es zu etwas ganz Besonderem machen, zu einem Tier,
das besser und interessanter ist als alle anderen Tiere der Schöpfung.
Für die Besitzer von Pearl, einem weiteren geliebten Schoßhund der
klassischen Antike, der im 1. oder 2. Jahrhundert n. Chr. in Gallien
lebte, war es die Angewohnheit, sich bei ihnen auf dem Schoß einzu-
kuscheln:

> *Ich lag auf dem weichen Schoß meines Herrn und meiner*
> *Herrin und legte mich, wenn ich müde war, auf meiner*
> *ausgelegten Matratze schlafen und sprach nicht mehr, als*
> *es einem Hund zusteht, weil ich einen stillen Mund besaß.*
> *Niemand fürchtete sich vor meinem Gebell.*

So lautet die Grabinschrift, die im Londoner British Museum aufbewahrt wird. Dem Dichter Martial gefiel an der kleinen weißen
Hündin Issa des Publius, Gouverneur von Malta im 1. Jahrhundert
n. Chr., so gut, dass sie immer darum bat, nach draußen gelassen zu
werden:

> *… mit ihrer niedlichen Pfote stupste sie einen an, und von*
> *der Couch aus warnte sie, dass sie heruntergelassen werden*
> *wollte, und bat auch darum, hochgenommen zu werden.*

Lady Wentworth gefiel an ihrem Affenweibchen Pug, dass es sie laus-
te, als wäre es für ihre Pflege und ihr Wohlergehen verantwortlich.
Einer Theorie zufolge streicheln wir Tiere deshalb so gern, weil wir
dadurch kompensieren, dass wir uns, seit wir kein Fell mehr haben,
unter Artgenossen nicht mehr gegenseitig lausen. Lady Wentworths
Affendame jedenfalls wusste, wie man es richtig machte: »Jetzt hat

sie sich auf meine Schulter gesetzt, all meinen Kopfputz herausgezogen und untersucht geschäftig meinen Kopf.« Da Lady Wentworth um 1710, als sie dies schrieb, eine ältere Dame war, bestand dieser Kopfputz aus künstlichen Blumen, Bändern, Kämmen, Spitzenhäubchen und Perücke. Dennoch beklagt sich die Dame nicht, sondern scheint eher entzückt zu sein. Jane Carlyle, die in einer schwierigen Ehe feststeckte und täglich unter dieser Situation litt, wurde von ihrem Hund Nero möglicherweise fürsorglicher behandelt als von ihrem Ehemann. »Nero ist wirklich ein fantastischer kleiner Krankenpfleger«, schrieb sie im Oktober 1851 an Letzteren, nachdem sie von »rasenden Kopfschmerzen« befallen worden war. Nero »wich keinen Augenblick von meiner Seite … er wärmte mir abwechselnd Füße und Rücken …« Mary Ansell verriet unter Umständen mehr von ihren eigenen Bedürfnissen, als sie wollte, indem sie die absolute Hingabe ihrer Hunde an »mich, mich, mich« beschrieb: »Wenn mich die Hunde liebten, dann taten sie es ohne Vorbehalt, weil sie einfach nicht anders konnten … sie liebten mich, mich, mich ganz einfach, mit Leidenschaft und Wärme und ohne darüber nachzudenken.« Für Elizabeth von Arnim war es das Allerhöchste, wenn einer ihrer Hunde »die Freundlichkeit hatte, mir sein Vertrauen zu zeigen, indem er mit mir kuschelte«; oder war das Allerhöchste doch die euphorische Begrüßung, mit der Dackel Cordelia ihr »mit dem ganzen Körper ihr Willkommen entgegenwedelte«? Vielleicht aber auch die »schützende Pfote«, die ihr Bernhardiner Coco, der für den Schoß zu groß war, auf ihren Knöchel legte? Für mich persönlich ist es das Allerhöchste, wenn meine Katze Daisy auf meine Schulter klettert, um mich mit ihrem Kopf ins Gesicht zu stupsen, oder aber wenn Bird mir vom Schreibtisch in den Flur hinterherschleicht, um sich neben ihrem Federspielzeug fallen zu lassen, das auf mysteriöse Weise den Weg auf den Flurteppich gefunden hat. Es sind all diese kleinen Liebesbeweise, die uns das Gefühl geben, dass wir ihnen genauso wichtig sind, wie sie uns. Ein weiterer im klassischen Sinne alter Begriff für die Art, in der wir mit unseren Tieren Beziehungen pflegen, ist das griechische Wort *storge*, das für eine instinktive Zuneigung unter Gleichgestellten steht, so wie sie Geschwister füreinander empfinden.

Zugegebenermaßen sind Katzen hier im Vorteil, weil sie schnurren. Hunde können mit dem Schwanz wedeln, uns ihr Grinsen zeigen und sich auf den Rücken legen, damit man ihnen den Bauch krault. Der Kakadu wippt begeistert auf seiner Stange, das Zwergkaninchen hoppelt dem heimkehrenden Besitzer im Flur entgegen, um ihn zu begrüßen – aber Katzen schnurren. Thomas von Cantimpré, der im 13. Jahrhundert lebte und so etwas wie ein früher Naturkundler war, bezeichnete das Schnurren als »ihre Form des Singens«, Edward Topsell erfand dafür 1658 den Begriff »whurleth«. Wir wissen immer noch nicht so genau, wie Katzen schnurren (obgleich sie nicht die einzigen Tiere sind, die diese Kunst beherrschen, denn Meerschweinchen und Gorillas können ähnliche, zufrieden klingende Töne erzeugen). Wir wissen auch nicht, warum sie es eigentlich tun. Die dabei entstehende innere Vibration könnte Heilwirkung haben oder vielleicht die Abnahme der Knochendichte verhindern; auf jeden Fall aber schlägt es uns in ihren Bann. Charles Baudelaire sah das Schnurren seiner Katze als eine höher entwickelte Form der Kommunikation an:

Es schläfert die schlimmsten Schmerzen ein
Und birgt alle Glückseligkeiten:
Für die allerlängsten Sätze
Kommt es ohne Worte aus

Sogar Elizabeth von Arnim, die eigentlich Hunde lieber mochte als Katzen, gab zu, dass »Schnurren bezaubernd ist. Ich hatte lange selbst eine Katze.« Das Schnurren gefällt uns vielleicht deshalb so gut, weil es das hörbare Ergebnis unserer Fürsorge ist. Im *Corpus Iuris Hibernici* wird der Wert einer Katze mit dem von drei Kühen gleichgesetzt, unter der Voraussetzung, die Katze kann Scheune und Mühle von Schädlingen freihalten und schnurren. Eine Katze, die nur schnurren konnte, war nur eineinhalb Kühe wert, aber es ist doch beachtlich, dass zumindest einmal in der europäischen Geschichte einer Katze ein höherer wirtschaftlicher Wert als einer Kuh zugeschrieben wurde. Es zeigt aber auch, wie hoch der emotionale Wert sein kann und wie wichtig diese erwiderte Zuneigung für uns ist.

Es überrascht uns immer wieder, wie viel uns unsere Tiere bedeuten. »Ich liebe ihn«, schrieb Elizabeth Barrett 1842 über ihren Hund Flush, »so sehr, wie man einen Hund nur lieben kann & das ist weitaus stärker, als ich es mir vorstellen konnte, bevor ich ihn kannte.« Diese Verbindung zu einem Tier kann uns verändern. Durch die Beziehung zu seinen drei Hasen wurde der Dichter William Cowper zu einem engagierten Jagdgegner, der in seinem berühmten, sechsbändigen Lehrgedicht *The Task* einem seiner Hasen verspricht, ihm seine »arglose Dankbarkeit und Liebe« durch schützende Fürsorge zu vergelten.

J. R. Ackerley dachte darüber nach, wie sehr ihn seine Beziehung zu Queenie verändert hatte: Nachdem er so ziemlich sein ganzes Leben damit verbracht hatte, nach dem »idealen [menschlichen] Freund zu suchen«, gelangte er zu der Erkenntnis, dass dieser ideale Freund vielleicht Queenie gewesen war, mit ihrer »beständigen, absoluten, unveränderlichen, unkritischen, hingebungsvollen Liebe, die in der Natur der Hunde liegt«. Bei all den ungelösten Konflikten und den Leidenschaften, die uns Menschen heimsuchen, war es für Ackerley leichter, einen Hund mit diesen Eigenschaften zu finden als einen vergleichbaren Menschen, könnte man meinen. Diese Erkenntnis überkam ihn übrigens auf einem Spaziergang über Land, als Queenie an

Kaninchenlöchern schnüffelte und er selbst über die Straßenarbeiter fluchte, deren Lärm die Kaninchen vertrieb. Ihm wurde klar, dass er in jüngeren Jahren zu den Straßenarbeitern gegangen wäre und versucht hätte, einen von ihnen aufzureißen. Als Queenie später an einer tödlichen Krankheit litt, stellte Ackerley bei sich fest, dass er sich zu einem erbitterten Jagdgegner entwickelt hatte.

Es ist auch deshalb anders, für ein Tier zu sorgen als für einen Menschen, weil wir beim Tier damit rechnen können, dass es stets auf gleiche Weise auf unsere Fürsorge reagieren wird. Tiere sind fanatische Anhänger der Routine. Sie werden stets dem Ball hinterherlaufen und das Stöckchen zurückbringen, zuverlässig schnurren sowie garantiert begeistert sein, wenn wir die Leine vom Garderobenhaken nehmen. Unser kleiner Liebling wird immer auf unseren Schoß springen und uns unweigerlich willkommen heißen, wenn wir wieder nach Hause kommen. Die Beziehung zu einem Tier ist, um es mit den Worten von Leslie Irvine zu sagen, »konstant anstatt ungewiss«, und gerade diese Konstanz unterscheidet sie von allen Beziehungen, die wir zu Menschen haben können. James Serpell, der als einer der Ersten Mensch-Tier-Beziehungen auf diesem Niveau erforschte, zählte Folgendes als die für uns Menschen wichtigsten Schlüsselqualifikationen eines Haustiers auf: »ihre besondere Kombination aus menschlichen und nicht-menschlichen Zügen – ihre unkritische Freundlichkeit und ihre Bereitschaft zur Interaktion«. Eine Beziehung mit einem Tier erreicht sozusagen eine bestimmte Bandbreite gegenseitigen Verständnisses und gegenseitiger Wertschätzung, die nicht abnimmt, sondern sich durch die Wiederholung der für beide Seiten bewährten Routine laufend verstärkt, dabei aber stabil bleibt.

Reverend William Stukeley, der auch als Vater der englischen Archäologie bezeichnet wird, lebte in den 1740er-Jahren in Stamford, Lincolnshire, zusammen mit seiner zweiten Frau und seiner Katze, der er den Namen Tit (Meise) gegeben hatte, möglicherweise weil sie dieses besondere Katzenzwitschern beherrschte. Wenn er sich am Feierabend im Garten ein Pfeifchen gönnte, begleitete Tit ihn, worüber sich der Reverend stets freute, denn sie war »ein sehr ungewöhnliches Geschöpf und soweit ich es beurteilen kann, das einfühlsamste und liebevollste von allen … [Sie] hatte eine unnachahmliche Art, ihrem Herrchen und ihrem Frauchen ihre Liebe zu bekunden, die sie zu einer Gefährtin machte, besonders wenn ich, wie es meine Gewohnheit war, abends um sechs eine kontemplative Pfeife im Garten rauchte«. Stukeleys Haus in der Straße Barn Hill Nummer 9 steht immer noch im idyllischen Stamford (das Marktstädtchen ist so malerisch, dass dort zahlreiche Filme gedreht wurden, angefangen von *Stolz und Vorurteil* bis hin zu *Da Vinci Code*). Es ist so gut erhalten, dass man den Eindruck hat, hier wäre die Zeit stehen geblieben und als würde der Reverend dort weiterhin jeden Abend seine Pfeife und in stiller Geselligkeit die Gesellschaft seiner Katze genießen.

Sie sind unsere Ohren, wenn wir taub sind, unsere Augen, wenn wir blind sind, unsere Stellvertreter, wenn Impfstoffe oder Kosmetikprodukte getestet werden müssen. Sie haben uns in den Kohlebergwerken das Leben gerettet und die Wölfe von den Dörfern ferngehalten. Sie haben unsere Felder gedüngt und gepflügt. Als er sagte, dass wir ohne sie an Einsamkeit sterben würden, untertrieb Häuptling Seattle noch stark.

Ohne sie wären wir schon sehr lange tot. Aber was tun wir im Gegenzug für sie? Unter anderem bringen wir sie zum Tierarzt.

Noch bis vor 150 Jahren gab es keine Tierarztrechnungen für Haustierbesitzer. Es gab auch keine Tierärzte für Kleintiere. Tierärzte kümmerten sich ausschließlich um die Pferde und das Vieh, also um Nutztiere mit eindeutig bestimmbarem wirtschaftlichem Wert. Warum das so ist, sagt uns schon die »wissenschaftlichere« Berufsbezeichnung »Veterinär«. Sie ist abgeleitet vom lateinischen *veterinae* für »Zugvieh«. Katze, Hund und Käfigvogel wurden ausschließlich von ihren Besitzern gepflegt oder besser gesagt, von ihrer Besitzerin, denn das Kurieren von Tieren mit ausschließlich emotionalem Wert fiel meistens Frauen zu. So trug Samuel Pepys am 18. August 1660 Folgendes in sein Tagebuch ein: »Ich lasse meine Frau zurück, die ihre kleine, gerade jetzt werfende Hündin beaufsichtigt und gehe ins Bett.« Am nächsten Morgen war die Zahl der zu ernährenden Münder in Pepys' Haushalt um vier angewachsen. »Die kleinen Welpen«, schrieb Pepys anerkennend, »sind sehr hübsch geraten.«

Die ärztliche Versorgung der Tiere war in jener Zeit ebenso Glückssache wie für unsere eigenen Vorfahren. Das medizinische Wissen setzte sich aus genaueren oder ungenaueren physiologischen Kenntnissen, viel Aberglaube und einer Prise traditioneller Heilkunde zusammen. Es ist schon irgendwie ironisch, dass in jenen Jahrhunderten, als Haustiere einen wesentlich niedrigeren Status als heute innehatten, sie doch nahezu den gleichen Gesetzen, Ernährungsweisen und medizinischen Behandlungen unterworfen waren wie die Menschen. Auch ging man damals davon aus, dass sie die gleichen Krankheiten wie wir bekommen konnten: So informiert etwa Olina seine Leser darüber, dass der Stieglitz zu Schwindelanfällen, Epilepsie, Schwindsucht und (angesichts dieser Liste kein Wunder) Melancholie neigt.

Erst über zwei Jahrhunderte später tritt der professionelle »Hundearzt« auf, sodass Jane Loudon in ihrem 1851 erschienenen Buch einen der ersten zitieren kann, einen Mann namens William Youatt. 1868 stellte Alexandre Dumas seinen Pointer Pritchard, der drei Wochen zuvor von einem Jagdkameraden angeschossen worden war, einem Tierarzt im Pariser Viertel Saint-Germain vor und brachte seinen anderen Liebling, die Hündin Flora, nach einem Schlangenbiss zu einem Tierarzt in Saint-Ouen. Renoir erinnerte sich daran, dass der von ihm unter Mutter Anthonys Tisch porträtierte kleine Hund irgendwann ein Holzbein bekommen hatte. Allerdings stellten Hunde wie die von Dumas oder Mutter Anthony damals noch eine Seltenheit dar, denn die meisten Tiere wurden ausschließlich von Mitgliedern des Besitzerhaushalts behandelt.

Erleben zu müssen, dass das eigene Tier verletzt oder ernsthaft krank ist, war damals ebenso erschütternd, wie es das heute ist. »In der Nacht wurde unsere arme Fancy nach Hause gebracht, die zu meinem großen Bedauern immer noch lahmt, sodass ich wünschte, sie wäre nicht mehr hierhergebracht worden, denn es tut mir weh, sie so zu sehen«, schrieb Pepys im August 1664 schonungslos ehrlich. Doch Fancy sollte noch vier weitere Jahre in seinem Haushalt leben. Wir erinnern uns, wie sehr Tontons Verletzung Walpoles Dienstmädchen mitnahm. Wesentlich traumatischer war Jane Carlyles Erlebnis: Ihr Hund Nero war beim Gassigehen mit dem Hausmädchen Charlotte von einem Wagen überfahren worden, und als man ihn nach Hause brachte, war er

zerknüllt wie eine zerdrückte Spinne, und seine armen kleinen Augen waren hervorgequollen und blickten starr vor sich hin!

Jane riss sich zusammen und tat ihr Bestes, um es ihm bequem zu machen:

Ich bereitete ihm ein warmes Bad und hinterher wickelte ich ihn warm ein und legte ihn auf ein Kissen. Danach ließ ich ihn allein, ohne groß darauf zu hoffen, ihn am nächsten Morgen lebend vorzufinden.

Doch Nero überlebte überraschenderweise die Nacht, dann auch noch die nächste Nacht und schließlich sogar die dritte:

... am Morgen atmete er immer noch, war jedoch zu jeglicher Bewegung unfähig. Aber er schluckte etwas warme Milch, die ich ihm ins Maul träufelte. – Gegen Mittag sagte ich laut: »Armer Hund, armer kleiner Nero!«, und sah gleich darauf, wie die Schwanzspitze zu wedeln versuchte! Danach wuchs meine Hoffnung. An einem Tag konnte er den Kopf so weit heben, dass er die Milch selbst aufzuschlabbern vermochte. – Und so gewann er Schritt um Schritt die Beherrschung seines Körpers zurück, doch es sollte noch zehn Tage dauern, bis er ein *Bellen* zustande brachte – sein erster Versuch hörte sich wie der Schrei eines Säuglings an!

Die Pflege, die Nero bekam, entsprach der, die auch einem kranken Kind zuteilgeworden wäre: warm einpacken, ins Bett legen und mit dem universellen Allheilmittel warme Milch versorgen. Die Carlyles waren wohlhabend, und Nero wurde heiß geliebt, doch mehr als diese Grundpflege konnte ihm Jane nicht bieten. Man konnte damals eben nur hoffen, beten und tun, was man konnte. Oder man brachte das Tier zu einer guten Samariterin wie etwa Mrs Rosalia Goodman, die dem *Frank Leslie's Illustrated Family Almanac* von 1876 zufolge in ihrem Haus in der New Yorker Division Street Nummer 170 ein »privates Krankenhaus« für Katzen führte:

Neben vielen Haustieren, die hier seit Jahren liebevoll gepflegt wurden, leben hier auch unglückliche getigerte Katzen, um die sich die verdienstvolle Frau aufmerksam kümmert. Dünne, ausgehungerte Katzen … Katzen, an denen man die durch Misshandlungen erworbenen Narben deutlich sehen kann … Katzen, die mit gebrochenen Gliedmaßen hierherkommen, weil sie von bösen kleinen Jungen gequält wurden … alle Katzen in Not, die in dieses Heim gebracht werden, werden mit zärtlicher Fürsorge aufgenommen.

Wie anders dieser Aspekt der »Fürsorge« heute doch ist.

Der britische BBC-Moderator Evan Davis besitzt einen Whippet namens Mr Whippy, ein bezauberndes Tier mit dem rassetypischen Blick einer ängstlichen alten Jungfer und kurzhaarigem isabellfarbenem Fell. Was nun verschafft Mr Whippy die Ehre, in diesem Buch erwähnt zu werden? In seiner Jugend brach sich der zierliche Windhund ein Bein, und Evan Davis, der Wirtschaftssendungen kommentiert, verriet später der Öffentlichkeit, wie viel die Behandlung seines Hundes gekostet hatte: stolze 4000 britische Pfund.

Mr Whippy hatte außerdem – auch in der Welt moderner Haustiere eine Seltenheit – eine Krankenversicherung. Miss Puss hatte keine. Sowohl ihr Hautausschlag als auch meiner wurden mit Steroiden behandelt, und in ihrem Fall hatten die Medikamente furchtbare Nebenwirkungen: Sie bekam Diabetes sowie als Folge davon eine Ketoazidose und fiel ins Koma. Natürlich passierte dies spät an einem Samstagabend, als die Tierarztpraxis schon längst geschlossen hatte. Natürlich war die Tierarztpraxis, die Notdienst hatte, eine lange Taxifahrt weit weg. Als ich mit der schlaff und reglos in meinen Armen liegenden Katze in dieser Praxis eintraf, war ich von der schicken Inneneinrichtung beeindruckt. Hier sah es aus wie in der Privatpatientenabteilung eines hypermodernen Krankenhauses, und schon auf dem Weg in den Behandlungsraum dachte ich, dass wir das neue Sofa, auf das wir schon länger gespart hatten, vergessen konnten: Diese Behandlung würde ein Vermögen kosten.

Bei seinem Interview, bei dem er Mr Whippy auf dem Schoß hatte, erwähnte Evan Davis den Vergleich zwischen einem verletzten Haustier und einer kaputten Uhr: Wenn die Reparatur mehr kosten sollte, als die Uhr wert war, dann warf man sie weg und kaufte sich eine neue. »Doch wenn man den Hund erst einmal hat, denkt man anders.« Als Haustierbesitzer hat man es nämlich mit einem Wertobjekt zu tun, dessen Wert nicht in Zahlen ausgedrückt werden kann. In ihrer »Biografie« von Elizabeth Barrett Brownings Spaniel Flush beschreibt Virginia Woolf, die ebenfalls Hundebesitzerin war, den Spaniel als etwas, das für sein Frauchen »dieser seltenen Kategorie von Dingen angehörte, die man nicht mit Geld in Verbindung bringen kann«. Genau. Als die Hundesteuer erstmals in Paris eingeführt wurde, stellte sie für viele Haushalte eine Steuer auf ein Wertobjekt dar, dessen Wert nicht berechenbar war – und wurde natürlich genau deswegen bezahlt.

Miss Puss wieder gesund zu machen kostete insgesamt 3000 britische Pfund, und das war mehr Geld, als wir eigentlich besaßen. Es muss ungefähr am zweiten Tag der Behandlung gewesen sein, als der Tierarzt anrief und mich fragte, ob sie eine weitere, 600 Pfund teure Medikamentenpackung öffnen sollten, um die Behandlung fortzusetzen. Ich antwortete spontan und aus dem Bauch heraus: Selbstverständlich wollte ich, dass sie eine weitere Packung aufmachten, um die überschüssige Glukose aus Miss Puss' Körper zu spülen. Es war eine vernünftige Frage eines gewissenhaften Tierarztes gewesen, während meine Antwort jeglicher Logik und Vernunft entbehrte.

Doch wenn meine Katze um ihr Leben kämpfte, wollte ich ihr nicht die Chance nehmen, diesen Kampf zu gewinnen. Der wirtschaftliche Wert meiner Katze war vernachlässigbar; ich glaube, dass sogar ihr erstes Körbchen mehr gekostet hatte als sie selbst. Ihr emotionaler Wert für mich aber war wesentlich höher, als es eine Tierarztrechnung sein konnte. Man könnte also sagen, dass ich dieses Geld für mich ausgab. Dafür erkaufte ich mir sieben weitere Sommer, in denen sie sich auf sonnigen Fleckchen im Garten wälzte, nachts in mein Bett kroch oder im Badezimmer am Handtuchwärmer herumturnte wie Nadia Comaneci am Stufenbarren. Auf jeden Fall war sie mehr wert als ein neues Möbelstück.

Sentimentalität ist ein Begriff, der ähnlich wie Vermenschlichung meist verächtlich gebraucht wird. John Hogg, der 1878 ein über 500 Seiten dickes Buch mit dem Titel *The Parlour Menagerie* veröffentlichte, schrieb, dass er seiner Nachtigall immer wieder mal einen Kuss gab. Aber man merkt, dass ihm dieses Eingeständnis doch irgendwie peinlich war, denn er fügte hinzu: »Ich schäme mich nicht, das einzugestehen.« Auf diesem Gebiet hat sich viel geändert. Die amerikanische Künstlerin Carolee Schneemann drehte 2008 ein Video, auf dem sie und ihr Kater Vesper miteinander im Bett liegen und sich küssen. Die musikalische Untermalung besteht aus einer Mischung von Celloklängen und Vespers tiefem, zufriedenem Schnurren. Was ist passiert? Und wie konnte der früher unsichtbar bleibende emotionale Wert unserer Haustiere nicht nur sichtbar werden, sondern einen derart hohen Stellenwert erhalten?

Das liegt unter anderem daran, dass sich die Tiere verändert haben. Die Mengen an Schafen und Schweinen, Rindern und Pferden, der ursprünglichen Klientel der Veterinäre, wurden kleiner und kleiner; gleichzeitig wuchsen die Populationen der Katzen und Hunde, Zwergkaninchen und Meerschweinchen, Frettchen und Hamster,

Schlangen und Eidechsen immer stärker an. Doch nicht nur die Patienten veränderten sich, sondern auch die Tierärzte. »Wenn Haustiere zu Patienten werden«, hieß es 1915 in einem Leitartikel, »werden wir unsere tierärztlichen Kollegen bald in Damenmagazinen inserieren sehen«. Der Autor dieses Artikels wäre sicherlich entsetzt darüber, wie zutreffend diese Prophezeiung war. Als Frauen begannen, den Arztberuf zu ergreifen, taten sie es, um sich um kranke Frauen und Kinder zu kümmern. Die ersten Frauen, die Tiermedizin studierten (und Tierschutz- sowie Anti-Vivisektions-Vereinen beitraten) waren die Enkelinnen von Leuten, die Tiere mit rein emotionalem Wert besaßen. Und diese Frauen führten in der Veterinärmedizin den Gedanken ein, dass auch diese Tiere wichtig waren. Der kleine Schoßhund, dessen Existenz früher nur damit zu rechtfertigen war, dass er Mäuse und Ratten jagte oder aber bei Menstruationskrämpfen als lebende Wärmflasche diente, darf heute einfach nur um seiner selbst willen da sein, lieben und geliebt werden – diese Revolution in der Tierhaltung wälzte auch die gesamte Veterinärmedizin um und machte sie zu einer Industrie, die allein in Großbritannien einen geschätzten Wert von drei Milliarden britischen Pfund hat (Stand: November 2017). Fürsorge, so stellte sich heraus, hat einen Preis, und so wurde Mrs Rosalia Goodman zur mythischen Mutter des vierstelligen Rechnungsbetrags, worüber sie selbst wohl verwundert gewesen wäre.

Es gilt noch einen letzten Aspekt der Fürsorge zu behandeln, und dieser betrifft die Rolle des Tieres als Blinden- und Gehörlosenbegleiter sowie Lebensretter. Dies ist eine lange Geschichte. Jene Jagdhunde der Jungsteinzeit, die mit unseren Vorfahren auf Spurensuche über die Schneefelder der Ardèche streiften, waren ebenso Haustiere wie die Mäusejäger, die durch die Scheunen und Mühlen des alten Babylon schlichen. Sogar dem Schoßhund kamen verantwortungsvolle Aufgaben zu. Die irischen Gesetzessammlungen beschreiben detailliert seine Rolle als Bewacher der in den Wehen liegenden Frauen: Er musste das kleine Volk (die Zwerge, Trolle, Gnome und anderen Naturgeister) fernhalten, das versuchen würde, Mutter und Kind etwas anzutun. Und sollte dem Tier ein Unglück zustoßen, sodass es seine Aufgaben nicht mehr erfüllen konnte, so sollte derjenige, der dies verschuldet hatte, nicht nur ein Strafgeld bezahlen müssen, sondern auch gemeinsam mit einem Priester als Wachhundersatz der Gebärenden beistehen.

Da wäre natürlich noch die Bedeutung, die Tiere für die Medizin hatten und haben: Molchaugen und Froschzehen als Zutaten heilwirksamer Tränke. Selbstverständlich klingt das ekelhaft, doch ist es wirklich primitiver oder lächerlicher als unsere Angewohnheit, Lippenstifte an Kaninchen zu testen? Wichtiger aber ist die Rolle, die Tiere bei der Heilung seelischer Leiden spielen. Der Quäker und Philanthrop William Tuke gründete in den 1790er-Jahren seine revolutionäre Heilklinik York Retreat für Patienten, die an den unterschiedlichsten mentalen Problemen litten. Sein Sohn Samuel erklärte in seiner *Description of the Retreat*, dass sein Vater glaubte, die Klinik könne »die sozialen und positiven Gefühle … durch die Bindung an einige der niederen Tiere wecken«. Wenn wir die Bereiche aufzählen wollen, in denen Tiere uns gegenüber Fürsorge ausüben, sollten wir auch die Altersheime, die geriatrischen Abteilungen von Krankenhäusern sowie die Hochsicherheitsgefängnisse berücksichtigen, in denen die Anwesenheit von Tieren eine willkommene und oft heilsame Ablenkung darstellt. Auch Louis Wain glaubte daran, dass

Tiere Menschen therapieren können. Während seiner Amtszeit als Präsident des National Cat Club schrieb er 1898: »Alle Menschen, die Katzen halten ... leiden nicht an jenen leidigen Zipperlein, die uns Sterbliche gewöhnlich befallen ... Alle Liebhaber von ›Muschi‹ sind von sanftem Gemüt.« So, jetzt wissen wir es.

Uns stehen heutzutage Tiere zur Verfügung, die Diabetiker vor einem bevorstehenden hypoglykämischen Schock und Epileptiker vor einem sich ankündigenden Anfall warnen können. Wir haben das in einigen englischsprachigen Ländern offiziell anerkannte »emotional support animal«, also ein Tier, das von seinem Besitzer als emotionale Stütze benötigt wird. Wir haben zum Beispiel die Krebsmaus, und weil wir schon so lange mit Hunden zusammenleben und zahlreiche Pathogene (Krankheitserreger) gemeinsam haben, haben Wissenschaftler erforscht, ob uns Hunde nicht vielleicht wichtige Hinweise für die Heilung von Krankheiten wie Diabetes oder die Bluterkrankheit liefern könnten.

Ich habe ein persönliches Interesse an derartigen Forschungen. Alljährlich erhalten in Großbritannien an die 10.000 Frauen unter 50 die Diagnose Brustkrebs, und 2011 war ich eine davon. Weil das, was mich beinahe getötet hätte, einer anderen Frau das Leben retten könnte, befinden sich mittlerweile kleine Stückchen von mir in verschiedenen Forschungslabors, zusammen mit den Tieren, an denen einige der Medikamente, die ich bekam, getestet wurden. Angesichts der Spirale der damit verbundenen ethischen Komplikationen könnte einem schon ein bisschen schwindelig werden. Ein Beispiel: Ich hatte noch nie eine Ratte, während meine Freundin Jane drei dieser Tiere besitzt. Wenn wir zusammen essen gehen, packt sie immer ein paar kleine Leckerbissen für ihre Lieblinge in eine Serviette. Was also für die Forscher, die an der nächsten Generation von Tamoxifen basteln, nur ein Versuchstier und für mich irgendein nebulöses Wesen ist, stellt für Jane einen Gefährten dar, den sie ebenso liebt, wie ich Bird und Daisy liebe. Bevor meine Gewebeteile für die Forschung verwendet werden durften, musste ich dafür meine Einwilligung geben; die in die Forschung involvierten Ratten, Hunde und anderen Tiere dagegen werden nicht gefragt. Ich will nicht, dass irgendein Tier für meine Gesundheit leiden muss, ebenso wenig will ich, dass man sie wegen eines Lippenstiftmodells quält, aber natürlich bin ich auch lieber am Leben als tot. Dies ist ein Dilemma, und man kommt nicht umhin, sich ihm zu stellen.

Es gibt auch keine Patentlösung für dieses Problem. Vielleicht würde die Angelegenheit dadurch fairer, dass die Ergebnisse aus diesen Forschungen auch jenen zugute kommen, die leiden mussten, damit sie durchgeführt werden konnten, nämlich den Tieren.

Denn Olina hat in gewisser Weise recht: Tiere leiden für uns und gleichzeitig leiden sie so wie wir. Auch sie werden von Stress und Traumata gequält, werden von Diabetes, Krebs und anderen Krankheiten befallen, bekommen Herzprobleme, und ihre Sehfähigkeit sowie ihr Gehör verschlechtern sich mit dem Alter. Wer einen dicken Geldbeutel oder aber eine gute Versicherung hat, kann seinem Liebling mitunter die notwendige Behandlung ermöglichen. Doch auch in solch einem Fall bewegt man sich in einer ethischen Grauzone, denn der Liebling kann keine Einwilligung erteilen, wenn es darum geht, ein Spenderorgan zu erhalten, sich einer Operation zu unterziehen, Medikamente zu nehmen oder sich klonen zu lassen. Das Tier hat so gut wie keine Möglichkeit, sich den Behandlungen zu widersetzen, die wir ihm angedeihen lassen wollen. Dadurch besteht eine große Gefahr: Je mehr wir unsere Tiere lieben, je höher wir ihren emotionalen Wert für uns einschätzen und je stärker wir uns für sie dieselben medizinischen Therapiemöglichkeiten wünschen wie für uns – je mehr wir also versuchen, sie wie Menschen zu behandeln –

desto stärker tritt ihr Tier-Sein in den Hintergrund. Heute besteht ein wichtiger Aspekt unserer Fürsorge für sie darin zu wissen, wo man die Grenze ziehen muss, und eine der größten Herausforderungen, denen wir uns als Besitzer gegenübergestellt sehen, ist es, jemandem, den wir lieben, den Tod zu gewähren.

Wo Trauer ist, war Liebe.

Barbara J. King,
How Animals Grieve, 2013

KAPITEL ACHT
VERLUST

Sollten Sie jemals in die Nähe des Dorfes Loxhill in der südöstlichen englischen Grafschaft Surrey kommen, könnten Sie den Eindruck haben, durch Drehorte von Kriminalfilmen zu fahren. Hinter dem Laub von Bäumen scheint ein Mauerstück durch, dort drüben verlaufen verrostete Gleise, irgendwann passieren Sie das kunstvoll geschmiedete Tor eines prachtvollen Landsitzes, neben dem ein Torhaus steht. Dahinter kommen grüne Wiesen, denen man ansieht, dass auf ihnen seit Jahrhunderten Vieh grast, sowie lange Reihen von Bäumen, die alle gleich hoch sind. Doch wo ist das dazugehörige Herrenhaus, werden Sie sich fragen, und warum steht stattdessen mitten in der Landschaft nur ein Grabstein?

Im letzten Teil ihrer Biografie aus der Sicht eines Hundes schreibt Elizabeth von Arnim: »Ebenso wie das Leben ist diese Geschichte in ihrem weiteren Verlauf mit Gräbern gesprenkelt«, und ich fürchte, dass es sich mit diesem Kapitel ebenso verhält. Wenn man sich ein Tier in sein Leben geholt hat, muss man sich der Tatsache stellen, dass man es höchstwahrscheinlich überleben wird. Das trifft auf die kleinsten Haustiere ebenso wie auf die größten und tapfersten zu: Sogar The Earl, dessen Grab hier auf einer Wiese in Surrey so ziemlich alles ist, was von Park Hatch und all seinen Bewohnern übrig geblieben ist. »HIER RUHT THE EARL«, steht auf dem Grabstein, und darunter:

ER WAR DAS KRIEGSROSS VON R. T. GODMAN BEI DEN 5TH DRAGOON GUARDS 19 JAHRE LANG DIEN-TE ER IM RUSSISCHEN KRIEG IN DER TÜRKEI UND AUF DER KRIM 1854–6

Und so fand The Earl seinen Tod:

NIEDERGESCHOSSEN BEI EINEM VORFALL AM 26. DEZ. 1868 NOCH IM VOLLBESITZ SEINER KRÄFTE

Irgendwie ist das tröstlich. Kein langsames Dahinsiechen in allzu hohes Alter, sondern ein tragischer Unfall, der sich dem Datum zufolge vielleicht bei einer weihnachtlichen Jagdpartie ereignet haben könnte, möglicherweise an der Stelle, an der das Pferd begraben wurde. The Earl war nicht einfach nur ein Haustier. So wie die heutigen Soldaten und ihre Hunde, die im Irak und in Afghanistan dienen, waren Godman und sein Pferd Kriegskameraden. Sie hatten gemeinsam Dinge überstanden, die ihre Beziehung zu etwas Besonderem machten. Wir können uns vorstellen, wie sehr Godman getrauert haben muss.

Als Sir Walter Scotts Liebling, ein Bullterrier namens Camp, 1809 starb, bestand Scotts einziger Trost darin, dass ihn der Verlust nicht noch schlimmer schmerzte: »Wenn wir so sehr wegen des Todes eines Hundes leiden, den wir zehn oder zwölf Jahre kannten, wie würden wir uns dann erst fühlen, wenn sie [die Tiere] doppelt so lange leben würden?« Scotts Tochter Sophie berichtet, dass die ganze Familie weinend um das Grab herumstand, während Scott den Rasen darüber wie als Ersatzhandlung streichelte, weil er den Hund selbst jetzt nicht mehr streicheln konnte. Es hört sich ein bisschen an wie eine viktorianische Version der Schlussszene in *Marley & Ich* (2008), und das sagt wiederum viel darüber aus, wie universell diese Erfahrung ist und wie niederschmetternd sie sein kann. Mitunter wundert man sich darüber, wie stark man als Besitzer um ein Tier trauert. Es überraschte auch schon Joachim du Bellay um 1558, drei Tage nach dem Tod seiner Katze:

Ich kann nicht sagen, noch schreiben
Oder gar daran denken, was Belaud, meine kleine graue Katze,
Mir bedeutete, dieses winzige Geschöpf …

Wie kann nur, so fragen wir uns auch heute, der Verlust von etwas derart Winzigem einen derart immensen Schmerz verursachen? »Unfassbar«, beschrieb Jane Carlyle ihre Trauer, als Nero im Februar 1860 schließlich doch seinen Verletzungen erlag, und gab Trauerschmuck in Auftrag, so wie es eine Frau ihrer Zeit und ihres sozialen Rangs auch getan hätte, wäre ihr Gatte oder ihr Kind gestorben. Jane erwähnte diesen Vergleich auch selbst: »Mein kleiner Hund ist am oberen Ende des Gartens begraben«, schrieb sie im Februar 1860 an Mary Russell, »und ich trauere um ihn, als ob er mein leibliches Kind gewesen wäre.« Sie fand auch, dass es ihr zustand, so zu trauern, und schimpfte über alle, die ihren Schmerz nicht nachvollziehen konnten. »All meine anderen Besucher«, schrieb sie an Lady Ashburton, »sprachen in hässlicher Weise über das, was sie meinen ›kleinen Trauerfall‹ nannten.«

Sie können sich gar nicht vorstellen, welchen Schmerz sie mir zufügen. Drei Männer, die einzigen Männer, mit denen ich hier näher bekannt bin, boten mir an, »mir einen *anderen kleinen Hund* zu besorgen«. Und zwei Frauen, beide von der Sorte, die man als »gefühlvoll« bezeichnet, fragten, ob ich »ihn *ausstopfen* ließ«. »Ich verstehe gar nicht, warum Sie das nicht gemacht haben«, beklagte sich die eine, »er hätte in einem Glaskasten in Ihrem Zimmer so hübsch ausgesehen und Ihnen auf diese Weise immer noch Gesellschaft leisten können.« Gütiger Himmel! Wenn man in einer Zeit leben würde, die Mr Carlyle als »ein ehrliches Zeitalter« nennt, würde man solche Tröster wie diese Frau dann nicht am Nacken packen und aus dem Fenster werfen?

An einem solchen Trauerfall ist nichts »klein«. Als Linky, Edith Whartons letzter Pekinese, im April 1937 eingeschläfert werden musste, war der Tod der kleinen Hündin für die 75-jährige Schriftstellerin so schmerzhaft, dass sie ihre letzten Verbindungen zur Außenwelt kappte. In ihrem Tagebuch schreibt Wharton, dass Linkys Geist vor dem all der anderen Wesen steht, die sie verloren hatte, dem Geist von Menschen ebenso wie dem von Hunden. Nach diesem Eintrag versiegt der Fluss der Worte, die sie in ihre Tagebücher schrieb, und bricht schließlich ganz ab. Vier Monate später starb auch sie.

Das Ausstopfen von Tieren, wie die Bekannte es Jane Carlyle vorschlug, oder das Klonen sind extreme Reaktionen. Sie zeigen aber auch, wie sehr wir einen derartigen Verlust fürchten, der mitunter (wenn auch zum Glück nur äußerst selten) sogar ein Gebrochenes-Herz-Syndrom auslösen kann. Dabei wölbt sich eine Herzkammer in Reaktion auf intensiven Stress so weit nach außen, dass das Herz die Form eines japanischen *tako tsubo* oder Tintenfischtopfs annimmt. Der betroffene Mensch hat das Gefühl, dass sein Herz zu platzen oder zu brechen droht, und die Schmerzen sind ebenso heftig wie bei einem klassischen Herzinfarkt. 2017 erkrankte eine Frau in Texas an diesem Syndrom. Zwar gab es in ihrem Leben auch noch anderes Belastendes, eigentlicher Auslöser aber war der Tod ihres Hundes. Warum fühlt sich der Verlust eines nicht-menschlichen Lebewesens so schmerzhaft an? Was macht den Tod solch eines Gefährten zu einem so tief empfundenen Erlebnis?

Um diese Frage zu beantworten, muss man sich die Beziehung zu Lebzeiten des Tieres anschauen, denn mitunter verrät erst ihr Ende, wie wichtig sie tatsächlich war. Erst als Alex, Objekt von Irene Pepperbergs Avian Learning Experiment, tot war, begriff die Wissenschaftlerin, dass er für sie wesentlich mehr gewesen war als nur ein Studienobjekt: »Als er von mir gegangen war, begriff ich erst, wie tief unsere Verbindung gewesen war«, schreibt sie und wählt dabei Ausdrücke, die man verwendet, wenn man einen geliebten Menschen verloren hat. Sir Walter Scott beschreibt den Tod von Camp als den eines »lieben alten Freundes«. Selbst Pepys, der anfangs so heftig gegen die Hündin Fancy gewettert hatte, trauerte, als sie starb. Nachdem er im September 1668 von ihrem Tod »mit dem Bauch voller Welpen« erfahren hatte – Pepys' Vater, zu dem die trächtige Hündin offenbar geschickt worden war, hatte ihm diese Mitteilung gemacht –, schreibt er in seinem Tagebuch über sie, als wäre sie ein Mensch gewesen, und bezeichnet sie als »einer meiner ältesten Bekannten und Diener«. Vielleicht bedeutete sie ihm sogar noch mehr. Aus zahlreichen soziologischen Studien geht hervor, dass wir unsere tierischen Familienmitglieder als zuverlässigere Freunde ansehen als befreundete Menschen. Gleichgültig, ob diese Einschätzung tatsächlich zutrifft oder nicht: Gefühlsmäßig messen wir unseren tierischen Gefährten so hohen Wert zu, dass sie für uns buchstäblich unersetzlich sind. Sigmund Freud, in dessen Behandlungsraum es in den 1930er-Jahren nicht nur nach seinen Zigarren, sondern auch nach

Chow-Chow gerochen haben muss, meinte, das liege daran, dass Tiere »Zuneigung ohne Ambivalenz ... eine intime Affinität ... ungeteilte Solidarität« böten. Diese stabile, zuverlässige, unveränderliche Allianz ist der Gegenpol zu den schwierigeren und veränderlichen Beziehungen, die wir zu Menschen haben – und plötzlich bricht mit dem Tod des Tieres diese emotionale Stabilität und Sicherheit weg. Auch nur an den Verlust erinnert zu werden kann sehr schmerzen. »Es starb unsere Lieblingskatze Tit«, notiert William Stukeley betrübt am 31. August 1720 und fügt hinzu: »Mein Gärtner beerdigte sie an Rosamunds schattigem Plätzchen, der schönsten Stelle in meinem Garten, was bei mir zu einer starken Abneigung gegen diese Stelle führte.« Wenn es um den Tod von Haustieren geht, benutzen wir lieber Umschreibungen als deutliche Worte: Wir töten sie nicht, wir »schläfern sie ein«. Kein Wunder, dass unsere Trauer um sie so ambivalent ist.

Dürfen wir sie überhaupt in der Öffentlichkeit zeigen? Vielleicht ist dies ein weiterer Grund dafür, warum der Tod eines Haustiers so wehtut: Anders als bei Trauerfällen von Menschen sollen wir unseren Schmerz unterdrücken. Als ihre Aura 1511 starb, ließ Isabella d'Este ihre Entourage rundheraus wissen, dass sie kunstvolle Trauergedichte für ihren Lieblingshund erwartete – und sie erhielt diese auch; allein der Gelehrte Carlo Agnelli verfasste drei Stück davon. Aber das war eben Isabella d'Este. Normalsterbliche Tierbesitzer dagegen haben eher das Gefühl, sich für ihr Trauern entschuldigen zu müssen. Lady Wentworth, eine Dame des 18. Jahrhunderts, bat Gott um Verzeihung, weil sie wegen des Todes ihres Hundes Fub »betroffener war, als ich erwartet hatte«. Als ihr Affe Pug 1712 starb, war dies für sie ein noch schwererer Schlag, und sie schrieb: »Gott möge mir verzeihen, aber es wäre mir lieber gewesen, statt ihrer wäre ein Christenmensch gestorben.« Als ihr Sohn ihr Ersatz anbot, lehnte sie

ab mit der Begründung, sie sei »so eine große Närrin« und so »ver-
narrt«, dass derartige Beziehungen ihr in ihrem Alter einfach zu be-
lastend seien. Sie schrieb auch darüber, wie sie sich selbst trotz ihrer
Trauer zwang, anstandshalber an gesellschaftlichen Ereignissen teil-
zunehmen. Walpole pflegte Tontons Vorgängerin Rosette 1773 viele
Wochen lang und teilte seine Freunde in zwei Gruppen ein: Jene,
die über *Dogmanity* (etwa: Hundehumanität) verfügten und ihn in
seiner Verzweiflung verstanden, und die anderen, die das nicht taten.
Als Rosette starb, schrieb er ihr eine Elegie (»Süßeste Rose des Jahres«) und schickte diese jemandem aus der ersten Gruppe. Er schrieb
dazu, dass er das Gedicht keineswegs als literarischen Meilenstein
ansehe, doch dass es »aus dem Herzen« komme: Deshalb wird es
Eurer *Dogmanity* nicht missfallen.« Weitere 100 Jahre später musste
Grace Greenwood in der kleinen Nekropole, die im Laufe der Jahre
in einer Ecke ihres Gartens entstanden war, die Leiche des Erpels
Jack beisetzen, der im Verlauf seines von Unfällen geprägten Lebens
unter anderem in einer Zisterne eingeschlossen, ins Feuer gelaufen,
in eine Rattenfalle geraten und schließlich in einem Mühlengraben
ertrunken war. »Es mag sehr seltsam und lächerlich erscheinen, doch
ich trauerte wirklich um mein totes Haustier«, schreibt sie etwas be-
schämt. Was soll daran denn seltsam oder lächerlich sein? Wir lieben,
wir verlieren, wir trauern. Wir sollten darüber nicht überrascht sein
und auch nicht das Gefühl haben, uns wegen unserer Trauer entschuldigen zu müssen.

Allerdings scheint sich in dieser Hinsicht etwas zu verändern,
und sicherlich hängt es damit zusammen, dass Haustieren zunehmend auch in der Öffentlichkeit der Status von Familienmitgliedern zuerkannt wird. 2016 erschienen in Zeitungen mehrere Artikel über Firmen, die ihren Beschäftigten Urlaub gaben, wenn diese
den Tod eines Haustiers zu betrauern hatten. Offenbar aber trauen

sich viele Tierbesitzer noch nicht, um diese Art von Urlaub zu bitten, was verständlich ist, da diese Art der Trauer jahrhundertelang etwas sehr Privates war. Doch die Tatsache, dass man sie mittlerweile nicht mehr zu verheimlichen braucht, spiegelt die allgemeine Akzeptanz des Schmerzes über den Verlust eines geliebten Haustiers. Diese veränderte Haltung ist sicherlich auch eine Folge der allgemeinen Zunahme der Haustierhaltung. Immer mehr Menschen erleben diese Situation und wissen daher, wie qualvoll sie sein kann.

Das Schlimmste am Tod eines geliebten Tieres ist oft, dass wir die Verantwortung dafür auf uns nehmen müssen. Das ist schlimm genug, aber stellen Sie sich mal vor, wie schlimm dies früher gewesen sein muss, als man noch nicht zum Tierarzt gehen konnte, um ein stark leidendes Tier erlösen zu lassen. Grace Greenwood schreibt auch von ihrem Kätzchen Kitty, dem Grace' älterer Bruder beim wilden Spiel versehentlich das Rückgrat gebrochen hat. Der Familie blieb nichts anderes übrig, als Kitty mit der Häckselmaschine zu köpfen. Grace versteckte sich in ihrem Schrank und hielt sich die Ohren zu, »bis alles vorbei war«.

Glücklich war, wer in der Nähe einen Bauern fand, der ein Gewehr besaß und damit einen Gnadenschuss erteilen konnte. Auf diese Weise endete das Leben von Luath, der »nicht krank, sondern nur alt und gebrechlich geworden war«, wie Mary Ansell ihn beschrieb. Eine schnelle Kugel kann tatsächlich eine Gnade sein, sofern der Mensch, der den Abzug drückt, weiß, was er tut. Aus diesem Grund hat die von der American Humane Education Association 1904 herausgegebene Fassung von *Black Beauty* einen Anhang, in dem genau erklärt wird, wie man Pferde und Hunde erschießt.

Die andere schnell und sicher wirkende Methode war Gift. Louis Wain lässt seinen Kater Peter in seinem Buch einem Nachbarn begegnen, der neun Katzen besaß und in seinem Garten fünf

Katzengrabsteine stehen hatte; sämtliche Tiere hatte er mit Blausäure vergiftet. Auch Jane Carlyles Nero starb durch Blausäure, die ihm von Janes eigenem Hausarzt eingeflößt wurde. Seinen letzten Atemzug tat der Hund in den Armen des Dienstmädchens Charlotte, weil Jane es nicht ertrug, dabei zu sein. Auch J. R. Ackerley war beim Tod seiner Queenie nicht zugegen. Blausäure oder Chloroform blieben die am häufigsten angewendeten Euthanasiemittel für Haustiere, bis Sir Benjamin Ward Richardson (1828–1896) in den späten 1880er-Jahren in Battersea eine tödliche Gaskammer konstruierte, in der Kohlensäuregas zur Anwendung kam. Richardson erbrachte auch große Leistungen auf dem Gebiet der Humananästhesie, was den Schluss nahelegt, dass es ihm wirklich darum ging, Lebewesen Schmerzen und Qualen zu ersparen. Luaths Vorgänger Porthos wurde zum Tierheim Battersea Dogs Home geschickt, als »es unmöglich wurde, ihn länger im Haus zu behalten«, wie Mary es euphemistisch ausdrückt, »und in dieser Sterbekammer wurde er sanft eingeschläfert«. Zumindest konnte sie hoffen, dass es tatsächlich so war. Es dauerte noch 20 Jahre, bis jemand auf die Idee kam, »schädliche« Menschen auf diese Weise in den Tod zu befördern. Herzzerreißend ist auch Jessica Pierce' 2012 erschienener Bericht *The Last Walk* darüber, wie sie versuchte, ihrem alten Hund Ody ein »gutes Ende« zu bereiten. Sie ertrug gemeinsam mit ihm all die Krankheiten und Beschwerlichkeiten des Hundelebensabends, solange er noch so viel Lebensqualität hatte, dass es zwischen den schlechten Momenten auch noch gute gab. Als sie merkte, dass dieses Gleichgewicht verloren gegangen war und es Ody nicht mehr guttat weiterzuleben, wagte sie sofort den entscheidenden Schritt.

Natürlich können unsere Tiere uns nicht verraten, wann es für sie Zeit für das »gute Ende« wird, aber auch viele von uns werden dazu nicht mehr imstande sein. Der Tod eines Tieres streift den menschlichen Tod und konfrontiert uns immer auch mit unserer eigenen Sterblichkeit; er ist beinahe so etwas wie eine Generalprobe. Als mein Vater 90 Jahre alt und durch eine Reihe von Mini-Schlaganfällen stark eingeschränkt war, hätte er nicht mehr sagen können, wie er sich seinen Tod wünschte. Auch mitten im Leben können wir das nicht sagen, weil wir gar nicht wissen, wann es so weit sein wird. Der Unterschied bei einem Tier ist, dass wir in vielen Fällen diejenigen sind, die diese Entscheidung für sie treffen müssen. Und das ist für einen Tierbesitzer wirklich entsetzlich. Über Queenies letzten Weg zum Tierarzt schrieb Ackerley: »Sie wusste nicht, was mit ihr geschehen würde; ich war derjenige, der zu viel wusste.«

Die Entscheidung, das Leben eines Haustiers zu beenden, ist meiner Ansicht nach die emotionale Entsprechung zum Gebrochenen-Herz-Syndrom. Es ist ebenfalls eine Agonie, wenn auch nur eine mentale. Der psychiatrische Begriff dafür ist »kognitive Dissonanz«: Wir finden uns in einer Situation wieder, in der das uns Mögliche und unser eigentlicher Wunsch so weit voneinander entfernt sind, dass es uns vorkommt, als würde uns gleich der Kopf platzen; und dennoch muss das Entsetzliche getan werden. Thomas Carlyle appellierte an Janes Sinn für »römische Tugend«, als er sie davon überzeugen wollte, dass sie Neros Leiden beenden müsse, hatte damit jedoch keinen Erfolg. Erst ihr Hausarzt konnte ihr klarmachen, dass ihr Hund auf jeden Fall an seinen Verletzungen sterben würde. Immer noch ist dies für jeden Tierbesitzer, und nicht nur für Haustierbesitzer, das schlimmste Dilemma. Bei einer Feldforschung unter den Bauern auf der griechischen Insel Zakynthos stellte der Ethnologe Dimitrios Theodossopoulos fest, dass sie besondere rationale Begründungen für das Töten von Tieren entwickelt hatten. Sie rechtfertigten das Schlachten der Tiere für die Fleischgewinnung damit, dass sie es als

Bezahlung der durch sie erbrachten Fürsorge während derer Lebenszeit ansahen. Wir als Haustierbesitzer können einen schmerzlosen Tod zu einem von uns festgelegten Zeitpunkt als Lohn für die Zuneigung ansehen, die uns das betreffende Tier im Laufe seines Lebens zukommen ließ, und die Trauer, die wir dabei empfinden, ist der Preis, den wir dafür bezahlen müssen, dass wir das Tier geliebt haben.

Dennoch ist es furchtbar, diese Entscheidung treffen zu müssen, wohl auch deshalb, weil man sie mit dem betroffenen Geschöpf nicht besprechen kann. John Archer beschreibt sie als »den Höhepunkt bedingungsloser Liebe«. Er weist jedoch auch auf die Schuldgefühle hin, die sie mit sich bringt, und darauf, dass uns alles, was wir in diesem Zusammenhang unternehmen, an unsere eigene Ohnmacht und Sterblichkeit gemahnt; dabei gibt es kaum etwas, über das nachzudenken uns schwerer fällt. Auch noch Jahre nach dem persönlichen Drama, an Krebs erkrankt zu sein, sind es nicht die Narben, die uns Überlebende von anderen Menschen unterscheiden, sondern die Erkenntnis, dass der Tod nicht nur andere Leute betrifft: Wir *wissen*, dass es auch uns eines Tages treffen wird. Ab einem bestimmten Tag wird sich die Welt ohne uns weiterdrehen. Dies ist ein nur schwer fassbarer Gedanke, den man da mit sich herumträgt, und er verändert alles.

Es ist auch ein guter Grund dafür, das Leben in vollen Zügen zu genießen und nicht ans Ende zu denken. Doch aus diesem Glück reißt uns der Tod eines Haustiers heraus, denn der Tod eines geliebten Tieres ist so etwas wie die Miniaturausgabe unseres eigenen Tods. Als ihr Kater Vesper überfahren worden war, schrieb Carolee Schneemann, dass ihre Hilflosigkeit angesichts dieses Ereignisses »nicht nur mit der konstanten furchtbaren Raumlosigkeit« zu tun hatte, »dem Verlust meiner Vergangenheit, die wir miteinander getragen hatten, sondern auch mit meiner Gegenwart, die beständig in glitzernde Splitter zerfällt, welche den gegenwärtigen Augenblick in die vergangenen Momente hineinschneiden.«

Louis Wain, ein Katzenmann par excellence, der Peters Abenteuer von dessen Kätzchentagen an schilderte, konnte es nicht ertragen, die Geschichte mit Peters Tod enden zu lassen, obwohl Peter das für eine Katze der viktorianischen Epoche stolze Alter von zwölf Jahren erreichte. Also schilderte Wain statt Peters Tod dessen Lebensabend als geistig gereifter Kater, »zu schwer zum Mäusejagen … und in puncto Fressen wesentlich heikler, als er es in den vorangegangenen Jahren gewesen war«. Ein Haustier besitzt in unserer Welt so wenig Einflussmöglichkeiten, dass sein Tod (und sogar der fiktionale Tod eines erfundenen Tieres) stets den Geruch des Verrats an sich hat, selbst dann, wenn wir wissen, dass es unumgänglich war, es von seinen Leiden erlösen zu lassen. Und selbst wenn der Besitzer den Tod des Tieres (wie im Fall von Vesper) in keiner Weise verschuldet hat, bleibt eine tiefe Narbe. Die wegweisende Wissenschaftsautorin Mary Somerville erinnert sich in ihren Memoiren noch voller Zorn daran, wie die Dienerschaft ihren Stieglitz verhungern ließ, als die Familie verreist war – und das, obwohl dieses traurige Ereignis 1797 stattfand und ihre Memoiren 1873 veröffentlicht wurden. Wir umsorgen und schützen unsere Tiere nach besten Kräften, doch in diesem Extremfall, in dem sie uns am meisten brauchen, können wir nur versagen. Vielleicht ist es gar nicht so sehr deshalb, weil wir uns am Ende die Rolle Gottes anmaßen, sondern eher, weil wir bis zu diesem Zeitpunkt für sie wie Gott waren. Dennoch können wir sie vor dem Ende ebenso wenig bewahren wie uns selbst.

Wir verloren Millie, während ich noch an diesem Kapitel arbeitete. Ihre Nieren versagten, in ihrem Magen hatte sich eine undefinierbare Masse zusammengeballt und aufgrund ihrer Schilddrüsenüberfunktion wog sie so gut wie nichts mehr. Ihre Knochen waren zu Gräten geworden, ihr Fell zu Distelwolle, von dem, was einst eine Katze war, war nur noch ein fragiles Gebilde übrig. Monatelang war sie immer weniger geworden, schließlich hatte sich dieser Verfall im Laufe einer Woche wesentlich beschleunigt, und an den folgenden eineinhalb Tagen brachte uns der Tierarzt stündlich auf den neuesten Stand. Ihr Timing war perfekt: Kurz bevor sie die erlösende Spritze erhalten sollte, verabschiedete sie sich von der Welt. Mit Miss Puss war es genauso gewesen. Bei jenem ersten Tierarztklinikaufenthalt war sie, als ich kam, auf drei Beinen zur Vorderseite ihres Käfigs gehumpelt und hatte bei meinem Anblick vor Entzücken gejault (das vierte Bein steckte in einer Art Boxhandschuh, der die Infusionsnadel für das 600 Pfund teure Medikament fixierte). Bei ihrem letzten Klinikaufenthalt quälte sie sich in Zeitlupe und unter offensichtlichen Schmerzen zur vorderen Käfigseite, um an meinen Fingern zu schnüffeln. Dann drehte sie sich noch langsamer um und legte sich wieder hin, mit dem Rücken zu mir. Ich habe den Verdacht, dass Tierärzte mehr Gelegenheit haben, sich an diese Lebensende-Szenarios zu gewöhnen als Humanmediziner, für die der Tod eines Patienten stets ein, wenn auch oft unvermeidliches, Scheitern bedeutet. Und ich glaube, Miss Puss' Tierarzt hatte gedacht, dass es wesentlich schwieriger werden würde, mich davon zu überzeugen, dass die Katze eingeschläfert werden musste. Doch als ich sah, dass sie mir den Rücken zuwandte, wusste ich, dass sie am Ende ihres Weges angelangt war. Wir holten ihre kleine Leiche zu uns nach Hause. Mein damaliger Mann machte eine letzte Skizze von ihr, wie sie da auf ihrer Decke zusammengerollt in einem

Karton lag. Wir legten ihr Lieblingsspielzeug zu ihr in den Karton und bestatteten sie im Garten unter einer Katzenminzestaude, das war ihr Lieblingsplatz, an dem sie sich gern in der Sonne gewälzt hatte.

Sie sind nicht-menschliche Mitglieder unserer Familien, und wie um das zu beweisen, erfinden wir für sie neue Versionen der für Menschen üblichen Bestattungen, indem wir zum Beispiel Weihrauch verbrennen oder Grabbeigaben zu ihnen legen, indem wir uns an sie erinnern wie an unsere geliebten Artgenossen und indem wir sie nahe bei unserer Wohnstätte begraben, weil wir sie selbst im Tod in unserer Nähe haben wollen – und weil wir nichts anderes als unsere Menschenbräuche haben, an dem wir uns orientieren können. Auf einem altrömischen Grabstein steht: »Lache bitte nicht, wenn du hier vorbeigehst, weil dies nur das Grab eines Hundes ist.« Wie peinlich es ihnen auch gewesen sein mag: Die alten Römer bestatteten ihre Haustiere so, wie wir es tun. Wie wir gesehen haben, hatte Pearl ihr Grab und Helena auch; man fand Tiergräber in römischen Häusern, auf dem Marktplatz, am Straßenrand und in Gräbern für Menschen, wie es bei dem alten Hund war, der bei Karthago begraben lag.

Wir haben nie damit aufgehört, unsere Tiere in unserer Nähe zu bestatten. Natürlich nicht. Lady Wentworth ließ Pug in ihrem Garten beisetzen, so wie Jane Carlyle es mit Nero hielt (und ich mit Miss Puss), und ließ zwei Porträts von Pug malen, eines davon in Miniatur. Jane Carlyle tat dasselbe, und vermutlich trugen beide das Miniaturporträt ihres Lieblingstiers in einem Medaillon am Körper, um es immer bei sich zu haben, sogar im Tod. Auch Flush wurde zu Hause »in den Gewölben der Casa Guidi« beerdigt, wo er im Laufe seines Lebens sicherlich oft Ratten gejagt hatte und wo seine Knochen sicherlich immer noch liegen. Elizabeth Barrett und

Robert Browning fanden ihre letzte Ruhe hingegen an getrennten Orten, nämlich auf dem Englischen Friedhof von Florenz und in der Westminster Abbey, was für eine schöne Liebesgeschichte kein schönes Ende ist. (Da Flush nie kastriert wurde, tollen seine Gene möglicherweise immer noch auf der ein oder anderen Piazza von Florenz herum.) Einsam liegt auch das Kriegsross The Earl: im Boden des Anwesens der Familie seines Besitzers, die von dort schon sehr lange weggezogen ist. Auch Kater Tom wurde »anständig im Garten begraben«, ebenso wie Peters Großvater Lear. Es liegt also der Schluss nahe, dass es eben das ist, was Tierbesitzer machen, ohne groß darüber nachzudenken.

Und man erinnert sich auch noch lange nach ihrem Tod an sie. Sir John Soane (1753–1837), der sowohl Hundezwinger als auch das Gebäude der Bank of England entwarf, errichtete Fanny, dem Hund seiner Frau in dem »Monk's Yard« genannten Innenhof seines labyrinthartig angelegten Hauses in Lincoln Inn Fields, London, eine Gedenkstätte, die derartig nüchtern und gleichzeitig beeindruckend wirkt, dass uninformierte Besucher sie für das Grab von Mrs Soane halten. Auch Tonton erhielt ein Denkmal; es steht auf dem Grundstück von Walpoles Haus Strawberry Hill im Westen Londons und stellt den Hund dar, der das Wappen seines Besitzers festhält, als würde er sein Anrecht auf die Zugehörigkeit zur Familie betonen. Lord Byron ließ Boatswain im Garten von Newstead Abbey 1808 ein Denkmal errichten, mit einer Inschrift, die sicherlich auch Isabella d'Este gefallen hätte: »An dieser Stelle ruhen die Gebeine von einem/der Schönheit ohne Eitelkeit besaß,/Kraft ohne Anmaßung,/Mut ohne Grausamkeit/und sämtliche Tugenden des Menschen ohne dessen Laster. Dem armen Hund, im Leben der zuverlässigste Freund, wird im Himmel die Seele verweigert, die er auf Erden hatte.«

Was aber, wenn man in einer jener Wohnungen in Hochhäusern und somit ohne eigenen Garten lebt? Wir waren schockiert, als wir uns, da ihr Ende nahte, darüber informierten, wie in New York mit einer toten Katze zu verfahren sei: Man sollte sie einpacken und einfach in den Müll geben. »Die Überreste müssen in einem stabilen Plastiksack oder doppelten Plastiksack verstaut werden, auf dem außen ein Etikett mit der Angabe des Inhalts anzubringen ist (zum Beispiel »toter Hund« oder »tote Katze«).« (www1.nyc.gov) Wir erhielten schließlich ihre Asche zusammen mit einem Pfotenabdruck auf einem Stück Ton zurück. Keinem von uns gefiel der Gedanke, dass Millies kleine tote Pfote von einem Fremden in einen kalten, nassen Tonklumpen gepresst worden war, und auch die Karte, in die wir ihr Foto stecken, tröstete uns nicht. Ebenso wenig begeisterte uns die Vorstellung, ihre Asche auf einem 90 Kilometer entfernten Tierfriedhof beizusetzen, im neckisch benannten »Kitty Corner«. Millie hatte im Leben jede Katze angegriffen, die in ihre Nähe gekommen war. Was uns tatsächlich half, war das gegenseitige Geschichtenerzählen über unsere Katze Millie, deren Abwesenheit von der Oberkante des Sofas sich für uns ebenso real anfühlte wie der Karton mit ihrer Asche oben auf dem Kaminsims, auf den sie ständig zu klettern versucht hatte.

Millie war meine erste schwarze Katze, Bird ist meine zweite. Wir Besitzer schwarzer Katzen bilden Gangs, wie ich unter anderem über das Internet entdeckte, wo es Gruppen wie die Black Cat Appreciation Society gibt (weil, wie wir alle wissen, schwarze Katzen anders sind). Ich war entzückt, als ich entdeckte, wie nett diese Menschen zueinander sind und wie mitfühlend, wenn jemand aus der Gruppe ein Tier verliert. Es gibt Sympathiebekundungen, man erzählt sich gegenseitig Anekdoten, versichert sich, dass der Verlust eines Tages nicht mehr so schmerzen wird, und tut also genau dasselbe wie mein Lebensgefährte und ich. Ein trauernder Besitzer postete auch ein Foto seiner in eine Decke gewickelten toten Katze, und einen Augenblick lang war ich schockiert. Aber ist dieses Verhalten so anders als das einer Lady Wentworth oder einer Jane Carlyle, welche die Miniaturporträts ihrer Tiere als Brosche oder Kettenanhänger am Hals oder über dem Herzen trugen? Denn dort und im Mittelpunkt unserer Familien sowie unseres Lebens gehören diese Tiere hin, und dort erinnern wir uns an sie.

Und wenn wir sie nicht in unserer Nähe in unserem Garten beerdigen können, weil wir keinen Garten haben, geben wir sie trotzdem nicht einfach in den Müll. Deshalb gibt es Tierfriedhöfe.

Einer der ersten, wenn nicht sogar tatsächlich der allererste Tierfriedhof in Großbritannien, wurde 1881 informell hinter dem Hyde Park vom Parkwächter eingerichtet. Der erste Tierfriedhof der USA war Hartsdale in Westchester County, New York und zunächst ebenfalls informell; eigentlich handelte es sich um eine Streuobstwiese, die einem Tierarzt gehörte. Auf diesem Friedhof können Tierbesitzer auch ihre eigene Asche beisetzen lassen (während in New York State, zumindest im Jahr 2016, die Asche eines Haustiers auf einem Friedhof für Menschen beim Besitzer beigesetzt werden darf). Der Cimetière des Chiens et Autres Animaux Domestiques wurde 1899 im Nordwesten von Paris angelegt, damit die Besitzer ihre toten Lieblinge nicht mehr in die Mülltonne oder, noch schlimmer, in die Seine warfen. John Stows *Survay* aus dem Jahr 1603 zufolge hatten Londoner Tierbesitzer ihre kleinen Leichen jahrhundertelang in einen Nebenfluss der Themse, den Hounds Ditch (Hundegraben), geworfen. Allerdings war es auf den Britischen Inseln und auch anderswo seit keltischer Zeit Brauch, die Toten dem Wasser anzuvertrauen, um ihnen die Reise ins Jenseits zu ermöglichen. Ist vielleicht auch dieses Verhalten auf einen alten Bestattungsbrauch für Menschen zurückzuführen?

Und wenn wir unsere Tiere begraben, scharren wir sie nicht einfach in der Erde ein. Wir legen Grabbeigaben dazu. Ein Hund, der im 4. Jahrhundert v.Chr. in Athen lebte und möglicherweise Angst davor hatte, allein im Dunkeln zurückgelassen zu werden, wurde zusammen mit einem Rinderknochen und einer Miniaturlampe bestattet. In vor- und frühmittelalterlichen Grabstätten in Deutschland und Skandinavien fand man neben menschlichen Skeletten die Überreste von Pferden und Hunden, die selbst Grabbeigaben gewesen waren. Zwar zeigt uns das, wie wichtig die Tiere in der Vorstellung dieser Menschen auch im Jenseits waren, aber wir erfahren durch diese Grabfunde nicht, ob die Tiere geliebt wurden, und wenn ja, wie sehr. Im Tal von Ilo in Peru legte das Volk der Chiribaya seinen Hunden Decken und Futter ins Grab, damit sie es warm hatten und nicht zu hungern brauchten – zumindest, bis ihre Besitzer nachkamen. Denn wenn man Haustiere mit Grabbeigaben beerdigt, glaubt man für sein Tier und für sich selbst an ein Leben nach dem Tod, und daran, dass man das Tier im Jenseits wiedersehen wird.

Im Oktober 2009 sollen zwei Kirchen in Beulah, Kentucky, in etwas geraten sein, das die Zeitung *Independent Catholic News* als »Wettbellen« bezeichnete. Angeblich stehen sich dort zwei Kirchen einander gegenüber, die beide über Anschlagtafeln verfügen. Die eine gehört dem Protestantismus der Glaubensrichtung Cumberland Presbyterian an, die andere, Our Lady of Martyrs, dem Katholizismus. Es fing damit an, dass auf der Anschlagtafel von Our Lady of the Martyrs die Mitteilung hing:

ALLE HUNDE KOMMEN IN DEN HIMMEL

Die Cumberland-Presbyterianer konterten auf ihrer Anschlagtafel mit:

HUNDE HABEN KEINE SEELE / LEST DIE BIBEL

Die Diskussion wurde fortgesetzt:

Our Lady of Martyrs: GOTT LIEBT SEINE GESAMTE SCHÖPFUNG / EINSCHLIESSLICH DER HUNDE

Cumberland Presbyterian: HUNDE HABEN KEINE SEELE / DAS STEHT NICHT ZUR DEBATTE

Our Lady of Martyrs: KATHOLISCHE HUNDE KOMMEN IN DEN HIMMEL / PRESBYTERIANISCHE HUNDE KÖNNEN MIT IHREM PASTOR REDEN

Cumberland Presbyterian: DURCH DIE KONVERSION ZUM KATHOLIZISMUS ERHÄLT IHR HUND NICHT AUF MAGISCHE WEISE EINE SEELE

Our Lady of Martyrs: BEFREIT HUNDESEELEN DURCH KONVERSION

Cumberland Presbyterian: HUNDE SIND TIERE / IM HIMMEL GIBT ES JA AUCH KEINE STEINE

Our Lady of Martyrs: ALLE STEINE KOMMEN IN DEN HIMMEL

Spiel, Satz und Sieg, könnte man sagen.

Wie wir alle wissen, ist die einzige Garantie dafür, wirklich unsterblich zu werden, eine Existenz irgendwo im Internet, und 2013 erschien dieser Dialog auf Facebook.

Besonders bemerkenswert erscheint mir an diesem Schlagabtausch, dass es ein sehr aktueller Beitrag zu einer Diskussion ist, die schon seit Jahrhunderten geführt wird. Noch bemerkenswerter ist, dass dieser Dialog (www.snopes.com) von Anfang bis Ende ein Fake ist. In Beulah gibt es diese beiden Kirchen gar nicht, geschweige die beiden Anschlagtafeln. Wohin führt uns die witzige Idee sowie die technischen Errungenschaften, die ihre Verbreitung ermöglichten, der pantheistische Höhenflug des (vermutlich katholischen) Autors und diese Spekulationen über Tiere, ihre Seelen und ihr Leben im Jenseits? Einfach nur dorthin, wo wir schon immer waren; vielleicht aber sind wir durch all das noch verwirrter, als wir schon immer waren.

Wenn wir den schriftlichen Quellen glauben *(wenn)*, so glaubten unsere Vorfahren fest an Gott oder an einen Gott, der ihnen in Aussehen und Charakter ähnlich war; ob jedoch Tiere eine Seele haben, darüber bestanden schon immer Zweifel. Mrs Thrale, die über einem Exemplar von Isaac Watts' *Philosophical Essays* grübelte, notierte sich am Seitenrand: »Ihre Seelen sind von niedererem Rang, doch Seelen sind es trotzdem ... Nur mit allergrößten Schwierigkeiten kann ich mir einreden, dass mein geliebter Hund oder mein geliebtes Pferd vollkommen tot und für immer tot sein soll.« Jane Carlyle ging noch weiter, indem sie sich nach Neros Tod fragte:

Was ist aus diesem schönen, einnehmenden kleinen *Leben* mit seinen »*mannigfachen unleugbaren Tugenden*« (wie Mr C. es nannte) geworden? Können diese von einigen

Tropfen Blausäure ausgelöscht, vernichtet, annihiliert worden sein? Ist Blausäure mächtiger als genau die Eigenschaften, die wir, wenn wir ihnen in einem *Menschen* begegnen, als *göttlich*, als *unsterblich* bezeichnen? »Ich kann mich nicht dazu bringen, das zu glauben«, sagte ich.

Jane äußerte diese kleine Häresie in einer Unterhaltung mit Lady William Russell, die darauf eine erfrischende Antwort gab: »Aber warum *sollten* Sie sich dazu bringen, das zu glauben, meine Liebe? Wer glaubt das denn schon? *Ich* nicht.«

Janes Reaktion, Neros Nicht-Sein unbegreiflich zu finden, spiegelt genau jene Frage, die wir uns alle stellen, wenn wir mit dem Tod eines Menschen konfrontiert werden: Was passiert nach dem Tod? Sogar J. G. Wood, ein geweihter Priester, erklärte zu einer Zeit, als die anglikanische Kirche die Gedanken ihrer Schäfchen auf eine zuvor nie da gewesene und später nie wiederholte Weise zu gängeln versuchte, er sei »der festen Überzeugung, dass Tiere unsterblich sind«.

… Auch wenn ich in keiner Weise behaupte, dass sie dem Menschen gleichgestellt wären, fordere ich doch, ihnen in der Schöpfung einen höheren Status zuzuerkennen, als es gewöhnlich der Fall ist. Ich behaupte, dass es für sie ein zukünftiges Leben gibt, in dem sie für das Leiden entschädigt werden, dem so viele von ihnen in dieser Welt unterworfen sind …, weil wir die Angewohnheit haben, sie als reine Maschinen anzusehen.

Die Vorstellung, Tiere seien gefühllose Automaten, verdanken wir dem französischen Philosophen René Descartes (beziehungsweise einem gewissen Interpretationsansatz seiner im 18. Jahrhundert entstandenen

Werke). Auf der anderen Seite steht die Meinung, die Lord Byron bezüglich Boatswains entwickelte, wie so viele andere Tierbesitzer vor und nach ihm, nämlich dass Tiere uns in all jenen Tugenden übertreffen, die wir am höchsten schätzen. Und wenn uns ein Leben nach dem Tod gewährt wird, würden sie ein solches in noch stärkerem Maße verdienen. Mit anderen Worten ergreifen Lord Byron und Reverend J. G. Wood für dieselbe Sache Partei. Die Maori Neuseelands hatten keinerlei Zweifel an der Unsterblichkeit der Tiere und glaubten, ihre Hunde würden nach ihrem Tod dasselbe Jenseits erreichen wie die Menschen, wenn auch auf einem anderen Weg – vielleicht über eine Variante der Regenbogenbrücke. Die alten Ägypter balsamierten Tausende von Tieren ein, von Katzen über Krokodile bis hin zu Mistkäfern, weil sie sich kein Leben nach dem Tod ohne Tiere vorstellen konnten. Mittelalterliche Adelige liegen, in Stein oder Metall nachgebildet, über ihren Grabstätten in nordeuropäischen Kirchen, und zu ihren Füßen oder zwischen den Rockfalten der Damen liegen kleine Schoßhunde, mitunter mit Halsband oder sogar einem Namen. Es ist eines der Paradoxe der modernen Zeiten, dass mit dem Schwinden des religiösen Glaubens aus der Gesellschaft der Glaube des einzelnen Tierbesitzers an ein Leben nach dem Tod für sein Tier immer stärker wird. Eine der in dem Dokumentarfilm *Kedi* interviewten Personen erklärt: »Wenn es ein Leben nach dem Tod gibt, will ich *sie* dort wiedersehen, und nicht meine Großmutter.« Vielleicht wird es Zeit, sich mit einem anderen Aspekt der Gegenseitigkeit zu beschäftigen, denn natürlich verlieren die Tiere auch manchmal uns.

Besonders betrifft dieses Problem die Besitzer von Papageien, die, wie es Long John Silver in *Die Schatzinsel* so treffend formuliert, »meistens ewig leben«. Die Lebenserwartung eines Papageis kann der unsrigen entsprechen oder sie sogar übertreffen. Deshalb muss sich ein Besitzer ernsthaft Sorgen machen, sein Papagei könnte ihn überleben. Wer kümmert sich um unsere Tiere, wenn wir, ihre Besitzer, nicht mehr sind? Madame du Deffand begann sechs Jahre vor ihrem Ableben damit, Walpole darum zu bitten, nach ihrem Tod Tonton zu übernehmen, und Walpole wiederum weigerte sich nach Tontons Tod, sich abermals ein Tier zuzulegen. »Ich bin zu alt, und es wäre nur unglücklich, wenn ich nicht mehr da bin.« Sowohl Walpole als auch William Stukeley waren mit John, dem zweiten Herzog von Montagu, befreundet, ein großherziger Mann, der auf seinem Anwesen in Northamptonshire einen Gnadenbrothof für betagte Rinder und Pferde unterhielt und der ebenso wie Hogarth die Londoner Findlingsanstalt Coram's Foundling Hospital unterstützte. Der zweite Herzog (zufällig ein Urenkel von Henry Wriothesley, dem dritten Earl von Southampton, der sich nach seiner Freilassung aus dem Tower mit seiner schwarz-weißen Katze hatte porträtieren lassen) hatte auch die Ausbildung des befreiten Sklaven Ignatius Sancho finanziert. Walpole beschreibt, wie der Herzog 1749 in seinem Arbeitszimmer in Boughton House sein Testament verfasste, als »eine seiner Katzen auf seinen Schoß sprang. ›Was‹, sagte er, ›willst du auch einer der Zeugen sein? Das geht nicht, denn du bist eine betroffene Partei.‹« Und tatsächlich sorgte eine Klausel des herzoglichen Testaments dafür, dass seine Tiere gut versorgt wurden. Doch nicht alle Tierbesitzer verfügen über derartige finanzielle Mittel wie der Herzog. Elizabeth von Arnim blieb nichts anderes übrig, als in ihrem Testament genaue Anweisungen dafür zu geben, wie »alle meine Hunde eingeschläfert werden sollen …, wobei die größte Sorgfalt darauf zu verwenden ist, dass sie weder Angst noch Schmerzen verspüren«.

Weder Angst noch Schmerz, noch Trauer sollen sie um ihren Besitzer spüren. Ich mochte noch nie die Geschichte von Greyfriars Bobby, einem Skye Terrier, der 16 Jahre lang Nacht für Nacht neben dem Grab seines Besitzers auf dem Friedhof Greyfriars in Edinburgh geschlafen haben soll. Zum einen ist sie entsetzlich rührselig, zum anderen fragte ich mich, was der arme Hund denn im Gegenzug erwarten konnte? Ich war richtig erleichtert, als ich entdeckte, dass es an dieser Geschichte viele Zweifel gab und dass Bobby möglicherweise nur ein kluger Streuner aus der Gegend gewesen war, der auf den Friedhof kam, weil er irgendwann herausbekommen hatte, dass er hier freundliche Ansprache und Futter erwarten konnte. Doch die Geschichte des Akita-Hundes Hachikō, der über neun Jahre lang täglich zum Bahnhof von Shibuya nahe Tokio ging, um dort auf die Ankunft seines verstorbenen Herrchens zu warten, ist im Gegenteil dazu wahr. Keeper folgte Emily Brontës Sarg, der kleine Terrier Caesar folgte dem Sarg Eduards VII., Rogue, der Spaniel von Karl I., soll versucht haben, seinem Herrchen bis aufs Schafott zu folgen. Und angeblich soll sich der kleine Hund von Maria Stuart, ebenfalls ein Skye Terrier, bei ihrer Hinrichtung unter ihren Röcken versteckt haben und hinterher jaulend neben ihrem Körper und dem abgetrennten Kopf gesessen haben.

Nehmen Tiere Verlust wahr? Begreifen sie den Tod und trauern sie? Miss Puss schien das wirklich zu tun. Der treue Gefährte ihrer ersten Lebensjahre war ein flauschiger roter Kater, eine sanftere, sozusagen metrosexuelle Version des Katers Freddy, mit dem ich aufgewachsen war und den wir aus Gründen, an die ich mich nicht mehr erinnere, Widget (Dingsda) tauften. Nachdem er lange Zeit in einer Londoner Sackgasse voller Autos überlebt hatte, starb Widget, als er auf einer ruhigen Landstraße vor dem Garten meiner Eltern überfahren wurde. Meine Eltern begruben ihn und machten mir die traurige Mitteilung, dann kehrten wir betrübt nach London zurück. Kaum zu Hause angekommen, lief Miss Puss jaulend durch die Wohnung und hielt das vier Tage lang durch. Innerhalb einer Woche bekam sie ein

Ekzem und zeigte all die Symptome, die bei Katzen darauf hinweisen, dass sie gestresst und extrem unglücklich sind. Ich weiß nicht, ob man das, was sie empfand, als ein Äquivalent zu menschlichem Trauern bezeichnen kann, doch es sah in jeder Hinsicht wie Bestürzung und Einsamkeit aus. Wochenlang waren sie und ich ein zu Tode betrübtes Paar, das ganz plötzlich in Tränen ausbrach (ich) oder anfallsweise auf herzzerreißende Weise jaulte (sie). Bevor wir die beiden kastrieren ließen, hatten wir Miss Puss und Widget einen Wurf Kätzchen bekommen lassen (für die wir alle im Voraus schon ein Zuhause gefunden hatten, möchte ich betonen) und waren extrem stolz auf ihre sechs lebhaften und aktiv trinkenden Babys gewesen. Am nächsten Morgen aber stellte ich entsetzt fest, dass nur noch fünf von ihnen am Leben waren. Der steife, kalte Körper des gerade mal daumenlangen sechsten Kätzchens war von der Katzenmutter anscheinend aus dem Wurfkorb geschoben worden. Der Tod dieses einen Babys hatte ihr ganz offensichtlich nichts ausgemacht. Der Verlust ihres Gefährten dagegen schien Miss Puss schwer getroffen zu haben.

Möglicherweise sind die Tierbesitzer, die davon ausgehen, dass ihre Haustiere sowohl Zuneigung und Zufriedenheit als auch deren Gegenteil empfinden können, den Biologen auf diesem Gebiet etwas voraus. Die Erforschung tierischer Emotionen ist eine junge und auch umstrittene Wissenschaft. Doch könnte es nicht sein, dass Tiere, die wegen eines Verlusts zu leiden scheinen, vor allem deshalb leiden, weil sie diesen Verlust nicht begreifen können? Tiere wissen, was Tod ist, und deshalb interessiert sich eine Katzenmutter nicht weiter für das eine Kätzchen aus dem Wurf, das die Nacht nicht überlebt hat: Sie beschnüffelt es, und das war's dann. Doch als Widget plötzlich nicht mehr da war, muss es Miss Puss vorgekommen sein, als wäre er einfach verschwunden. Da war kein toter Katerkörper gewesen, an dem sie hätte schnüffeln können, keine Veränderung, die sie an ihm hätte wahrnehmen können: Er war einfach weg. Bei mir war es, so lächerlich es Außenstehenden erscheinen mag, genau der Umstand, dass ich mich nicht von unserem Kater hatte verabschieden können, was in mir dieses quälende Verlustgefühl auslöste. Der Eindruck, der dieses Gefühl bei mir hinterließ, war so nachhaltig, dass ich meinen toten Vater vor der Bestattung unbedingt noch einmal sehen musste. Ich ging in das Beerdigungsinstitut und legte ihm eine Hand auf die Stirn, das fühlte sich an, als hätte ich sie auf Marmor gelegt. Wo auch immer mein Vater war, er befand sich jetzt auf der einen Seite der Mauer und ich auf der anderen. Die Veränderung war derart umfassend, dass es gar keine andere Möglichkeit des Reagierens gab, als diese Veränderung instinktiv zu akzeptieren. Auf diese Weise begreifen wir den Verlust und mitunter können wir wirklich nichts anderes tun, als uns damit abzufinden.

Dieses Kapitel begann in Park Hatch, und dort wird es auch enden. Das von Schatten spendenden großen Bäumen umgebene alte Herrenhaus, in dem die Geister unzähliger Butler und Hausmädchen herumspukten, wurde in den 1950er-Jahren abgerissen (wie so viele andere alte Herrenhäuser in jenem Jahrzehnt), und in den 1990ern stand in der Parklandschaft nur noch ein Bungalow, in dem eine holländische Familie wohnte. Als auf dem Gelände 2012 mit Bauarbeiten für neue Häuser begonnen wurde, erzählte der Vater der holländischen Familie den neuen Besitzern eine Anekdote, die sich 2010 ereignet hatte:

Der potenzielle neue Besitzer, so informierte man mich, [sollte] ein stinkreicher russischer Mafioso sein ... Mein Hund Bas, der mir der liebste unserer Hunde gewesen war, lag auf dem Grundstück begraben. [Ich fürchtete, dass] meine Bitten, das Grab aufsuchen zu dürfen, mit einem »Njet«,

Schüssen oder dem Angriff eines hungrigen Rottweilers beantwortet werden würden. Also grub ich die Überreste von
Bas aus und trug sie sowie den schweren Granitgrabstein
an eine andere Stelle, um dort ein neues Grab anzulegen.
So etwas Verrücktes hatte ich noch nie zuvor gemacht. Als
ich die Hundeüberreste sah, begann ich unwillkürlich, mit
Bas zu reden. Doch sein Geist kann nicht dort gewesen sein,
denn der Charonspfennig, die kleine Münze, die ich bei seiner ersten Beerdigung unter seine Zunge gelegt hatte, war
unauffindbar, während alles andere »Nichtvergängliche«
dort geblieben war. Also hatte er dem mythischen Fährmann
Charon den Obolus bezahlt und dieser hatte ihn übergesetzt
in die elysischen Gefilde. Das hatte sich Bas auch redlich verdient.

All jenen unter uns, die genau dasselbe getan hätten – nämlich ihren
toten Hund umzubetten, dabei mit ihm zu reden und nachzuschauen,
ob er sein Fährgeld für die Reise ins Jenseits ausgegeben hatte –, würde es ebenso schwerfallen, sich ein Leben nach dem Tod ohne Tiere
vorzustellen wie ein Garten Eden ohne Tiere. Das Paradies wäre ein
langweiliger Ort, wenn wir ihn nicht mit ihnen teilen könnten.

»Ach, Sir«, sagte ein
Stallbursche im 18. Jahr-
hundert, »wenn man bedenkt,
dass ich 13 Jahre in einem
Stall gelebt habe, überrascht
es doch, wie wenig ich über
die Pferde weiß.«

Keith Thomas,
Man and the Natural World, 1983

KAPITEL NEUN

KAPITEL NEUN
VORSTELLUNGSKRAFT

Die Pferdemaske von Stanwick wurde 1843 in Stanwick in North Yorkshire entdeckt. Sie ist Teil des »Stanwick Horde«, des Schatzes von Stanwick, einer Gruppe von Metallartefakten, die an dieser Stätte gefunden wurden, an der sich vor 2000 Jahren eine der größten britischen Hügelfestungen erhob. Die Maske ist knapp zehn Zentimeter lang, zählt aber zu dieser Kategorie von Objekten, die in der Erinnerung immer größer wirken, als sie tatsächlich sind. Der Name ist auch ein bisschen irreführend, denn es ist keine Maske *für* ein Pferd, sondern sie bildet ein Pferdegesicht ab.

Sie wurde aus einem dünnen, aus einer Kupferlegierung bestehenden Blech geschnitten, als Basrelief gearbeitet und vermutlich als Verzierung für einen hölzernen Gebrauchsgegenstand gedacht, vielleicht sogar für einen Eimer, mit dem Pferde getränkt werden sollten. Aus einer Kulturtradition werden Metallarbeiten gewöhnlich Männern zugeschrieben, doch ist diese Pferdemaske so klein und ihr Blech so leicht (und nicht dicker als Karton), dass sie nicht unbedingt von einem Mann angefertigt worden sein muss. Wer auch immer sie geschaffen hat, eines jedenfalls ist sicher: Dieser Mensch muss sein ganzes Leben lang Pferde beobachtet und Umgang mit ihnen gehabt haben, muss mit ihrem Wesen und ihrer Anatomie aufs Engste vertraut gewesen sein, um bei einem derart kleinen Werkstück eine solch perfekte und gleichzeitig so stark stilisierte Ähnlichkeit mit einem Pferdegesicht erzielen zu können: zwei Bögen für die Konturen des Schädels, zwei Kreise für die Nüstern und zwei ovale oder nahezu geschlossene Kreise als Augen. Wie viele Pferde muss man sich anschauen, um sie derart meisterlich auf ihre Essenz reduzieren zu können?

Und um gleichzeitig in der Lage zu sein, diesem Abbild Persönlichkeit zu verleihen. Dies ist ein heiteres Pferd. Ein Pferd, das sowohl Weisheit als auch Humor besitzt, das sein eigenes Pferd-Sein ironisch sieht, sozusagen augenzwinkernd. Aus diesem Grund verzauberte mich diese Pferdemaske, die ich vor 20 Jahren zum ersten Mal sah, und deshalb ist sie auch so ein gutes Beispiel für unsere menschliche Vorstellungskraft sowie für unser Konzept, wie wir mit diesen Wesen verbunden sind, mit denen wir uns unsere persönlichen Welten teilen. Ihre eigene Reaktion auf diese Maske färbt Ihre persönliche Vorstellung ein. Vielleicht finden Sie, dass die zusammengekniffenen Augen müde oder gar krank aussehen. Vielleicht denken Sie, wenn Sie die runden Nüstern sehen, an geblähte Nüstern in schnellem Galopp. Oder vielleicht assoziieren Sie damit etwas ganz anderes. Wir sehen ein Gesicht, und in unserer Vorstellung konstruieren wir daraus ein Geschöpf mit einer eigenen Identität. Wir können einfach nicht anders. Und hierbei geht es ja nur um ein Metallobjekt. Wie wesentlich stärker ist unser Trieb, wenn es um Lebewesen geht? »Es ist unmöglich«, schreibt William Service in seinen Memoiren, »Eulen nicht zu vermenschlichen.«

Ich ging in Suffolk zur Schule, und dort fiel es mir immer leicht, diejenigen Mitschülerinnen zu identifizieren, die eigene Pferde oder Ponys besaßen und regelmäßig auf Wettbewerben ritten. Das erkannte ich nicht etwa an dem, was sie in Unterhaltungen sagten, sondern an ihren Zeichenkünsten. Sie lebten mit Pferden zusammen und liebten sie derart, dass Pferd oder Pony bei manchen Mädchen zu einem Ersatz für den ersten Freund wurde, weil die Gefühle, die sie in diese Beziehung investierten, so intensiv waren. Und aus diesem Grund konnten sie die Pferde zeichnen. Wohl ohne dass es ihnen selbst bewusst war, hatten sie deren Aussehen bis ins kleinste Detail in sich aufgenommen. Sie konnten genau darstellen, wie die Haare der Mähne aus dem muskulösen Hals herauswuchsen, wie die kurvigen Umrisse der eleganten Pferdebeine verliefen, wie das Vorderbein mit der Schulter verbunden war und wie lang oder kurz der Kopf sein musste. Sie hatten sich ihr Pferd nicht nur angeschaut; man könnte sagen, dass sie in ihrer Vorstellung in seinem Körper lebten.

Man findet diesen das Objekt wie von innen durchdringenden Blick in der gesamten keltischen Kunst. Im British Museum, in dem die Pferdemaske aufbewahrt wird, kann man auch den ungefähr zur gleichen Zeit entstandenen Holcombe-Spiegel aus Kupfer bewundern. Dreht man den Spiegel um, so erkennt man an der Verbindung zwischen Spiegel und Griff ein grinsendes Katzengesicht mit vorstehenden Bäckchen, eine keltische Cheshire-Katze.

Katzen pflegen unablässig ihre Erscheinung (auch wenn das Putzen mitunter eine reine Übersprunghandlung ist), und deshalb liegt es nahe, das Katzenverhalten der menschlichen Eitelkeit gegenüberzustellen, wie um Letzterer ironisch den Spiegel vorzuhalten. Ob der Mensch, der diesen Spiegel anfertigte, wohl eine Katze besaß? War die hochrangige Frau, die ihn benutzte, eine Katzenfreundin? Am lustigsten sind aber die ungefähr 500 Jahre älteren und ebenfalls im British Museum aufbewahrten Schnabelkannen von Basse Yutz. Kurz hinter der Spitze des Schnabels oder Ausgusses sitzt eine etwas belämmert dreinschauende kleine Ente, die sich anscheinend nicht weiter über die Anwesenheit der drei Hunde aufregt, von denen zwei auf dem Deckel Fangen spielen und der dritte und größte den Henkel der Kanne bildet.

Aber worum geht es dabei? Diese Arbeiten sind nicht nur Porträts ihrer Modelle, sondern geben auch Auskunft über die Gedankenwelten sowie die Vorstellungskraft der Individuen, die sie hervorgebracht haben, und sind somit sozusagen auch Porträts ihrer Urheber. Sie verraten uns viel über deren Schönheitsideale, ihre Reaktionen auf ihre Umwelt und über deren Weltanschauung. Das gilt für die Pferdemaske von Stanwick ebenso wie für die Skizzen auf einem Schulzeichenblock oder die Höhlenmalereien von Chauvet: Was diese Künstler der Nachwelt hinterließen, ist ihre Vorstellungskraft.

Verglichen mit den übrigen auf diesem Planeten lebenden Arten, befinden wir uns in einer eigenartigen Situation. Wir sind auf eine einzigartige Weise anders als sie, und dennoch sind sie alles, woran wir uns messen können. Kein Wunder, dass sich Denker wie Montaigne und Derrida intensiv damit beschäftigten, der Sache auf den Grund zu gehen, so als ob sie versuchen wollten, die unterste Schicht zu finden, in der wir alle – Katze, Hund, Ente, Pferd, Sie, ich – miteinander verbunden sind, sowie jene irgendwo darüberliegende Schicht, in der wir uns voneinander trennen, in der wir wir selbst werden und sie sie selbst bleiben.

Soweit es uns bekannt ist, setzen Tiere ihre Vorstellungskraft nicht auf dieselbe Weise ein wie wir. Sie nutzen sie, um Absehbares einzuschätzen, wir aber besitzen ganz andere Möglichkeiten als sie. Der Qoobo-Therapieroboter, »ein Kissen mit Schwanz, das Ihr Herz heilt«, wie es in der Werbung dafür heißt, wäre für eine Katze oder einen Hund einfach nur ein Kissen, während es für den armen haustierlosen Menschen, der es auf den Schoß nimmt, streichelt und dem Roboterschwanz beim Wedeln zusieht, ein Lebewesen ist (oder zumindest eine Art von Schimäre), das durch die Vorstellungskraft seines Besitzers belebt und individualisiert wird. Denn sonst würde »die tröstliche Kommunikation, die wie die mit einem Tier Ihr Herz erwärmt«, so weiter im Werbetext, nicht stattfinden können. Was die Werbeabteilung von Qoobo zu verkaufen versucht, ist etwas, das nicht auf unserem Schoß, sondern in unserem Kopf passiert.

Wenn wir keine Vorstellungskraft besitzen würden, hätten wir auch keine Haustiere. Wir würden Lasttiere haben, Tiere als Fleischlieferanten halten, aber wir würden keine Haustiere besitzen. Und selbst wenn das Verlangen nach einem Haustier zu einem gewissen Teil auf unsere unauslöschliche menschliche Unsicherheit zurückgehen sollte, auf unsere Existenz als »eine fragile Blase«, wie es Carl von Linné vor über 200 Jahren formulierte, so entspringt es doch auch unserem Bedürfnis, zu begreifen und Beziehungen aufzubauen; Letzteres lässt ein anderes und besseres Bild von uns entstehen. Der Künstler Franz Marc, einer der engagiertesten Fürsprecher, den die Tierwelt jemals hatte, und der viel zu früh starb (1916 in der Schlacht von Verdun), meinte wohl dieses Bild, als er schrieb: »Ich suche mein Empfinden für den organischen Rhythmus aller Dinge zu steigern, suche mich pantheistisch einzufühlen in das Zittern und Rinnen des Blutes in der Natur, in den Bäumen, in den Tieren, in der Luft.« An der Wichtigkeit dessen zweifelte er keinen Augenblick: »Tiere mit ihrem ursprünglichen Lebenssinn weckten all das Gute in mir.« Marc wuchs mit einem Hund namens Schlick auf, und auf einem Bauernhof, den er sich später in Oberbayern kaufte, hielt er außer Hunden auch zahme Rehe. 1912 malte er ein Porträt eines seiner Hunde, das man als Verkörperung dieser Art des fantasievollen Begreifens ansehen könnte.

Das Gemälde mit dem ursprünglichen Titel »So sieht mein Hund die Welt« zeigt einen weißen Hund bei der Betrachtung einer Landschaft mit Bäumen, Hügeln, Felsen und Himmel in den für Marc typischen expressionistischen Farbtönen, während der Hund selbst nahezu weiß ist. Es wirkt, als würde der Hund nur in Beziehung zu seiner Umgebung existieren und als würden seine Reaktionen auf diese Umgebung aus ihm herausfließen und diese Umgebung färben. Marc schrieb auch von der »elenden und seelenlosen … Konvention, Tiere mitten in eine Landschaft hineinzustellen, die unseren Augen gehört, anstatt dass wir uns in die Seele des Tieres versenken, um uns vorzustellen, wie es sieht«. Vielleicht ist auch das Teil dessen, was wir als Besitzer wollen: das Privileg, uns, wenn auch nur für einen kurzen Augenblick, in die Welt zu versenken, die ein anderes Lebewesen wahrnimmt. Carl von Linné glaubte, dass unser Wissen um unsere Fragilität eines der Kriterien für unsere Menschlichkeit sei, doch nach Ansicht einiger Bioethiker stellt unsere Fähigkeit, uns in andere Wesen hineinzuversetzen, ebenfalls ein Kriterium für unser Menschsein dar; es ist, wie schon erwähnt, Teil unseres biologischen Erbes. Dazu passt, dass Walt Whitmans berühmtes Gedicht »I Think I Could Turn and Live with Animals« (Ich meine, ich könnte mich zu den Tieren wenden und mit ihnen leben), das sich übrigens J. R. Ackerley als Inschrift auf seinem Grabstein wünschte, mit seiner viel zitierten Zeile »They bring me tokens of myself« (Sie bringen mir Zeichen von mir selbst) kein eigenständiges Werk, sondern Teil des Gedichtbands *Song of Myself* (Gesang von mir selbst) ist. (Übers. von gutenberg.spiegel. de) Tiere sind unser beständiger Spiegel, eine stets gegenwärtige Erinnerung an das menschliche Sein.

Sie können uns zum Beispiel mit ihrem Verhalten an unsere eigene Kindheit erinnern: Während ich dies schreibe und eine Frühlings-

brise durch die Wohnung weht, spielen Bird und Daisy im Flur ausgelassen Fangen und geben dabei aufgeregte, mehrsilbige Miau-Lau-
te von sich, diese kleinen Urwaldschreie, die aufhören, wenn das
Spiel aufhört, und das Spiel dann plötzlich wieder aufleben lassen.
Ich habe keine Ahnung, was sie dazu veranlasste loszulegen, doch
zu dieser Jahreszeit spielen sie an den meisten Vormittagen Fangen,
und es erinnert mich stark daran, wie ich als kleines Kind um meine Mutter herumtollte, die im Garten Wäsche aufhängte, bei genau
dieser Art von Wetter: Sonne an blauem Himmel und ein Wind, der
weiße und graue Wolken vor sich herjagt. Mein Übermut sprang gewöhnlich auch auf Kater Freddy über, und irgendwann rollten wir
ausgelassen über den Rasen. Millionen von Katzen heißen auf diese
Weise den Frühling willkommen. Für mich macht es Sinn, dass die
Reaktion meiner Katzen auf die lang ersehnte neue Jahreszeit meiner
spontanen Reaktion entspricht. Vielleicht lebe ich sie nicht mehr aus,
indem ich unter einer Wäscheleine herumtolle, doch wenn ich aus
dem Fenster schaue und die Wolken sehe sowie den Wind im Gesicht
spüre, empfinde ich wieder diesen Übermut. Warum soll ich nicht
glauben, dass sie ihn ebenfalls empfinden?

Unsere menschliche Vorstellungskraft ist ein zweischneidiges
Schwert. Sie kann unsere Wahrnehmung der Welt ebenso schärfen
wie verzerren, wobei wir das, woran wir bereits glauben, stets am
intensivsten wahrnehmen. Doch wenn unsere Vorstellungskraft nicht
diese Neigung hätte, gäbe es auch keine Vermenschlichung von Tieren. In Werbespots, die gestern im britischen Fernsehen gezeigt wurden, machten Hunde Reklame für Lufterfrischer und abwaschbare
Farbe, ein Chamäleon pries wasserlösliches Vitamin C an. In den
USA wirbt ein Gecko für Autoversicherungen, und in den Zeitungen
kommentieren Cartoonkatzen Entwicklungen in der Wirtschaft. Die
Vermenschlichung von Tieren macht uns weis, dass unsere Haustiere

von Hochzeiten und Bar-Mizwas träumen, und ermöglicht Filme wie *Zootopia* oder die Figur der Blue in *Jurassic World*. Mir haben beide Filme gefallen, und ich glaube nicht, dass Hundehochzeiten und Bar-Mizwas für Pferde irgendeinen Schaden anrichten können; doch bringen mich derartige Phänomene dazu, mich zu fragen, ob ein weiterer Grund für unsere Haustierhaltung sein könnte, dass uns die Tiere in eine wahrere, mit ihnen geteilte Wirklichkeit zurückholen. Sie zwingen uns, die Welt aus mehr als einer Perspektive zu sehen, und machen uns dies zugleich möglich. Sie helfen uns, unsere eigene Realität zu triangulieren. Mit Erstaunen stelle ich fest, dass ich hier Mary Ansell paraphrasiere, doch sie sagte zu diesem Thema etwas sehr Passendes, das Sie vielleicht auch schon so empfunden haben: »Ein Tier kann gar nicht anders, als es selbst zu sein [und] wenn ich mit Tieren eins werde, kann ich gar nicht anders, als ich selbst zu sein. Sie schirmen sich nie vor mir ab ...«

Nein, das tun sie nie. Und noch ein Vorschlag aus der Bioethik (nach Franklin): Das Tier und sein menschlicher Gefährte sollten als kulturelle Einheit gesehen werden. Diese Erkenntnis könnte beiden Seiten eine interessante Zukunft bescheren.

»Tierrechte«, schrieb Adrian Franklin 1999, »sind ein soziales Konstrukt und ein Konzept davon, was wirklich menschlich ist und wie man sich in der Welt verhalten soll.« Und natürlich ist es ebenso verwirrend und widersprüchlich wie alle anderen Konzepte, die damit zu tun haben, was wirklich menschlich ist. Zum Glück hat es der Haustierbesitzer da wesentlich leichter, und offensichtlich ist die übrige Gesellschaft gerade dabei, diesen Vorsprung aufzuholen. 1792 veröffentlichte Mary Wollstonecraft *A Vindication of the Rights of Women* (Eine Einforderung der Rechte der Frauen), eine Streitschrift, deren Rezeption, wie zu erwarten, sehr unterschiedlich ausfiel. Ein gewisser Thomas Taylor, Übersetzer der Werke von Aristoteles und

Platon, brachte daraufhin *A Vindication of the Rights of Brutes* (Eine Einforderung der Rechte der Bestien) in Umlauf, ein Pamphlet, mit dem er sich über die Frauenrechte lustig machen wollte, indem er für Tierrechte plädierte. Ich habe beide Schriften gelesen und frage mich, wer von den beiden aus heutiger Sicht wohl lächerlicher erscheinen mag. Was in puncto Frauenrechte seinerzeit rebellisch klang, ist heute in weiten Teilen der Welt akzeptierte Realität, und auch auf dem Gebiet der Tierrechte werden laufend Fortschritte erzielt. Wir lernen zu begreifen, dass wir keine Rechte verlangen können, ohne auch Rechte einzuräumen.

»Vor dem Auftreten des Menschen«, schrieb William Service, »konnten Adler und Bär und Uhu und so weiter tun und lassen, was sie wollten. Jetzt stecken wir alle in großen Schwierigkeiten.« Und das stimmt auch. Wenn die Umwelt so stark geschädigt ist, dass niemand mehr in ihr leben kann, ist dies ein Problem, das uns alle betrifft. Das Wachstum der Haustierhaltung (falls sie denn tatsächlich seit den Tagen angewachsen ist, in denen zu jedem Hof ein Hund gehörte, auf den Straßen so viele Pferde wie heute Autos anzutreffen waren und in jedem Haushalt ein halbes Dutzend Katzen lebten) wurde als Reaktion auf die vielfältige Gefährdung der Natur gedeutet. Tatsächlich verläuft die Entwicklung unserer Beziehung zu Tieren, in der Zuneigung eine immer größere Rolle spielt, in der wir ihnen Menschennamen geben und die uns dazu ermutigt, Tierrechte für sie einzufordern. Parallel dazu steht unsere Angst um die Natur, aus der wir sie herausholten, und unsere Verteidigung der »guten« Vermenschlichung sowie der Rolle der Vorstellungskraft in unserem Umgang mit Tieren. Was wäre, wenn es gar kein evolutionäres Problem wäre, sondern im Gegenteil unsere Fähigkeit, mit einem Wesen einer anderen Art eine solche Beziehung eingehen zu können, Evolution wäre? Wenn ich mir eine ideale Zukunft für mich und jene Tiere, die meine Gefährten sind, vorstelle, dann eine, in der die Unterschiede zwischen uns berücksichtigt bleiben. Sobald wir sie uns als alternative Versionen von uns selbst vorstellen, geht uns etwas von ihnen verloren. Außerdem verlieren wir dann auch einen Weg, um über uns nachzudenken und uns selbst zu verstehen.

An einer Stelle im Dokumentarfilm *Kedi* meint eine der interviewten Personen: »Vielleicht lösen wir unsere Probleme, indem wir ihre lösen.« Das ist doch schon mal eine Idee und vielleicht auch ein Hinweis darauf, wie das nächste Kapitel in unserer langen gegenseitigen Kameradschaft aussehen wird. Wir könnten nicht Menschen sein, wenn wir nicht zuvor Tiere gewesen wären. Und wir könnten heute keine Menschen sein, wenn nicht irgendwann in der Urgeschichte irgendein Wesen, das mehr Mensch als etwas anderes war, nicht irgendeinem Wesen begegnet wäre, das weniger Mensch als etwas anderes war, und versucht hätte, dieses andere Wesen zu begreifen, und danach sich selbst besser verstand.

DANKSAGUNG

Vor allem danke ich den vielen Tierbegleitern, die mir während meiner Arbeit an diesem Buch die Geschichten ihrer Tiere erzählt oder mich auf interessante Informationen und erhellende Anekdoten hingewiesen haben, insbesondere Jan Beatty, Virginia Blackburn, Jon Drori, Grace Eagle, Tom Keymer, Leah Kharibian, Michael Park, Lee Ripley, Pru Robey, Gwen Roginsky, Eve Sinaiko und Maureen Winter.

Auch danke ich JP und Becky Koh für ihre Unterstützung und endlose Geduld, Rachel DeCesario, Kara Thornton, Melanie Gold, Ruiko Tokunaga, Becky Maines (besonders für die Porgs), den Korrekturleserinnen Andrea Monagle und Stephanie Finnegan, Katie Benezra dafür, dass sie das Coverdilemma löste, und Betsy Hulsebosch. Und bei Fox and Howard danke ich Chelsey und Charlotte.

Ich danke den Bibliothekaren der British Library, die gut gelaunt all meine vernünftigen und unvernünftigen Fragen beantworteten, sowie meinen Kollegen beim Royal Collection Trust aus demselben Grund. Ich danke dem Celia Hammond Animal Trust für Bird und Daisy sowie all den Tieren auf meinem Lebensweg, die meine Welt um ihre bereicherten.

Ich danke meiner Familie und meinen Lieblingstieren; und Mark, meinem perfekten Gefährten immer und immer wieder.

BIBLIOGRAFIE

Ackerley, J. R.: *My Dog Tulip*, New York, Poseidon Press, 1965

Ackerley, J. R.: *My Father and Myself*, New York, New York Review Books, 1968, Online-ausgabe: Google Books

Adams, Maureen: *Shaggy Muses, The Dogs Who Inspired Virginia Woolf, Emily Dickinson, Elizabeth Barrett Browning, Edith Wharton, and Emily Brontë*, New York, Ballantine Books, 2007, Kindle-Ausgabe

Algeo, Matthew: *Abe and Fido*, Chicago, Chicago Review Press, 2015

Andries, Kate: »Curious Cat Walks Over Medieval Manuscript«, in: *National Geogra-phic*, https://news.national geographic.com/news/2013/03/130326-animals-medieval-manuscript-books-cats-history/, aufgerufen am 9. Januar 2018

Ansell, Mary: *Dogs and Men*, New York, Scribners, 1924

Archer, John: »Why Do People Love Their Pets?«, in: *Evolution & Human Behavior* 18, Nr. 4, Juli 1997, S. 237–259

Arnim, Elizabeth von: *All the Dogs of My Life*, London, Virago Press, 1995, Erstver-öffentlichung 1936

Baker, Steve: *Picturing the Beast*, Manchester, Manchester University Press, 1993

Beck, Alan M. und Katcher, Aaron: *Between Pets and*

People: The Importance of Animal Companionship, West Lafayette, Purdue University Press, 1996

Belozerskaya, Marina: *The Medici Giraffe: And Other Tales of Exotic Animals and Power*, London, Little Brown, 2006

Benes, Peter und Benes, Jane Montague: *New England's Creatures*, Boston, Boston University, 1995

Berglund, Lisa: »Oysters for Hodge …«, in: *Journal for Eighteenth-Century Studies* 33, Nr. 4, Dezember 2010, S. 631–645

Birkhead, Tim: *The Red Canary*, London, Bloomsbury, 2014

Blake, William: »Auguries of Innocence«, 1803

Boehrer, Bruce Thomas: *Parrot Culture, Our 2,500 Year-Long fascination with the World's Most Talkative Bird*, Philadelphia, University of Pennsylvania Press, 2004, Kindle-Ausgabe

Boland, Bridget: *The Lisle Letters, An Abridgment*, Originaledition hrsg. von Muriel St. Clare Byrne, Chicago, University of Chicago Press, 1983

Bradshaw, John: *The Animals Among Us, The New Science of Anthrozoology*, London, Allen Lane, 2017

Braitman, Laurel: »Dog Complex: Analyzing Freud's Relationship with His Pets«, www.fastcompany.com, aufgerufen am 20. August 2018

Burt, Jonathan: *Animals in Film*, London, Reaktion Books, 2002

Campbell, Lorne: *The Fifteenth Century Netherlandish Paintings*, London, National Gallery, 1998

Carlyle Letters, The:
Carlyleletters.dukepress.edu

Carroll, Michael P.: »What's in
a Name«, in: *American Ethno-
logist* 7, Nr. 1, Februar 1980,
S. 182–184

Carson, James P.: »Scott and
the Romantic Dog«, in: *Journal for Eighteenth-Century
Studies* 33, Nr. 4, Dezember
2010, S. 657

Clottes, Jean: *Chauvet Cave:
The Art of Earliest Times*, über-
setzt von Paul G. Bahn, Salt
Lake City, University of Utah
Press, 2003

Cochran, Peter: *Byron and
Italy*, Cambridge, Cambridge
Scholars Press, 2012

Cosslett, Tess: *Talking Animals
in British Children's Fiction
1786–1914*, Farnham, Ashgate
Publishing, 2006

Cowper, William: »Epitaph on
a Hare«, in: *Poetical Works*,
hrsg. von Reverend H. F. Cary,
1839, Ausgabe: Google Books

Darnton, Robert: *The Great
Cat Massacre ...*, London,
Allen Lane, 1984

Darwin, Charles: *The Expres-
sion of the Emotions in Man
and Animals*, London, John
Murray, 1872, Darwin-online.
org.uk (Onlineausgabe)

Davenport, Emma: *Live Toys*,
London, Griffith and Farran,
1862

Davis, Simon J. M. und Valla,
François R.: »Evidence for the
domestication of the dog 12,000
years ago in the Natufian of
Israel«, in: *Nature* 276, Nr. 7,
Dezember 1978, S 608–610

Deal, William E.: *Handbook
of Life in Medieval and Early
Modern Japan*, Oxford, Oxford
University Press, 2007

DeMello, Margo: *Animals and Society. An Introduction to Human-Animal Studies*, New York, Columbia University Press, 2012, Kindle-Ausgabe

Dick, Oliver Lawson (Hrsg.): *Aubrey's Brief Lives*, Boston, David R. Godine, 1999

Diski, Jenny: *What I Don't Know About Animals*, New Haven, CT, Yale University Press, 2011, Kindle-Ausgabe

Donald, Diana: *Picturing Animals in Britain c. 1750–1850*, New Haven, CT, Yale University Press, 2008

Doyle, Conan: *The Adventure of the Lion's Mane*, 1926

Dugatkin, Lee Alan und Trut, Lyudmila: *How to Tame a Fox (and Build a Dog), Visionary Scientists and a Siberian Tale of Jump-Started Evolution*, Chicago, University of Chicago Press, 2017, Kindle-Ausgabe

Dumas, Alexandre: *My Pets*, übersetzt von Alfred Allinson, London, Methuen and Co., 1909, archive.org (Onlineausgabe)

Feeke, Stephen: *Hounds in Leash*, Leeds, UK, Henry Moore Institute, 2000

Fielding, Henry und Guthrie, William: *The Life and Adventures of a Cat*, London, John Seymour 1760, Onlineausgabe: Google Books

Fogle, Bruce (Hrsg.): *Interrelations between People and Pets,* Springfield, IL, Charles C. Thomas Ltd., 1981

Franklin, Adrian: *Animals and Modern Cultures: A Sociology of Human-Animal Relations in Modernity*, Thousand Oaks, CA, Sage, 1999

Fudge, Erica: *Pets (The Art of Living),* London, Routledge, 2008

Greenwood, Grace: *History of My Pets*, Boston, Ticknor, Reed and Fields, 1851, Ausgabe: Google Books

Gilhus, Ingvild Saelid: *Animals, Gods and Humans*, Abington, UK, Routledge, 2006

Goldstone, Richard J. (Vorwort): *The Commentaries of Sir William Blackstone, Knight ...*, Chicago, ABA Classics, 2009

Grier, Katherine C.: *Pets in America, A History*, Chapel Hill, NC, University of North Carolina Press, 2006

Grimm, David: *Citizen Canine. Our Evolving Relationship with Cats and Dogs*, New York, Public Affairs, 2014

Gunter, Barry: *Pets and People*, London, Whurr Publishers, 1999

Haldeman, Peter: »The Secret Price of Pets«, in: *The New York Times* online, aufgerufen am 18. August 2018

Hamilton, James: *Turner, A Life*, Hodder and Stoughton, London, 1997

Hanway, Jonas: *A Journal of Eight Days Journey from Portsmouth to Kingston upon Thames*, Letter XXV: »Remarks on Lap-Dogs«, London, Henry Woodfall, 1757

Haraway, Donna: *When Species Meet*, Minneapolis, University of Minnesota Press, 2008

Harris, Marvin: *Good to Eat*, London, Allen & Unwin, 1986

Hill-Curth, Louise: *The Care of Brute Beasts*, Leiden, Niederlande, Brill Publishers, 2010

Hinde, Robert A. und Barden, L. A.: »The Evolution of the Teddy Bear«, in: *Animal Behaviour* 33, Nr. 4, November 1985, S. 1371–1373

Hobgood-Oster, Laura: »The Ancient Art of Burying Your Dog«, www.salon.com, aufgerufen am 20. August 2018

Hogg, John: *The Parlour Menagerie*, London, John Hogg, 1878, archive.org (Onlineausgabe)

Holt-White, Rashleigh (Hrsg.): *The Life and Letters of Gilbert White of Selborne*, Cambridge, Cambridge University Press, 1901, digitale Ausgabe 2015

Horowitz, Alexandra: *Inside of a Dog, What Dogs See, Smell, and Know*, New York, Scribner, 2009, Kindle-Ausgabe

Howell, Philip: *At Home and Astray. The Domestic Dog in Victorian Britain*, Charlottesville, University of Virginia Press, 2015

Irvine, Leslie: *If You Tame Me*, Philadelphia, Temple University, 2004

Irvine, Leslie: *My Dog Always Eats First. Homeless People and Their Animals*, Boulder, CO, Lynne Reiner Publishers, 2015

Jackson, Shirley: *Raising Demons*, New York, Penguin, 1957, Neuauflage 2015, Kindle-Ausgabe

Jennison, George: *Animals for Show and Pleasure in Ancient Rome*, Manchester, Manchester University Press, 1937

Jones, Susan D.: *Valuing Animals: Veterinarians and Their Patients in Modern America*, Baltimore, Johns Hopkins University Press, 2003

Kelly, Fergus: *Early Irish Farming*, Dublin, Dublin Institute for Advanced Studies, 1997, Reprint 2000

Kete, Kathleen: *The Beast in the Boudoir, Petkeeping in Nineteenth-Century Paris*,

Berkeley, CA, University of California Press, 1994

King, Barbara J.: *How Animals Grieve*, Chicago, University of Chicago Press, 2013

Klingender, Francis: *Animals in Art and Thought to the End of the Middle Ages*, Boston, MIT Press, 1971

Knight, John (Hrsg.): *Animals in Person, Cultural Perspectives on Human-Animal Intimacies*, London, Bloomsbury, 2005

Kulp-Hill, Kathleen: *Songs of Holy Mary of Alfonso X*, ACMRS, 2000

Lobell, Jarrett A. und Powell, Eric: *Constant Companions*, Archive, archaeology.org

Lofting, Hugh: *The Story of Doctor Dolittle*, New York, Frederick A. Stokes Company, 1920

Loudon, Jane: *Domestic Pets. Their Habits and Management*, London, Grant and Griffith, 1851, Ausgabe: Google Books

Macdonald, Helen: *H Is for Hawk*, London, Penguin Books, 2014, Kindle-Ausgabe

MacKinnon, Michael und Belanger, Kyle: »›Sick as a dog‹: Zooarchaeological evidence for pet dog health and welfare in the Roman world, in: *World Archaeology* 42, Nr. 2, Juni 2010, S. 290–309

Marek, George R.: *The Bed and the Throne: A Life of Isabella d'Este*, New York, Harper and Row, 1976

Mayhew, Henry: *London Labour and the London Poor*, Vol. 3, »Jack Black«, Tufts Digital Library, https://dl.tufts.edu/teiviewer/parent/5x21ts300/chapter/c1s5, aufgerufen am 9. Januar 2018

Milton, Kay: »Anthropo-
morphis or Egomorphism«,
in: *Animals in Person,
Cultural Perspectives on
Human/Animal Intimacy*,
hrsg. von John Knight,
Oxford, Berg, 2005, S. 257

Mithen, Steven: *The Prehistory
of the Mind*, London, Thames
and Hudson, 1999

Montague, Jeanne: *Touching:
The Human Significance of
Skin*, New York, Harper and
Row, 1978

Montaigne, Michel de:
»The Language of Animals«,
in: *The Works of Michel de
Montaigne*, 1865, übersetzt
von William Hazlitt, http://
www.animal-rights-library.
com/texts.c/montaigne01.htm,
aufgerufen am 19. August
2018

Moore, Inga: *Six Dinner
Sid*, London, Hodder and
Stoughton, 2004

Mowl, Timothy: *Horace
Walpole. The Great Outsider*,
London, Faber & Faber, 1996

Muensterberger, Werner:
Collecting: An Unruly Passion,
Princeton, Princeton University
Press, 1994

Niessen, Susan: *Der kleine Prinz*,
Bindlach, Loewe, 2. Auflage, 2015

Olina, Giovanni Pietro: *Pasta
for Nightingales. A 17th-
century Handbook of Bird
Care and Folklore*, London,
Royal Collection Trust, 2018

Pampered Pets, St. Louis, MO,
The Dog Museum of America,
1984

Parker, Peter: *Ackerley: The Life
of J. R. Ackerley*, New York,
Farrar, Straus and Giroux, 1990

Pepperberg, Irene M.: *Alex and
Me*, Victoria, Canada, Scribe
Publications, 2008, Kindle-
Ausgabe

Pepys, Samuel:
www.pepysdiary.com

Phillips, Mary T.: »Proper
Names and the Social Con-
struction of Biography: The
Negative Case of Laboratory
Animals«, *Qualitative Socio-
logy* 17, Nr. 2, 1994

Pierce, Jessica: *Run Spot
Run. The Ethics of Keeping
Pets*, Chicago, University of
Chicago Press, 2016, Kindle-
Ausgabe

Pierce, Jessica: *The Last Walk*,
Chicago, University of Chicago
Press, 2012

Piggott, Stuart: *William
Stukeley*, London, Thames
and Hudson, 1985

Piozzi, Hester Lynch: *Obser-
vations and reflections made
in the course of a journey
through France*, London,
1789, archive.org
(Onlineausgabe)

Plumb, Christopher: »Exotic
Animals in Eighteenth-Century
Britain«, S. 43–54, https://
christopherplumb.files.word
press.com/2011/05/plumb
thesis2010.pdf

Podberscek, Anthony L.,
Paul, Elizabeth S. und Serpell,
James A. (Hrsg.): *Companion
Animals and Us: Exploring
the Relationships Between
People and Pets*, Cambridge,
Cambridge University Press,
2005

Redman, David: »Holy Bonsai
Wolves«, in: *International
Journal of Cultural Studies* 17,
Nr. 1, 2014, S. 93–109

Reisner, George A.: »The Dog
Which Was Honored by the King
of Upper and Lower Egypt«,
in: *Bulletin of the Museum of
Fine Arts* 34, Nr. 206, Dezember
1936, S. 96–99

Ritvo, Harriet: *The Animal
Estate. The English and Other*

Creatures in the Victorian Age, London, Penguin Books, 1987

Robb, Graham: *Victor Hugo*, New York, W. W. Norton & Co., 1998

Robbins, Louise E.: *Elephant Slaves and Pampered Parrots. Exotic Animals in Eighteenth-Century Paris*, Baltimore, Johns Hopkins University Press, 2002

Rogers, Katherine M.: *Cat*, London, Reaktion Books, 2006

Room, Adrian: *The Naming of Animals. An Appellative Reference*, Jefferson, NC, McFarland Publishers, 1993

Rosenblum, Robert: *The Dog in Art*, New York, Harry N. Abrams, 1988

Rosenthal, Marc: *Franz Marc*, Berkeley, California, University of California, University Art Museum, 1979

Rubin, James: *Impressionist Cats & Dogs*, New Haven, CT, Yale University Press, 2003

Saint-Exupéry, Antoine de: *The Little Prince*, Erstausgabe 1943

Schmidt, Gary D.: *Hugh Lofting*, New York, Twayne Publishers, 1992

Schwartz, Marion: *A History of Dogs in the Early Americas*, New Haven, CT, Yale University Press, 1997

Serpell, James: *In the Company of Animals*, Cambridge, University of Cambridge Press, 1996, digitale Ausgabe 2003

Service, William: *Owl*, New York, Alfred A. Knopf, 1972

Shapiro, Norman R.: *Fe-Lines: French Cat Poems through the Ages*, (englische Ausgabe) Champaign, University of Illinois Press, 2015

Smith, Casey: »Cats Domesticated Themselves«, in: *National Geographic*, http:// news. nationalgeographic. com/2017/06/domesticated-cats-dna-genetics-pets-science/, aufgerufen am 18. August 2018

Smuts, Barbara: »Embodied Communication in Non-Human Animals«, in: *Human Development in the 21st Century*, hrsg. von Fogel, King und Shanker, Cambridge, Cambridge University Press, 2008

Snyder, Lynn M. und Moores, Elizabeth A. (Hrsg.): *Dogs and People in Social, Working, Economic or Symbolic Interaction*, Oxford, Oxbow Books, 2016

Strong, Sir Roy: *Diaries*, London, Weidenfeld & Nicholson, 1997

Stukeley, William: *The Family Memoirs of the Rev. William Stukeley, M. D.* Northumbria, UK, Publications of the Surtees Society, 1882, archive.org (Onlineausgabe)

Swarbrick, Nancy: *Creature Comforts. New Zealanders and Their Pets*, Dunedin, New Zealand, Otago University Press, 2015

Tague, Ingrid H.: *Animal Companions, Pets and Social Change in Eighteenth-Century Britain*, Philadelphia, Pennsylvania State University Press, 2015

Thomas, Keith: *Man and the Natural World. A History of Modern Sensibility*, New York, Pantheon Books, 1983

Thomson, Richard: »Les Quatre Pattes: The Image of the Dog in Late 19th-Century French Art«, in: *Art History 5*, Nr. 3, September 1980, S. 323–337

Tuan, Yi-Fu: *Dominance and Affection. The Making of Pets*,

New Haven, CT, Yale University Press, 1984

Tuke, Samuel: *Description of the Retreat, an institution near York, for insane persons of the Society of Friends: containing an account of its origin and progress, the modes of treatment, and a statement of cases*, Philadelphia, Isaac Pierce, 1813

Twain, Marc: *Roughing It*, Hartford, Conn., American Publishing Company, Erstausgabe 1872

Tytler, Sarah: *Landseer's Dogs*, London, Marcus Ward and Co., 1877

Vasari, Giorgio: *Lives of the Most Excellent Painters. Sculptors and Architects,* Ausgabe: Project Gutenberg, Erstausgabe 1550

Vidal, Emmanuel: *The History and Methods of the Paris Bourse*, Washington, D.C., GPO, 1910, https:// searchworks.stanford.edu/ view/10367151, aufgerufen am 19. August 2018

Vigne, Jean-Denis, Carrière, Isabelle, Biois, François und Guilaine, Jean: »The Early Process of Mammal Domestication in the Near East«, in: *Current Anthropology 52*, Nr. 4, Oktober 2011, S. 255–271, www.jstor.org

Wain, Louis: Brief an *The Idler*, 1896; in: *Louis Wain*, Ausstellungskatalog, Chris Beetles Gallery, 1989

Wain, Louis und Morley, Charles: *Peter, A Cat O' One Tail*, New York, G. P. Putnam, 1892, babel.hathitrust.org

Walker, Jennifer: *Elizabeth of the German Garden, A Literary Journey*, Sussex, UK, Book Guild Publishing, 2013

Walker-Meikle, Kathleen: *Medieval Pets*, Woodbridge, UK, Boydell Press, 2012

Walpole, Horace: *Letters from the Hon. Horace Walpole*, London, Ridwell and Martin, 1818, Ausgabe: Google Books

Warner, Philip: *A Cavalryman in the Crimea*, Barnesley, UK, Pen and Sword, 2010

Webster, Paul: *Antoine de Saint-Exupéry: The Life and Death of the Little Prince*, New York, Macmillan, 1993

White, Gilbert: *The Natural History of Selborne*, Ausgabe: Project Gutenberg

Williams, David Lay: *Rousseau's Social Contract: An Introduction*, Cambridge, Cambridge University Press, 2014

Wolf, Marion: »Biblio Omni: Timeliness and Timelessness in the Work of Franz Marc«, *Art Journal* 33, Nr. 3, Frühling 1974, S. 226–230

Wood, J. G.: *Our Domestic Pets*, London, George Routledge and Sons, undatiert (1870), Ausgabe: Google Books

Wood, J. G.: *Man and Beast, Here and Hereafter*, New York, Harper Brothers Publishers, 1875, babel.hathitrust.org

Wood, Theodore: *The Reverend J. G. Wood*, Cambridge, Cambridge University Press, 1890, digitale Ausgabe 2014

Woolf, Virginia: *Flush: A Biography*, 1933, Kindle-Ausgabe

Yates, Sasha-Lee und Collins, Riyah: »Dog Who Had Legs Cut Off for Chewing Neighbour's Shoes Walks Again Thanks to Prosthetics«, in: *The Mirror*, http://www.mirror.co.uk/news/uk-news/dog-who-legs-cut-chewing-8652111, aufgerufen am 12. August 2017

INTERNETQUELLEN

https://www.academia.edu/403301/Petropolis_The_Social_History_of_Urban_Animal_Companions

https://www.aol.com/article/2015/10/12/the-worlds-most-radioactive-man-spends-his-days-taking-care-of/21244627/z

http://artjournal.collegeart.org/?p=6381, aufgerufen am 18. August 2018

https://www.biblegateway.com/passage/?search=Genesis+1

http://www.bookweb.org/news/furry-faces-bookselling-bookstore-pets-34439

www.britishmuseum.org, »epitaph plaque«, 1756,0101.1126

http://www.browningscorrespondence.com/correspondence/1080/

https://catalog.hathitrust.org/Record/012284048, aufgerufen am 11. November 2017

https://communistswithdogs.tumblr.com, aufgerufen am 10. August 2017

http://www.eighteenthcenturypoetry.org/works/o3795-w0030.shtml

https://fleursdumal.org/poem/146

www.gutenberg.spiegel.de

www.horniman.ac.uk/collections/stories/horniman-highlights-tour

https://www.huffingtonpost.co.uk/2015/10/05/dying-your-dogs-hair-animal-cruelty_n_8245390.html?guccounter=1, aufgerufen am 18. August 2018

www.humanistische-aktion.de/seattle.htm

http://www.ibtimes.co.uk/bones-7ft-hound-hell-black-shuck-discovered-suffolk-countryside-1448864, aufgerufen am 19. Mai 2017

http://incrediblethings.com/lists/14-ridiculously-expensive-pet-products/, »14 Ridiculously Expensive Pet Products«, Incredible Things, aufgerufen am 19. August 2018

http://www.independent.co.uk/news/science/killer-whale-learns-imitate-human-speech-dolphin-voice-a8185931.html

http://jezebel.com/this-is-how-you-name-a-bunch-of-shelter-cats-1640762509, aufgerufen am 12. März 2017

https://www.kickstarter.com/projects/1477302345/qoobo

https://www.livescience.com/512-whales-speak-dialects.html

https://medievalfragments.wordpress.com/2013/02/22/paws-pee-and-mice-cats-among-medieval-manuscripts/

http://members.efn.org/~acd/vite/VasariSodoma.html, aufgerufen am 27. Oktober 2017

http://mentalfloss.com/article/72843/how-talking-animals-became-christmas-legend, aufgerufen am 27. August 2017

https://news.artnet.com/market/cat-painting-sothebys-carl-kahler-355508

https://newsnationalgeographic.
com/news/2013/07/130722-
dolphins-whistle-names-
identity-animals-science/

https://portal.311.nyc.gov/
article/?kanumber=KA-02245

https://www.nytimes.com/
2016/10/07/nyregion/new-york-
burial-plots-will-now-allow-
four-legged-companions.html

https://www.nytimes.
com/2018/07/04/style/
how-to-pamper-your-pet.html,
aufgerufen am 6. Juli 2018

parkhatch.com, aufgerufen am
29. März 2018

https://www.pbslearningmedia.
org/resource/bal72319eng/
alexander-pope-and-his-dog-
bounce-c1718-bal72319-eng/

https://www.pfma.org.uk/
pet-population-2017

http://www.presscom.co.uk/
halliwell/baldwin/baldwin_cat.
html

www.queenvictoriasjournals.
org

http://www.redfactorafrican
greys.com/babies-4-sale.html,
aufgerufen am 4. Juli 2017

http://ro.ecu.edu.au/theses_
hons/85/

https://www.snopes.com/fact-
check/all-dogs-go-to-heaven/,
aufgerufen am 12. Februar
2016

http://www.spellboundby
movies.com/2012/05/16/
for-the-love-of-film-blogathon-
alfred-hitchcock-his-terriers/,
aufgerufen am 29. September
2017

www.tandfonline.com/doi/full/
10.1080/00043249.2015.1067
462?src=recsys, aufgerufen am
21. März 2018

http://www.telegraph.co.uk/news/2017/10/24/woman-diagnosed-broken-heart-syndrome-death-dog/

http://www.telegraph.co.uk/news/uknews/12142148/Evan-Davis-reveals-he-sent-his-dog-for-hydrotherapy.html, aufgerufen am 7. November 2017

https://www.telegraph.co.uk/science/2017/10/13/extreme-horse-breeding-leaves-animals-looking-like-cartoons/, aufgerufen am 19. August 2018

http://thechive.com/2009/09/14/african-pets-by-pieter-hugo-17-photos/, aufgerufen am 3. Juni 2017

https://www.thedodo.com/aleppo-syria-cat-sanctuary-reopens-2288368832.html

https://www.theguardian.com/commentisfree/2016/apr/26/paid-time-off-care-pet-peternity-leave

https://www.theguardian.com/money/shortcuts/2015/may/26/dog-walkers-do-they-really-earn-more-than-average-salary

https://www.theguardian.com/world/video/2016/feb/19/refugee-family-who-fled-iraq-are-reunited-with-cat-video

http://under-these-restless-skies.blogspot.com/2013/09/anne-boleyns-pets.html

http://www.usu.edu/markdamen/Latin1000/Readings/1020B/29Martial22.pdf

http://www.walterscott.lib.ed.ac.uk/portraits/miscellaneous/camp.html, aufgerufen am 18. März 2018

https://www.washingtonpost.com/national/health-science/you-wont-believe-how-old-that-

kitty-litter-is/2015/02/02/
9ecac9ea-a1b4-11e4-903f-
9f2faf7cd9fe_story.html

http://www.westminster-abbey.
org/our-history/people/
frances-teresa-stuart, »Frances
Teresa Stuart«, Duchess of
Richmond, Westminster Abbey,
aufgerufen am 4. Juli 2017

https://en.wikipedia.org/wiki/
Beware_the_Cat

https://en.wikipedia.org/wiki/
Ham_(chimpanzee)

https://en.wikipedia.org/wiki/
Hodge; http://mrswoffington.
blogspot.com/2009/03/elegy-
on-death-of-dr-johnsons-
favourite.html, aufgerufen am
19. August 2018

https://en.wikipedia.org/
wiki/2013_horse_meat_scandal

https://en.wikipedia.org/wiki/
Ithaca_Kitty

https://en.wikipedia.org/wiki/
Koko_(gorilla), aufgerufen im
Juli 2018

https://en.wikipedia.org/wiki/
Pet_Rock

https://en.wikipedia.org/wiki/
Spotted_hyenas_in_Harar;
http://articles.latimes.
com/2010/jul/31/world/
la-fg-harar-hyenas-20100731;

https://en.wikipedia.org/wiki/
Turtles_all_the_way_down

»The Secret Life of the Dog«,
BBC *Horizon*, 14. Dezember
2016

Radio 4: »Word of Mouth«,
7. Februar 2017

Radio 4: »Analysis«,
20. Februar 2017

TED talks

DEUTSCHE ÜBERSETZUNG WICHTIGER SEKUNDÄRLITERATUR

Arnim, Elizabeth von: *All meine Hunde* (1936), Berlin, Insel Verlag, 1997

Bowen, James: *Bob, der Streuner: Die Geschichte einer außergewöhnlichen Katze*, aus dem Englischen von Ursula Mensah, Köln, Boje, 2014

Darwin, Charles: *Der Ausdruck der Gemütsbewegungen bei den Menschen und den Tieren* (1872), aus dem Englischen von Julius Victor Carus und Heinrich G. Bronn, E-Book, *Gesammelte Werke*, e-artnow, 2014

Horowitz, Alexandra: *Was denkt der Hund? Wie er die Welt wahrnimmt – und uns*, aus dem Englischen von Jorunn Wissmann, Heidelberg, Spektrum Akademischer Verlag, 2010

Irvine, Leslie: *Wenn du mich zähmst*: Über unsere Beziehung zu Tieren, Bernau, animal learn, 2008

Olina, Giovanni Pietro: *Pasta für Nachtigallen: Ein Handbuch über Vogelpflege aus dem 17. Jahrhundert*, aus dem Italienischen von Anke Wagner-Wolff, Hildesheim, Gerstenberg, 2018